La route et ses chaussées

Sommaire

Au sein de l'équipe qu'ils ont constituée pour concevoir et réaliser le présent manuel, les auteurs ont spécifiquement rédigé les chapitres suivants :

– Jean Barillot : Historique de l'évolution des voies de circulation (préambule) ;

– Jean Barillot et Hervé Cabanes : Les matériaux de chaussées (3) ;

– Philippe Carillo : Terminologie routière (1) ; les terrassements (2) ; le rôle d'une chaussée (4) ; le dimensionnement (6) ;

– Hervé Cabanes et Philippe Carillo : Qualité de la couche de roulement (5) ;

– Jean Barillot, Hervé Cabanes et Philippe Carillo : Les dégradations des chaussées (7).

Préface

De par ses dimensions sociale, économique, environnementale et donc politique, la route est un domaine clé pour toute société.

C'est particulièrement vrai pour les routes en France, cette dernière disposant d'un réseau très dense, de bonne qualité et dont le développement a joué un rôle majeur pour l'unification de notre pays.

C'est donc tout logiquement que le secteur de la route, pour la conception, l'entretien et l'exploitation de celles-ci, fait l'objet d'un cadre normatif particulièrement dense. Les enjeux techniques, financiers, mais avant tout de niveau de service, expliquent cet état de fait. C'est ainsi que les recommandations, avis techniques, normes, guides officiels, mais également la production technique ou les actes de colloques abondent.

Dans ce véritable maquis, le technicien routier peut aisément se perdre. À l'heure où, du fait du renouvellement des personnels, la question du maintien des compétences techniques se pose avec acuité au sein des équipes de maîtrise d'ouvrage, maîtrise d'œuvre ou d'entreprises, il importe de disposer d'ouvrages de synthèse bien en vue au sein de la documentation professionnelle ou, mieux, sur le bureau du technicien.

C'est désormais chose faite avec le présent guide technique « la route et ses chaussées », qui réussit l'exploit de fournir une vue d'ensemble sur l'objet technique, dans une rédaction accessible qui ne laisse rien à l'exigence de qualité. Le lecteur dispose ainsi d'une approche panoramique (sol support, matériaux, liants, dimensionnement, réalisation, pathologie… mais aussi histoire) avec un renvoi systématique aux normes ou recommandations en vigueur.

La question de l'entretien, au cœur des préoccupations des gestionnaires routiers du fait des tensions sur les budgets et des impératifs de maintenance du patrimoine, est également abordée jusqu'à ses développements les plus récents.

C'est ainsi que le présent guide, s'il ne fera pas de son lecteur un expert, lui donnera toutes les clés pour bien posséder les techniques constructives de la route et de ses chaussées.

Le domaine routier, on le sait, est un lieu de passion. Usagers, riverains, contribuables, mais aussi gestionnaires et concepteurs, la dimension affective est prégnante pour qui s'approche de la route. Jean Barillot, Philippe Carillo et Hervé Cabanes, passionnés par le domaine auquel ils consacrent leur carrière professionnelle, nous ont fourni un bel ouvrage. Qu'ils en soient remerciés.

Dominique JAUMARD
Directeur général adjoint en charge de l'aménagement
du territoire au Conseil départemental de l'Hérault

Remerciements

Pour le dessin assisté par ordinateur :

Conseil départemental de l'Hérault

– Didier VERTA – Pôle Routes et Mobilités

Pour la relecture :

Conseil départemental de l'Hérault

– Olivier REVEYAZ – Pôle Routes et Mobilités

Mission d'appui du réseau routier national (MARRN)

– Daniel PENDARIAS – Pôle de Lyon

Centre d'information sur le ciment et ses applications (CIMbéton)

– Joseph ABDO – Direction Routes et Terrassements

Pour les conseils :

Institut français des sciences et technologies des transports de l'aménagement et des réseaux (IFSTTAR)

– Jean-Pierre MAGNAN – Département de géotechnique, environnement, risques naturels et sciences de la terre (GERS)

Centre d'études et d'expertises sur les risques, l'environnement, la mobilité et l'aménagement (CEREMA)

– Thibaut LAMBERT – Direction territoriale Est – Laboratoire de Strasbourg

– Pierre AZEMARD et Nadège SAGNARD – Direction territoriale Méditerranée – Laboratoire d'Aix-en-Provence

GRACCHUS Laboratoire Routier

– Christophe SALVATGE – Site de Portet sur Garonne

Pour la préface :

Conseil départemental de l'Hérault

– Dominique JAUMARD – Direction générale adjointe en charge de l'aménagement du territoire

Enfin, nous remercions le conseil départemental de l'Hérault pour l'expérience que cette collectivité nous a permis d'acquérir.

Historique de l'évolution des voies de circulation

Du sentier à la chaussée moderne, le chemin de l'évolution humaine

1. La sédentarisation à l'origine des premiers sentiers

Le besoin d'aménager des voies de déplacements est une conséquence de la sédentarisation de l'homme, soit environ 9 000 ans avant notre ère. En effet, la sédentarisation, qui consiste à s'établir dans un habitat occupé en continu, modifie profondément la civilisation. Auparavant basée sur le nomadisme, la société humaine va désormais produire sur ses lieux de vie ses principales ressources. L'élevage et la culture vont générer des productions qui seront stockées. Au développement des techniques agricoles s'ajoutera celui des techniques de conservation. Les échanges s'adapteront, conduisant à une évolution rapide du commerce.

Les habitats étant désormais figés dans l'environnement, les premiers sentiers apparaissent. Ils permettent d'emprunter régulièrement le même itinéraire pour se rendre d'un point à un autre. Ces tracés rudimentaires ébaucheront les premiers maillages de circulations humaines. Certains, plus fréquentés, se transformeront presque naturellement, au fil des passages, en chemins. Leur largeur sera adaptée au passage de plusieurs hommes de front, ils relieront progressivement les zones d'habitats, qui se densifient peu à peu.

Les premières traces de ces chemins ont été retrouvées en Mésopotamie. Plus larges, plus ouverts, donc plus sûrs, ils permettent la facilitation des échanges, donc du commerce. Lequel sera le principal vecteur de développement du réseau viaire.

Si les sentiers suffisaient aux premiers convois de marchandises, lesquelles étaient portées à dos d'hommes, la sédentarisation, qui a permis l'essor de l'élevage, offre de nouvelles possibilités : le recours aux ânes ou aux bœufs se répand. L'intérêt de pouvoir transporter de plus grandes quantités de marchandises à chaque convoi devient une évidence, tout comme la nécessité de pouvoir circuler en toute condition, même avec des charges de plus en plus importantes. N'oublions pas que la roue ne fut créée qu'au IVe millénaire avant notre ère, succédant aux travois, ancêtres du traîneau. Ces outils, rudimentaires, ne permettaient toutefois pas de se mouvoir aisément sur des chemins très peu aménagés. Notons néanmoins l'existence, en Angleterre, de la première route aménagée en 5000 avant Jésus-Christ, qui permettait de contourner les obstacles naturels (collines, cours d'eau…).

2. La roue ou l'amorce d'une civilisation du déplacement

L'invention de la roue fut donc l'amorce d'une véritable révolution des transports et de la communication. Son origine reste assez méconnue. On attribue aux Sumériens l'utilisation de rondins de bois pour déplacer de lourdes pierres durant l'Antiquité. Avant d'imaginer creuser un trou au centre d'une forme ronde pour y placer un axe : la roue était née !

Très rapidement, la charrette à roue supplante donc le traîneau comme moyen de transport. Même rudimentaire et fragile, la roue apparaît comme le meilleur moyen pour faciliter le déplacement de charges plus ou moins lourdes sur des voiries rudimentaires et irrégulières. Son développement sera à l'origine des premières recherches autour de la stabilisation des chemins.

En quelques siècles, la roue va connaître de nombreuses évolutions ou adaptations. Initialement pleine et formée d'un disque massif monté sur un essieu rond et tenu par des chevilles, elle facilitait les déplacements des premiers chariots, cousins des travois, réduisant ainsi les frottements. D'abord équipées de deux roues, puis de quatre, les charrettes tractées par des bœufs étaient surtout dédiées à l'agriculture. L'adaptation pour les chevaux, plus légère, fut inventée au début du IIe millénaire avant notre ère. A priori anecdotique, cette évolution marque le début de l'optimisation technique des roues, avec l'apparition des rayons pour l'alléger tout en renforçant sa solidité.

3. Les premiers développements des routes

Une meilleure circulation des marchandises permet d'accroître les échanges commerciaux, clé de voûte de développement et donc d'accroissement des richesses. Le besoin de disposer d'un réseau accessible aux nouveaux moyens de transport que sont les chariots sur roues tractés par des bœufs devient une évidence, et ce par tous les temps. Les premières routes pavées apparurent donc au Moyen-Orient, ainsi que des voiries en rondins en Angleterre. La première technique n'offrait pas la planéité attendue, la seconde s'avère mal adaptée aux conditions climatiques à dominante humide. Ce problème fut résolu par la mise en œuvre de sable entre les rondins.

Simultanément, la technique de la taille de pierre s'améliore progressivement. Les premières routes pavées, pierres taillées à cet effet, apparurent au cours du IIIe millénaire, dépassant ainsi le périmètre des agglomérations. La Grèce et le Moyen-Orient furent les premiers lieux à accueillir ces nouvelles techniques.

Les bases du développement des routes sont ainsi posées. Les civilisations comprirent très tôt l'intérêt économique et militaire de ces voiries « modernes ».

Ces prémices se confirmèrent avec l'avènement de la civilisation romaine. Les besoins en routes fonctionnelles se firent rapidement sentir pour développer économiquement l'empire, mais aussi pour en conserver la maîtrise militaire. Il fallait en effet que les légions romaines puissent facilement se déplacer. S'étendant de la Bretagne à l'Égypte, l'immensité de l'empire imposait des déplacements rapides sur de longues distances. De plus, le commerce entre les différentes régions de l'empire explosait, nécessitant un excellent réseau routier. Sa construction fut facilitée par la réalisation des travaux par des esclaves, qui représentaient alors 30 % de la population de l'Empire romain. Cette nombreuse main-d'œuvre, peu coûteuse, a permis la construction d'un réseau de grande qualité. Les Romains ont même été jusqu'à mettre en œuvre une signalisation digne des temps modernes comprenant des bornes milliaires, du jalonnement et des informations directionnelles.

Cette période marque d'ailleurs une certaine forme d'apogée du réseau routier. Les attaques barbares au cours des IVe et Ve siècles précipitent l'empire dans une longue période de guerres et d'incertitudes, réduisant les échanges et le commerce. Sa chute en 476 marque l'amorce d'une nouvelle ère, le Moyen-Âge, dont le système politique est basé sur la féodalité. Au cours de cette période de turbulence, marquée d'abord par les conflits entre les rois barbares et les restes d'autorité romaine, puis entre les rois barbares eux-mêmes afin d'accroître leur territoire et leur influence, l'immense réseau des voies romaines se détériore, faute d'entretien. Ce qui n'empêche pas le reste du monde de poursuivre son évolution. Le monde arabe profitera alors à plein de nouvelles technologies qu'il aura su développer, lesquelles ne parviendront en Europe qu'à partir du IXe siècle.

4. L'apparition des premières techniques de construction

Une première route pavée a été construite en Crète en 2000 avant Jésus-Christ, ancêtre des voies romaines, qui ne l'égaleront pas toujours. Constituée de dalles de grès assemblées par un mortier d'argile et de gypse, recouverte ensuite par des dalles de basalte, la route reliant Cnossos à Gortyne en Crète était même équipée d'aires d'arrêts !

De même, la voie romaine correspond à un schéma de construction extrêmement précis. Le principe consiste à creuser une fosse d'une profondeur variable, qui sera ensuite comblée par des superpositions successives de matériaux de granulométries différentes. Le fond de forme sera nivelé puis tassé (ancêtre du compactage d'aujourd'hui) avant la mise en œuvre d'un mortier de réglage, puis de 30 à 60 cm de matériaux grossiers. L'ensemble sera recouvert de gravier puis de sable et de ciment sur une épaisseur variable de 30 à 50 cm. Il ne reste plus qu'à mettre en place le revêtement final, souvent constitué de dalles de pierre.

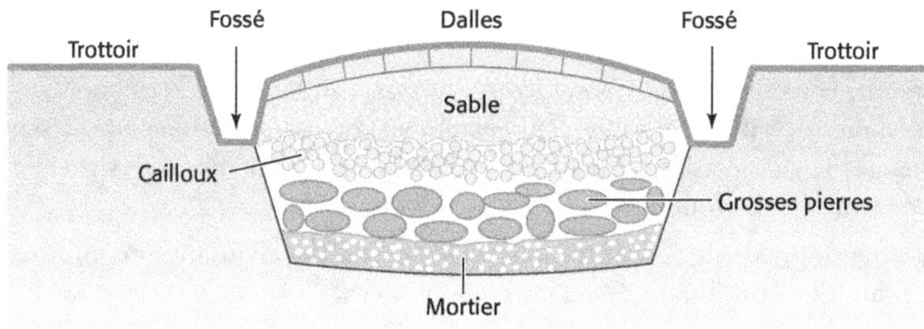

Les voies romaines pouvaient également être équipées de bordures et de trottoirs. Les Romains avaient donc compris l'importance de mettre en place un assainissement pluvial, limitant ainsi les détériorations de leurs chaussées par infiltration d'eau.

Si la technique de la superposition de couches de matériaux de granulométries différentes reste le principe de construction des routes en Occident, le Moyen-Orient, riche en matériaux hydrocarbonés, développe dès le VIIIe siècle les premières voiries en pavés recouverts de pétrole provenant de gisements de naphte, qui, distillé à haute température, produit une pâte brûlante, berceau des étanchéités d'aujourd'hui.

Le développement des différentes techniques, au fil des siècles, sous des conditions de trafic relativement modéré, a permis à chacune de prospérer dans le temps. Lentement, au gré des découvertes qui ont permis aux hommes de s'affranchir des frontières naturelles, les civilisations ont partagé leurs savoirs, leurs traditions, leurs productions… Le commerce est devenu une activité de plus en plus intense, notamment grâce aux besoins de la civilisation occidentale. Donnant ainsi naissance à de grands axes commerciaux qui ont traversé les siècles :

— **La route de l'encens** est l'une des plus anciennes, connue dès 2800 avant Jésus-Christ. Elle reliait l'Égypte, l'Arabie et l'Inde. Si l'encens, produit dont la valeur marchande dépassait celle de l'or, était la principale denrée transportée, cette route a également permis le transport de la myrrhe, de l'ébène, de la soie et de l'or, puis de nombreuses épices en provenance d'Inde. Exploitée par les Romains à partir du Ier siècle, cette route fut modernisée, avant d'être progressivement abandonnée à partir du VIe siècle.

— **La route de la soie**, connue depuis le IIe siècle avant notre ère, reliait Chang'an en Chine à Antioche en Syrie. Outre le commerce de cette étoffe dont les Romains étaient très friands, elle a permis le transport d'autres biens commerciaux tels que le lin, le jade, l'ambre, l'ivoire, le verre… Le voyage par caravanes de chameaux ou à dos de yack pouvant durer plusieurs mois dans des conditions climatiques aléatoires. L'avènement de *la route des épices*, rendue célèbre par la fabuleuse épopée de Magellan, a progressivement engendré son abandon.

— **La route de l'ambre**, dont une des branches occidentales reliait Kaliningrad (en Russie) au port grec de Massalia. Connu en Europe depuis la préhistoire pour la fabrication de bijoux, de bibelots ou encore d'outils divers, l'ambre était aussi utilisé à des fins médicales (amulettes) ou comme parfum. Ses multiples usages expliquent combien ce matériau fossile, très recherché à l'époque romaine, faisait l'objet d'un commerce très étendu. Une autre voie conduisait de la Baltique à la mer Noire.

— **Les routes du sel** : complément alimentaire indispensable à l'homme, conservateur des peaux et des aliments, le sel devint très vite une matière précieuse et une monnaie d'échange. La nécessité d'en assurer l'acheminement des points de production vers les villes et surtout vers les ports est un enjeu majeur. L'obligation d'alimenter en sel les régions de productions agricoles et manufacturières qui en sont dépourvues participe pleinement au développement de multiples routes du sel.

Ces grandes voies commerciales ont donc connu des fortunes diverses, au gré des besoins des matières premières. Les techniques de transport se sont également développées grâce aux découvertes des explorateurs occidentaux. Parfois les routes maritimes ont suppléé les inconvénients des voies terrestres, comme ce fut le cas au XVe siècle. Ces deux modes de transports se sont surtout révélés complémentaires. Toutefois, dès le XVIe siècle, l'accroissement des échanges, adossé à la richesse des États, imposa comme une évidence économique la nécessité de disposer d'un réseau fiable, circulable et sécurisé.

5. Les progrès techniques, source de développement face à des besoins toujours croissants

Les pays anglo-saxons ont été les premiers à développer des réseaux routiers payants. En effet, en raison de la détérioration rapide des voies élaborées sur le modèle romain au début du XVIIIe siècle, mais inadaptées au trafic qui s'accroissait durablement, 300 km de route à péage furent construits en Angleterre par John Metcalf. Leur réalisation lui a permis d'expérimenter la mise en place d'un drainage efficace des eaux de surface et surtout de remplacer les pierres arrondies, inadaptées au trafic routier, par des petites pierres cassées aux arêtes tranchantes. Prémices des recherches en adhérence et en durabilité…

De l'autre côté de l'Atlantique, une fois l'indépendance acquise, ce pays-continent a mesuré très rapidement la nécessité de développer un réseau routier fiable et efficace. L'immensité de la tâche fut confiée dès la fin du XVIIIe siècle à des entreprises privées. Moyennant des franchises du gouvernement, elles construisaient les routes en remplaçant les existantes par des voies plus larges. La progression du système routier fut telle que le trajet Boston-Washington en diligence fut réduit de quatre jours. Toutefois, malgré des politiques volontaristes, les besoins étaient tels qu'aucun État ni aucune corporation privée ne disposait des moyens nécessaires pour répondre à la demande et développer rapidement ces nouvelles infrastructures.

Pendant ce temps, en France, un ingénieur nommé Pierre Marie Jérôme Trésaguet fut le premier à être connu pour avoir développé une méthode scientifique de construction de la route vers 1764. Il avait compris que le rôle des couches de la chaussée était d'éviter de transférer le poids de la route et des charges roulantes au sol support, prévenant ainsi les éventuelles déformations. Il avait également intégré l'intérêt d'une couche de roulement lisse protégeant les larges dalles de pierre tout en facilitant le roulage des véhicules. Il reprit également, en le renforçant, l'intérêt de disposer d'un drainage rigoureux, permettant d'une part de ne pas trop rapidement altérer la surface et d'autre part de préserver les couches de chaussée des circulations hydrauliques. Enfin, pour maintenir en bon état le réseau ainsi modernisé, il assigna à un ouvrier la charge de l'entretien d'un tronçon de chaussée. Lequel entretien des chaussées restera en France longtemps aléatoire.

En effet, la construction des chaussées était souvent réalisée à l'automne avec l'ensemble des matériaux disponibles, ne laissant que les résidus pour boucher les trous générés par les aléas climatiques. Lesquels étaient alors colmatés avec des cailloux ou pierres non nettoyés de la poussière ou de l'argile, sans même avoir pris le soin de purger l'eau et la terre du périmètre à réparer.

Cette technique marqua néanmoins les premiers progrès en termes de drainage et de mise en œuvre de couches successives de matériaux aux caractéristiques différentes. La pierraille fit son apparition en surface dans l'objectif de créer le bombement nécessaire au drainage, principe qui fut perfectionné peu après sous d'autres climats.

La technique française s'exportait néanmoins en Europe, et se confronta ainsi à des conditions climatiques parfois plus rudes. La technique des gros blocs de pierre nécessitant le renouvellement d'une grande partie de la chaussée en cas de dommages, les Écossais ont imaginé une solution innovante basée sur diverses observations. En effet, certains inspecteurs de chaussées ont constaté une relation entre la profondeur du fossé de drainage de la chaussée et la durabilité de la structure. Par ailleurs, d'autres inspecteurs, par souci d'économie de transport, ont substitué les gros blocs de pierre par des cailloux, ou même ont concassé sur place les blocs devenus trop imposants.

C'est dans ce contexte qu'en 1816 John Loudon McAdam, alors chargé de la direction des routes du comté de Bristol, proposa une technique simple : rendre et maintenir à sec le fond de forme par le creusement de fossés latéraux, ou bien construire la voie en remblais pour éviter l'emprise des fossés. Ainsi, lors de sa mise en œuvre, il impose les exigences suivantes :

— relever le plus possible le sol sur lequel l'empierrement repose pour favoriser l'écoulement naturel vers les parcelles voisines ;

— mettre en œuvre des pierres de grosseur uniforme (170 g), triées, expurgées de toute matière argileuse, terreuse ou pulvérulente ;

— refuser tout matériau alluvionnaire : seuls les matériaux anguleux peuvent se lier efficacement entre eux ;

— répandre les matériaux par plusieurs couches d'épaisseur d'environ 25 cm ;

— assurer l'imperméabilité de la chaussée : il s'est en effet rendu compte que lorsque le sol support restait sec, il ne s'enfonçait pas sous l'effet du trafic. Il convenait donc de le maintenir en permanence à sec grâce à une couche d'imperméabilisation constituée par l'empierrement.

Les principaux avantages de cette technique sont l'homogénéité du matériau de surface qui rend l'usure uniforme, l'imperméabilisation qui assure la durabilité conservant au sol support sa fermeté et sa résistance, et l'élasticité qui répartit la pression des roues. Cette technique présente l'avantage de recourir à une main-d'œuvre certes plus nombreuse mais moins qualifiée, à un matériau moins abondant et plus disponible localement et à un entretien sommaire.

Dans la continuité des travaux de McAdam, un ingénieur anglais reprit la méthode de Trésaguet. Thomas Telford, après avoir bien préparé le fond de forme, y pose une couche de pierres serrées entre elles, disposées bien de niveau, formant ainsi une forme de pavage. Les hauteurs des pierres sont différentes sur la largeur de chaussée : d'abord de 20 à 25 cm en axe, elles sont de 10 cm environ à l'arête, diminuant graduellement de part et d'autre de l'axe.

Puis, les vides laissés par les pierres sont remplis avec des éclats avant de briser à la masse toutes les aspérités laissées à la surface. Le principe du bombement est retenu, avant de recouvrir ce pavage irrégulier d'une épaisseur de 15 cm de pierres concassées. On partage d'ailleurs cette épaisseur en deux couches, la seconde étant mise en œuvre une fois que la première a commencé à faire corps avec la chaussée. Pour faciliter la liaison, une couche de gravier sera répandue sur la pierre concassée.

Cette technique est apparue plus adaptée pour les terrains mous et compressibles : la chaussée de McAdam est plus élastique et fléchit davantage. Les routes de Telford résistent mieux au roulage, à charge égale. Leur meilleure qualité garantie donc une plus grande durabilité.

Au filtre de ces trois grandes techniques apparaissent les prémices de la construction industrielle des chaussées d'aujourd'hui. Le drainage fut initié par Trésaguet, la superposition de matériaux de dimensions différentes par McAdam, avec la naissance de la couche de surface qui joue deux rôles différents : le drainage et la roulabilité. Puis, la mise en œuvre de différentes couches de matériaux aux granulométries et caractéristiques différentes pour optimiser la résistance mais aussi améliorer le roulage furent les découvertes de Telford.

Dans le même temps, un ingénieur français, Antoine-Rémy Polonceau, eut l'idée de compacter « les tas de cailloux » qui étaient livrés directement au roulage, après avoir constaté l'affaissement de la structure sous le passage des charges roulantes. Un meilleur agencement des granulats entre eux réduisait considérablement ce phénomène :

« La liaison des matériaux durs répandus à la surface d'une route est fort longue à s'opérer. Il faut que le tassement, produit par le passage des véhicules, force les pierres à se rapprocher. Et que les détritus provenant de l'écrasement d'un certain nombre de fragments achèvent de remplir les vides qui existent dans la masse. Alors seulement l'agrégation est complète et la chaussée devient compacte et unie. Mais ce résultat n'est obtenu qu'avec une grande fatigue par le roulage et la destruction d'une certaine quantité de matériaux qui sont broyés par les roues. »

Le procédé consiste donc à cylindrer le fond de forme, à placer par-dessus d'abord des matériaux tendres puis un mélange de matériaux durs et de matériaux tendres, ces derniers faisant office de liant, puis réserver à la couche supérieure des matériaux durs qui seront recouverts de débris du cassage. Et soumettre cette surface au cylindrage.

aux tronçons ferrés. Le Congrès de la route de Séville en 1923 aura d'ailleurs pour thème l'adaptation de la route à l'automobile. La définition des grands programmes d'infrastructures révolutionnant l'appréhension de l'espace est encore loin.

L'industrie routière développe ainsi différents produits intégrant les paramètres complexes d'approvisionnements et de disponibilités du goudron. Provenant de la distillation rapide (1 100 °C) ou lente (800 °C) de diverses variétés de la houille de charbon, le goudron se raréfie avec le déclin de l'industrie du charbon. Il faut en effet 20 tonnes de houille pour produire une tonne de goudron. La rareté de ce dernier, malgré des mesures destinées à favoriser la production nationale de sous-produits du charbon, favorise l'apparition d'émulsion de bitume, produit issu de la distillation directe de pétroles d'origines très diverses, chacun avec des caractéristiques physico-chimiques qui leur sont propres.

Malgré l'évolution des techniques et le recours progressif au bitume, le langage courant laisse au goudron, voire à l'asphalte, une place prépondérante.

À toutes fins utiles, rappelons que l'asphalte est à l'état naturel un pétrole extra-lourd de consistance très visqueuse à solide, piégé dans des matrices sableuses ou calcaires. Il désigne également, sous l'appellation « asphalte porphyré », un mélange de bitume, de calcaire broyé, de sables et de gravillons, à destination des travaux de revêtement de terrasses et trottoirs, ou d'étanchéité selon les formulations.

Le goudron et le bitume n'ont toutefois pas les mêmes qualités. Certes, ils sont tous les deux noirs, mais le goudron est plus fluide et plus stable, tandis que les bitumes restent durs et vieillissent plus vite. Par contre, ils présentent de meilleures qualités d'adhérence et surtout une grande diversité de produits. En effet, les sources de pétrole ne donnent pas le même bitume, selon les quantités d'asphaltène, de sel, ou d'autres composants. On peut y ajouter des élastomères, des plastomères, des polyéthylènes, ou encore de l'eau et des émulsifiants pour créer des émulsions. Ce qui permet de proposer une très large palette de produits, donc de matériaux dont est fortement friande l'industrie routière d'aujourd'hui.

Les maîtres d'ouvrages disposent ainsi de multiples solutions reprises en France par les réseaux techniques, notamment celui de l'État, qui propose un catalogue de structures de chaussées, bâti sur le modèle multicouche de Burminster. En effet, la méthode française de dimensionnement décrit la structure de chaussée comme une superposition de couches élastiques linéaires, homogènes et isotropes.

CHAPITRE 1

Terminologie routière

Les différentes parties d'une route interurbaine

La plate-forme routière. Il s'agit de la surface de la route qui comprend la ou les chaussées, les accotements et l'éventuel terre-plein central.

La chaussée est limitée par le bord interne du marquage au sol. Ainsi, elle ne comprend pas les sur-largeurs structurelles de chaussée portant le marquage de rive.

Le terre-plein central est constitué d'une bande médiane et de deux bandes dérasées de gauche[1]. Il permet de séparer physiquement deux chaussées situées sur une même plate-forme.

L'accotement comprend la bande dérasée[2] et la berme. La berme engazonnée est située à l'extérieur de la bande dérasée. Elle participe aux dégagements visuels, supporte les éventuels panneaux de signalisation[3] et dispositifs de retenue et facilite l'écoulement des eaux (dévers 8 %). Selon le dispositif de retenue mis en œuvre, sa largeur peut être portée à plus d'un mètre. Il est à noter que les dispositifs d'assainissement sûrs[4] en termes de sécurité peuvent généralement être intégrés à la berme : par exemple les fossés ou cunettes peu profonds (20 cm ou moins) généralement associés à un dispositif de drainage dont la pente ne dépasse pas 25 %.

La bande dérasée (ou **bande d'arrêt d'urgence**) **constitue la zone de récupération.** Il s'agit d'une zone dégagée de tout obstacle qui se raccorde à la chaussée sans dénivellation. Elle

---

1 La bande dérasée de gauche (BDG) est une zone dégagée de tout obstacle qui se raccorde à la chaussée sans dénivellation. Elle supporte le marquage de rive. Par rapport à la structure de chaussée, la structure sous la BDG peut être réduite.

2 Sur les routes à chaussées séparées, il s'agit de la bande d'arrêt d'urgence (BAU) ou de la bande dérasée de droite (BDD).

3 Les supports de signalisation verticale dont le moment résistant dépasse 570 daN·m constituent des obstacles ponctuels.

4 Le guide *Traitement des obstacles latéraux*, SÉTRA, 2002, classe les dispositifs d'assainissement selon trois niveaux de sécurité (sûrs, modérément agressifs ou agressifs).

comprend la sur-largeur de chaussée de même structure que la chaussée et qui supporte le marquage de rive ainsi qu'une partie stabilisée[1] ou revêtue. Par rapport à la structure de chaussée, la structure sous la partie revêtue peut être réduite afin de ne supporter que le passage occasionnel d'un poids lourd.

L'assiette est la surface du terrain qui comprend la plate-forme routière, les fossés et les talus. Elle est limitée par les entrées en terre (intersection du projet avec le terrain naturel existant).

L'emprise est la surface du domaine public affectée à la route et à ses dépendances. Elle comprend l'assiette du projet ainsi qu'un espace de terrain additionnel.

La zone de sécurité est une bande latérale contiguë à la chaussée composée **de la zone de récupération et d'une zone de gravité limitée.** Contrairement à la zone de récupération, la zone de gravité limitée ne vise pas à éviter une sortie de route mais à limiter la gravité des dommages corporels.

Dans la zone de récupération, il ne doit pas y avoir d'obstacle. Dans la zone de gravité limitée, un obstacle peut être isolé par un dispositif de retenue implanté dans la berme. Néanmoins, il convient de privilégier sa suppression, son éloignement, sa modification ou sa fragilisation en cas de choc[2].

La largeur de la zone de sécurité dépend de la vitesse d'exploitation. À titre d'exemple, sur les routes de type R ou T[3] limitées à 90 km/h, la largeur recommandée de la zone de sécurité en section courante est de 4 mètres pour l'aménagement de routes existantes et de 7 mètres en aménagement neuf. L'implantation d'obstacles nouveaux sur une route existante est à considérer comme un aménagement neuf. Ainsi, la largeur de la zone de sécurité à rechercher est de 7 mètres[4] à compter du bord chaussée.

Pour ne pas constituer des obstacles continus dans la zone de sécurité, les fossés dont la profondeur est supérieure à 50 cm doivent présenter une pente douce ou être isolés. Pour mémoire, une pente douce est inférieure ou égale à 25 % (4 de base pour 1 de hauteur).

Dans la zone de sécurité, il est également nécessaire d'identifier les talus les plus agressifs susceptibles d'entraîner un risque de retournement du véhicule. Ainsi, il convient d'éviter, de modifier ou d'isoler les talus de déblai dont la pente est supérieure à 70 % (arrondi de 67 %, 3 de base pour 2 de hauteur). Il est à noter qu'en déblai les guides techniques *2 × 1 voie. Route à chaussées séparées* (SÉTRA, 2011) et *Instruction sur les conditions techniques d'aménagement*

---

1   Une bande stabilisée peut être envisagée sur les routes de type R et en relief difficile. Pour la sécurité et l'entretien, une bande revêtue est à privilégier. La bande revêtue facilite notamment les manœuvres de récupération ou d'évitement (meilleure adhérence). Elle permet de réduire le nombre et la gravité des accidents. Il est souhaitable de rechercher un contraste visuel suffisant entre la couche de roulement de la chaussée et celle de la bande dérasée revêtue afin de les différencier (ECF coloré…). La fiche d'information *Savoir de base en sécurité routière, L'accotement revêtu*, SÉTRA, 2008, précise qu'une largeur revêtue même faible de 50 cm a un impact sur la sécurité. Par ailleurs, l'imperméabilisation de la totalité ou d'une partie de la bande dérasée permet de limiter l'infiltration des eaux superficielles dans la chaussée.

2   À noter que 56 % des accidents mortels contre obstacles se produisent en courbe (source : *Sensibilisation obstacles sécurité*, Savoir pour agir, CETE Normandie-Centre - SÉTRA, 1999, et *Traitement des obstacles latéraux*, Guide technique, SÉTRA, 2002).

3   Pour des raisons de sécurité, la création de routes de type T (route express à une chaussée) est proscrite sur le réseau routier national (*cf.* note du directeur des Routes du 10/05/2001).

4   Le guide *Traitement des obstacles latéraux*, SÉTRA, 2002, précise que la personne en charge du projet peut retenir une largeur différente supérieure à 4 mètres. Dans ce cas, les conditions dans lesquelles s'exerce cette dérogation devront être convenablement étudiées. À noter qu'en 1999 le SÉTRA, le CETE Normandie-Centre, le Centre européen d'études socio-économiques et accidentologiques des risques (CEESAR) avec le Laboratoire d'accidentologie et de biomécanique (LAB) publient *Accidents mortels contre obstacles fixes*. On peut retenir de cette étude basée sur l'analyse d'accidents mortels contre obstacles fixes survenus entre 1990 et 1991 qu'en rase campagne 78 % des accidents mortel ont lieu en deçà de 4 mètres (distance entre l'obstacle et le bord de la chaussée) et 94 % des accidents mortels en deçà de 7 mètres.

des autoroutes de liaison (ICTAAL-SÉTRA, 2000, nouvelle édition CEREMA[1], 2015) limitent pour le milieu interurbain la zone de sécurité à une hauteur de 3 mètres.

En ce qui concerne les remblais, ils doivent obligatoirement être isolés par un dispositif de retenue, quel que soit le type de route lorsque la hauteur dépasse 4 mètres (sauf ceux à pentes douces, $p \leq 25$ %) ou 1 mètre en cas de dénivellation brutale. Un diagnostic de sécurité peut conduire à isoler également les talus de remblai de plus de 2,5 mètres de hauteur (sauf ceux à pentes douces $p \leq 25$ %).

Cependant, il est important de garder à l'esprit que **tout dispositif de retenue reste un obstacle**. Il ne doit donc être implanté que si son absence présente un risque plus important. Pour les motards, l'écran de protection qui se positionne au-dessous de la barrière de sécurité[2] constitue une protection efficace en cas de chute accidentelle. En effet, il réduit la sévérité de choc en cas de collision du motocycliste contre le dispositif de retenue[3].

Sur le réseau routier national (RRN), la circulaire n° 99-68 du 1er octobre 1999 fixe les conditions d'emploi des dispositifs de retenue adaptés aux motocyclistes. Pour les nouvelles routes à chaussées séparées ou autoroutes, ce dispositif est à prévoir dans les courbes de rayon inférieur à 400 mètres[4] sur le côté extérieur du virage. À noter que, dans les carrefours dénivelés, l'écran inférieur adapté aux motocyclistes est à prévoir sur tout type de routes, quel que soit le rayon, sur le côté extérieur du virage.

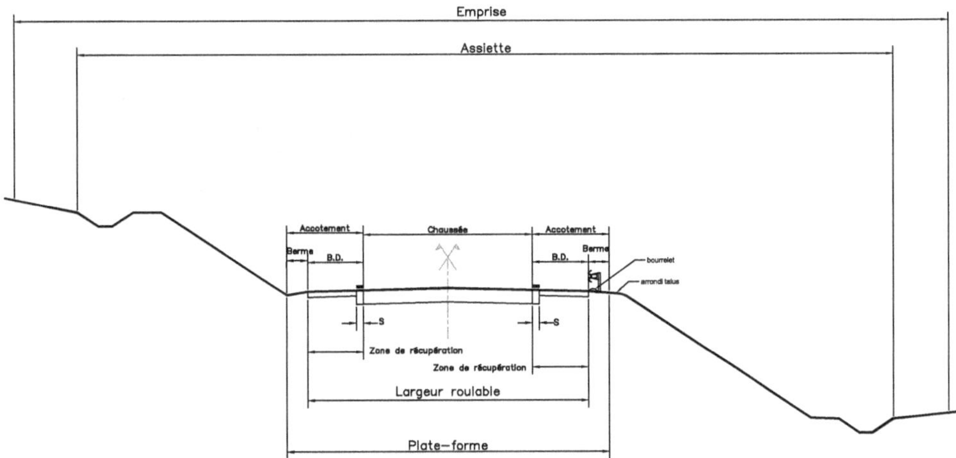

Figure 1. Route à chaussée unique

---

1 Centre d'études et d'expertise sur les risques, l'environnement, la mobilité et l'aménagement.

2 Pour l'exploitation et l'entretien de la route, les dispositifs de retenue adaptés aux motocyclistes génèrent des difficultés lors des opérations de déneigement ou de fauchage. Ils peuvent également constituer un obstacle au passage de la petite faune. Pour limiter les contraintes d'entretien, les équipements peuvent se situer dans des zones revêtues. Dans les zones enherbées, des matériaux couvre-sol anti-végétation peuvent être envisagés.

3 La lisse inférieure sous la barrière métallique évite « l'effet guillotine ».

4 250 mètres sur les autres routes.

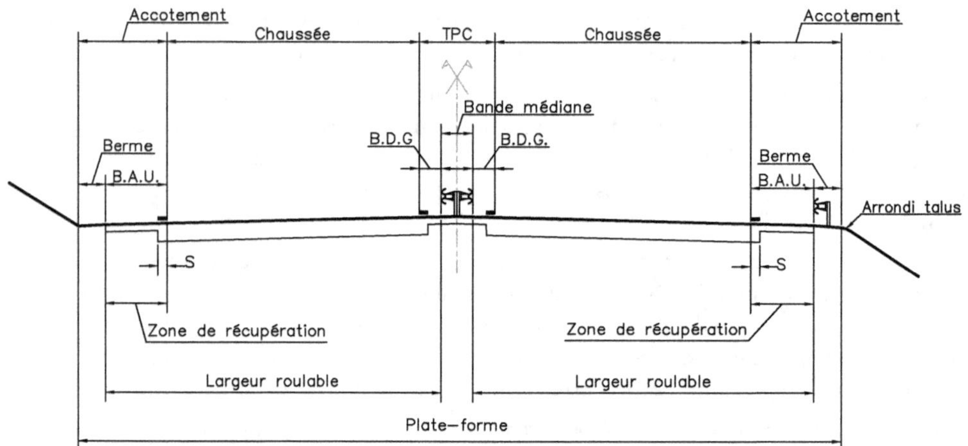

Figure 2. Route à chaussées séparées

CHAPITRE 2

Les terrassements

1. La classification des matériaux

La classification des matériaux (sols, matériaux rocheux et sous-produits industriels) utilisables pour la construction des remblais et des couches de forme est définie dans le guide technique *Réalisation des remblais et des couches de forme* (GTR)[1]. Cette classification a été reprise dans la norme NF P11-300.

La classification des sols (classes A, B, C et D) regroupe des sols ayant un pourcentage de matières organiques[2] inférieur ou égal à 3 %. Elle s'effectue sur la base de paramètres de nature, mécaniques et d'état. Ces paramètres renseignent sur la granularité, l'argilosité, la résistance et l'état hydrique du sol[3]. La dimension maximale des plus gros éléments contenus dans le sol (D_{max}) et les tamisats à 80 microns et 2 millimètres permettent de distinguer les sols. L'indice de plasticité (IP) et la valeur au bleu de méthylène du sol (VBS) sont les principaux paramètres permettant de caractériser l'argilosité des sols. Les coefficients Los Angeles (LA) et micro-Deval[4] en présence d'eau (MDE), ou de friabilité des sables (FS) pour les sols

---

1   Le GTR (SETRA-LCPC, 2000) est en cours de révision. Il intégrera notamment la nouvelle classification des matériaux présentée dans la partie 2 de la norme européenne sur les terrassements (EN 16907-2). Cette norme sera prochainement applicable en France ce qui suppose de supprimer la norme NF P11-300 de septembre 1992 – *Exécution des terrassements – Classification des matériaux utilisables dans la construction des remblais et des couches de forme d'infrastructures routières.*

2   La norme NF P94-055 de décembre 1993 permet la détermination de la teneur massique en matières organiques d'un échantillon de sol naturel, par méthode chimique.

3   Dans la classification, on distingue cinq états hydriques (th pour très humide, h pour humide, m pour moyen (humidité optimale), s pour sec et ts pour très sec).

4   La détermination du coefficient micro-Deval à l'état humide (MDE) constitue l'essai de référence. La norme NF EN 1097-1 précise que la détermination du coefficient micro-Deval à l'état sec (MDS), sans ajout d'eau dans les cylindres, ne peut être réalisée que complémentairement à la méthode de référence.

sableux[1], sont les paramètres de comportement mécanique[2], ils permettent respectivement de déterminer la résistance à la fragmentation, la résistance à l'usure et la friabilité. Le rapport de la teneur en eau naturelle (wn) sur la teneur en eau à l'optimum Proctor normal (wopn), l'indice de consistance (Ic) et l'indice portant immédiat (IPI) sont les paramètres utilisés pour caractériser l'état hydrique d'un sol.

Pour mémoire, la classe A correspond à des sols fins ($D_{max} \leq 50$ mm et tamisat à 80 microns > 35 %) sensibles à l'eau. Ainsi, la portance de ces sols varie sous l'effet d'une variation de la teneur en eau. Ils constituent la cible principale des traitements. Par opposition, les sols de la classe D (tamisat à 80 microns ≤ 12 % et VBS $\leq 0,1$) sont insensibles à l'eau. Ils sont utilisables à l'état naturel pour la partie supérieure des terrassements (PST), la couche de forme ou les remblais techniques.

Il existe aussi une classification pour les matériaux rocheux (classe R)[3], établie notamment sur la base de leur nature géologique et de résultats d'essais ainsi qu'une classification pour les sols organiques et sous-produits industriels (classe F)[4] établie sur la base du recensement des principales familles de matériaux de cette catégorie, susceptibles d'être concernées en France par une utilisation en remblai ou en couche de forme.

2.   La plate-forme support de chaussée

Les structures de chaussée sont construites sur un ensemble appelé plate-forme support de chaussée (PF), constitué du sol support, désigné dans sa zone supérieure (sur 1 mètre d'épaisseur environ) par le terme partie supérieure des terrassements (PST)[5] et dont la surface constitue l'arase de terrassement (AR), et d'une couche de forme éventuelle.

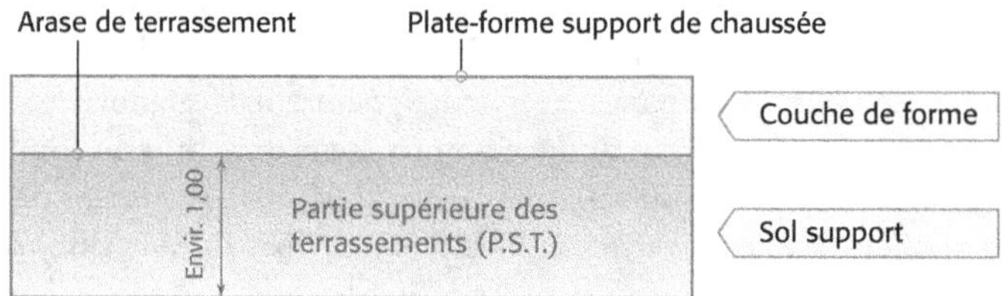

Figure 3. Définition des différents termes

---

1   Cet essai s'applique aux sables et aux fractions sables des graves, d'origine naturelle, recyclée et artificielle utilisés dans le domaine du bâtiment et du génie civil (*cf.* norme NF P18-576 de février 2013).

2   Les paramètres de comportement mécanique sont des indicateurs permettant notamment de juger la résistance au trafic des matériaux granulaires non traités utilisés en couche de forme (seuils retenus ≤ 45 pour les valeurs LA et MDE ou ≤ 60 pour les valeurs FS). À noter que ces paramètres sont également utilisés pour la codification des granulats (voir la norme NF P18-545 de septembre 2011 *Granulats – Éléments de définition, conformité et codification* dans le chapitre 3, paragraphe 1.3, sur les granulats et la normalisation française).

3   La classe R comprend les roches sédimentaires (R1 à R5) et les roches magmatiques et métamorphiques (R6).

4   La classe F comprend les matériaux naturels ayant un pourcentage de matières organiques supérieur à 3 % (F1) et les sous-produits industriels (F2 à F9).

5   La PST peut être constituée de matériaux en place (déblais) ou de matériaux rapportés (remblais).

Dans le cadre des études de terrassements, on doit définir les objectifs de portance à long terme sur l'arase de terrassement (AR) et sur la plate-forme support de chaussée (PF). Elles sont classées selon les plages de valeur de leur module de déformation réversible[1].

Pour l'arase de terrassement, on retrouve quatre classes (en plus de AR0[2]), de AR1 à AR4.

Module (MPa)	20		50		120		200	
Classe d'arase		AR1[3]		AR2		AR3		AR4

Pour la plate-forme support de chaussée, on retrouve cinq classes de PF1 à PF4.

Module (MPa)	20		50		80		120		200	
Classe de plate-forme		PF1		PF2		PF2qs[4]		PF3		PF4

Pour que les valeurs de portance (à court terme) soient représentatives du long terme, l'essai de portance est nécessaire mais il n'est pas suffisant pour prononcer la réception de l'arase de terrassement et de la couche de forme. Il est également nécessaire de contrôler la qualité des matériaux de la couche de forme, les conditions de compactage, l'épaisseur des couches ainsi que l'efficacité des dispositifs de drainage et d'assainissement.

---

1 Par exemple module sous chargement statique à la plaque (EV2) ou module sous chargement dynamique à la dyna-plaque (EDYN1 ou EDYN2). Pour les matériaux de Dmax inférieur à 200 mm, la plage de mesure du module de déformation de l'essai à la plaque est comprise entre 20 et 250 MPa celle du module équivalent à la dynaplaque est comprise entre 20 et 100 MPa pour la dynaplaque 1 et entre 20 et 250 MPa pour la dynaplaque 2. À noter qu'il est également possible de mesurer une déflexion (norme NF P98-200-1 de juillet 1991) relevée au déflectographe Lacroix ou à la poutre Benkelman sous essieu de 130 KN. La mesure de la déflexion est surtout utilisée pour les matériaux traités aux liants hydrauliques. La note d'information Chaussées – Plates-formes – Assainissement – *Méthodologie de mesure de la portance des plates-formes* de mars 2018 donne le domaine d'emploi des principales méthodes utilisées pour estimer la portance.

2 L'AR0 correspond à une portance quasi nulle (EV2 < à 20 MPa). Une opération de terrassement (substitution de matériaux, traitement…) et de drainage est nécessaire afin de pouvoir reclasser le support au minimum en classe AR1.

3 Le module de déformabilité minimal de l'arase pour permettre la réalisation d'une couche de forme en sol traité est de 35 MPa.

4 La norme NF P98-086 d'octobre 2011 a divisé la classe PF2 (50 MPa ≤ E < 120 MPa) en deux classes : la PF2 (50 MPa ≤ E < 80 MPa) et la PF2qs (PF2 de qualité supérieure, 80 MPa ≤ E < 120 MPa). La note d'information Chaussées – Plates-formes – Assainissement, *Dimensionnement des épaisseurs de couche de forme pour PF2qs*, CEREMA, 2017, complète le guide technique *Réalisation des remblais et des couches de forme (GTR)*, SÉTRA-LCPC, 2000, ainsi que le guide technique *Traitement des sols à la chaux et/ou aux liants hydrauliques. Application à la réalisation des remblais et des couches de forme (GTS)*, SÉTRA-LCPC, 2000.

Figure 4. Essais à la plaque
Norme NF P94-117-1 d'avril 2000 *Sols : reconnaissance et essais –
Portance des plates-formes – Partie 1 : Module sous chargement statique à la plaque (EV2).*

Figure 5. Essais à la dynaplaque
Norme NF P94-117-2 d'octobre 2004 *Sols : reconnaissance et essais –
Portance des plates-formes – Partie 2 : Module sous chargement dynamique.*

Il est à noter que le *Catalogue des structures types de chaussées neuves*, SÉTRA-LCPC, 1998, retient trois classes de plate-forme : la PF2 (50 MPa $\leq$ E < 120 MPa), la PF3 (120 MPa $\leq$ E < 200 MPa) et la PF4 ($\geq$ à 200 MPa). En effet, la plate-forme de classe PF1 (20 MPa $\leq$ E < 50 MPa) est jugée trop médiocre pour être utilisée sur le réseau routier national.

La classe de la plate-forme influe directement sur le dimensionnement de la structure de chaussée. À titre d'exemple, l'épaisseur de la chaussée est moindre avec une PF4 qu'avec une PF3.

La couche de forme est réalisée en vue de remplir ces fonctions lorsque la PST ne peut y répondre. L'épaisseur de la couche de forme est liée à la nature de ses matériaux ainsi qu'à ceux de la PST.

Elle est constituée d'une ou plusieurs couches de matériaux incluant éventuellement un géotextile. Intercaler un géotextile anti-contaminant entre la partie supérieure des terrassements et la couche de forme permet de séparer les matériaux sans empêcher le passage de l'eau. Le géotextile qui préserve les caractéristiques de la couche de forme peut permettre de réduire son épaisseur de 10 à 15 cm[1].

Lorsque la portance de l'arase terrassement est suffisante, les couches d'assise sont directement mises en œuvre sur la PST (avec ou sans couche de réglage). Ainsi, la plate-forme support de chaussée peut se confondre avec l'arase de terrassement.

La couche de forme répond à des objectifs à court terme (lors de la phase de réalisation de la chaussée) et à long terme (lorsque l'ouvrage est en service). Selon le chantier, elle assure tout ou partie des fonctions suivantes :

- À court terme, la couche de forme[2] :
  - protège le sol support des intempéries,
  - supporte le trafic de chantier pour permettre la réalisation des travaux,
  - permet de réaliser la couche de fondation dans les tolérances d'épaisseur fixées.
- À long terme, la couche de forme[2] :
  - constitue le support de la chaussée,
  - homogénéise la portance du support,
  - améliore la portance de la plate-forme,
  - contribue au drainage de la chaussée[3],
  - assure la protection thermique des sols supports gélifs[4].

Pour le dimensionnement de la couche de forme[5], le guide technique *Réalisation des remblais et des couches de forme (GTR)*, SÉTRA-LCPC, 2000, répertorie sept cas de PST (PST0 à PST6 en fonction de la nature des matériaux et leur état hydrique) et y associe une voire deux classes d'arase de terrassement. Ainsi, *le dimensionnement de la couche de forme est établi à*

---

1   10 cm pour une épaisseur préconisée de la couche de forme inférieure ou égale à 50 cm ou 15 cm pour une épaisseur préconisée supérieure à 50 cm (voir fascicule II du guide *Réalisation des remblais et des couches de forme (GTR)*, SÉTRA-LCPC, 2000).

2   Liste non exhaustive.

3   Si la couche de forme est conçue en matériaux naturels granulaires.

4   Si la couche de forme est choisie non gélive.

5   Sans prise en compte de l'aspect gel/dégel.
    Pour le dimensionnement de la couche de forme en PF2qs, il convient de se référer à la note d'information du CEREMA de mars 2017.

partir du classement du couple PST/AR. Il est à noter que la classe de PST la plus faible correspond à des sols argileux très humides alors que la plus élevée correspond essentiellement à des matériaux rocheux insensibles à l'eau.

L'ouverture aux variantes techniques et environnementales dans les marchés peut créer une véritable compétitivité écologique. Lorsque la variante proposée porte sur la couche de forme (nature et/ou épaisseur), il convient de contrôler l'incidence que la variante peut avoir sur la vérification au gel/dégel (voir le chapitre 6, « Le dimensionnement »).

Figure 6. PF3 obtenue à la suite d'un traitement à la chaux et au liant hydraulique suivie d'un enduit de cure

3. Le drainage routier

Il est d'usage de dire que l'eau est l'ennemi numéro un de la route. Cette affirmation est exacte puisque l'eau affecte les travaux de construction et la pérennité des ouvrages. Pour limiter son action, il faut commencer par éviter l'infiltration des eaux de ruissellement dans la chaussée. Pour protéger la chaussée, il convient notamment de l'imperméabiliser, de revêtir tout ou partie de la bande dérasée et de disposer d'un assainissement routier. Ce dernier concerne le rétablissement des écoulements naturels, la lutte contre la pollution routière ainsi que la collecte et l'évacuation des eaux superficielles de la plate-forme routière et des eaux internes.

Le drainage routier qui fait partie des travaux de terrassement permet de collecter et d'évacuer les eaux situées à l'intérieur de la chaussée et de la plate-forme support de chaussée ainsi que celles situées aux abords de la plate-forme routière.

Le drainage routier permet de maintenir la portance du sol support et les caractéristiques mécaniques des matériaux de la chaussée. Il assure donc la pérennité des ouvrages routiers.

Le guide technique *Drainage routier*, SÉTRA, 2006, détaille notamment les dispositifs de drainage et les conditions d'exécution des travaux.

Les couches de chaussées constituées de matériaux traités au liant hydrocarboné sont peu influencées par la présence d'eau. Pour les couches de chaussées constituées de graves traitées au liant hydraulique (GTLH) et les structures en béton, l'érosion du sol support et/ou des fissures en présence d'eau peut créer à long terme des remontées de boues et des phénomènes de battement de dalles. Il convient donc de prévoir un drainage latéral. En ce qui concerne les couches de chaussées constituées de graves non traités (GNT), elles voient leurs performances mécaniques chuter en présence d'eau. Ainsi, il convient également de prévoir un drainage latéral ou de prolonger à l'identique sous l'accotement la GNT jusqu'à l'exutoire (talus ou fossé). Il est à noter que la couche de forme peut participer au drainage de la chaussée.

La couche de forme peut être traitée ou constituée de matériaux granulaires non traités insensibles à l'eau et au gel. Lorsque la couche de forme est traitée, elle est quasiment imperméable et ne participe donc pas au drainage. Par contre, lorsqu'elle est constituée de matériaux granulaires non traités, elle est perméable et peut contribuer au drainage de la chaussée. Il est indispensable d'évacuer les eaux de la couche de forme jusqu'aux exutoires afin qu'elles ne soient pas piégées.

La réalisation d'une couche de forme constituée de matériaux granulaires non traités jusqu'à l'exutoire (talus ou fossé) peut permettre d'éviter la mise en œuvre d'un dispositif de drainage. C'est le cas en remblai lorsque la couche de forme va jusqu'au talus et que son fond de forme est plus haut que le pied du talus, ou en déblai lorsque la couche de forme va jusqu'au fossé et que son fond de forme est plus haut que le fil d'eau du fossé. Il est important de parvenir à caler l'exutoire au-dessus du niveau d'eau maximum du fossé.

En remblai lorsque le talus est éloigné de la chaussée, il peut être économiquement intéressant de prévoir un drainage latéral. En déblai, lorsque le fond de forme est plus bas que le fil d'eau du fossé, il peut être envisagé un drain longitudinal dont la pente et le diamètre ne doivent pas être inférieurs respectivement à 2 % et 100 millimètres. Il est à noter qu'une pente plus faible impose un surdimensionnement des drains et un entretien plus fréquent.

En ce qui concerne la partie supérieure des terrassements, les opérations de drainage s'imposent pour les matériaux sensibles à l'eau et au gel situés de surcroît dans un contexte hydrique défavorable. Il est à noter que certains sols sensibles à l'eau ne voient pas leur teneur en eau diminuer par une action de drainage (sols imperméables). Pour ce type de matériaux, il est envisageable de prévoir des matériaux de substitution ou un traitement. Par ailleurs, les points singuliers du profil en long tels que les points bas, les zones de transition déblai-remblai ou de forte pente sont souvent le siège de désordres. Dans ces zones, il convient donc de prévoir un drainage de la PST.

Lorsque le drainage est nécessaire pour la PST et la couche de forme, il est souhaitable d'envisager un ouvrage commun (exemple : tranchée drainante).

4. Les études géotechniques

La norme NF P94-500 de novembre 2013 *Missions d'ingénierie géotechnique - Classification et spécifications*, qui remplace celle de décembre 2006, précise le contenu et l'enchaînement des missions d'ingénierie géotechnique. Elles ont été redéfinies pour correspondre aux missions de la loi MOP[1]. L'ingénierie géotechnique réalisée pour le compte du maître d'ouvrage, ou de son mandataire, et à sa charge, doit suivre l'enchaînement des missions suivantes :

– l'étude géotechnique préalable G1, équivalent de l'étude préliminaire dans la loi MOP ;

– l'étude géotechnique de conception G2, équivalent des phases AVP, PRO et DCE/ACT dans la loi MOP ;

– la supervision géotechnique d'exécution G4, équivalent des phases EXE/VISA et DET/AOR dans la loi MOP.

L'étude et le suivi géotechnique d'exécution G3, équivalent des phases EXE/VISA et DET/AOR dans la loi MOP, est à la charge de l'entreprise (sauf disposition contractuelle contraire).

Les missions G1, G2 et G3/G4 doivent s'enchaîner et être toutes réalisées.

Le diagnostic géotechnique G5 constitue un cas particulier, il peut être réalisé à toute étape d'un projet ou sur un ouvrage existant pour le compte du maître d'ouvrage, du maître d'œuvre ou de l'entreprise.

Ainsi, *la conception et la réalisation d'un ouvrage nécessitent une connaissance fine des sols*. Les études géotechniques répondent à ces objectifs, elles permettent notamment de définir :

– la nature des sols et leur état hydrique,

– le classement de l'AR et le besoin ou non d'améliorer la PST,

– le classement de la PF et le besoin ou non d'une couche de forme,

– les conditions d'extraction des matériaux (pelle mécanique, brise-roche hydraulique, explosif…),

– les conditions de réemploi des matériaux (avec ou sans traitement) en PST, couche de forme ou remblai,

– les pentes, le drainage et la hauteur maximum des talus de déblais et remblais,

– les dispositifs de confortement (barres d'ancrage, plaques de répartition, béton projeté, grillage, câbles de fixation…).

Les travaux de terrassement sont une des phases les plus délicates d'un chantier routier. Les études menées en amont permettent de limiter les aléas susceptibles de provoquer un allongement du délai et une augmentation des coûts (changement de matériel, de rendement…). L'intervention du géotechnicien aux divers stades du projet permettra d'assurer une gestion optimale des risques.

Dans le cas où le réemploi des matériaux nécessite un atelier de traitement ou de concassage mobile, il est souhaitable d'examiner le seuil de rentabilité. Ce seuil dépend notamment du

---

1 Loi n° 85-704 du 12 juillet 1985 relative à la maîtrise d'ouvrage publique et à ses rapports avec la maîtrise d'œuvre privée. À noter que l'on retrouve les dispositions de la loi MOP dans le livre IV (Dispositions propres aux marchés publics liés à la maîtrise d'ouvrage publique et à la maîtrise d'œuvre privée) de la deuxième partie (Marchés publics) du code de la commande publique entré en vigueur le 1ᵉʳ avril 2019.

volume de matériaux à traiter et de l'environnement du projet (proximité ou non d'une carrière…).

Lorsqu'un traitement est envisagé pour la partie supérieure des terrassements, la couche de forme ou les remblais, les études géotechniques permettent d'apprécier l'aptitude du matériau au traitement et le cas échéant précisent le ou les produits (chaux et/ou liants hydrauliques), leur dosage ainsi que l'état hydrique des matériaux au moment du traitement.

La connaissance des sols et le développement de techniques de traitement et de concassage favorisent la réutilisation des matériaux, ce qui contribue à réduire le coût des travaux et à mener des actions en faveur du développement durable.

À ce titre, les terrassements constituent un des enjeux majeurs du développement durable. La convention d'engagement volontaire nationale du 25 mars 2009 fixe des objectifs pour la préservation de la ressource et la réutilisation des matériaux du site.

CHAPITRE 3

Les matériaux de chaussées

Les matériaux de chaussées sont constitués principalement par un mélange de granulats avec un liant hydrocarboné (à base de bitume) ou un liant hydraulique sachant que la proportion de granulats dans le matériau représente environ 95 %.

1.   Les granulats

Par Hervé CABANES

Qu'est-ce qu'un granulat ?

On distingue les granulats d'origine naturelle et les granulats issus de recyclage.

Le granulat d'origine naturelle est obtenu par le traitement mécanique d'une roche.

Le granulat de recyclage est obtenu par le traitement mécanique de matériaux de construction.

Il existe également des granulats artificiels. Il s'agit de granulats obtenus par traitement physico-chimique. Exemple : les laitiers de hauts-fourneaux, les mâchefers d'incinération d'ordures ménagères.

Le traitement mécanique consiste en la réalisation d'une ou plusieurs opérations de concassage et de criblage afin d'obtenir des caractéristiques dimensionnelles bien définies appelées classes granulaires.

Ces classes granulaires, exprimées en millimètres, sont notées 0/D pour les sables (avec $D \leq 2$ mm dans le cas des matériaux hydrocarbonés) ou les graves et d/D pour les gravillons.

Par exemple, un granulat 6/10 est un gravillon constitué majoritairement par des éléments dont les dimensions (granularité) sont comprises entre 6 et 10 mm. Cela signifie aussi qu'un gravillon 6/10 contient une proportion faible mais non nulle d'éléments inférieurs à 6 mm et supérieurs à 10 mm.

Outre les sables, les graves et les gravillons, qui sont des composants classiques des matériaux de chaussées, il existe un granulat particulier appelé « filler », qui entre parfois dans la composition des enrobés bitumineux ou des bétons hydrauliques. Le filler est un granulat composé majoritairement de grains dont les dimensions sont inférieures à 63 µm. Les fillers sont notamment utilisés dans la fabrication des enrobés bitumineux pour ajuster la courbe granulométrique et plus particulièrement la proportion des éléments inférieurs à 0,063 mm, c'est-à-dire la teneur en fines de l'enrobé. Ils peuvent ainsi entrer dans la composition de l'enrobé dans des proportions pouvant varier de 1 à 3 %.

Comme les autres granulats, les fillers peuvent être d'origine naturelle (fillers calcaires) ou d'origine artificielle (cendres volantes).

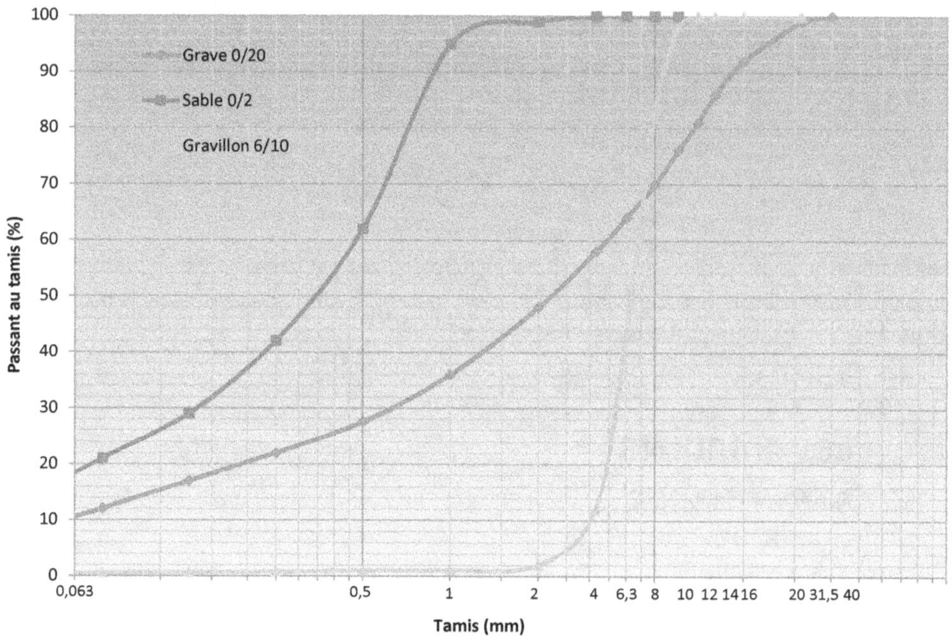

Figure 7. Exemples de courbes granulométriques

1.1. Les granulats exploités en France

1.1.1. Les granulats d'origine naturelle

Les granulats exploités en France proviennent principalement de roches meubles et de roches massives. Environ 366 millions de tonnes de granulats sont produits annuellement en France (données 2013 de l'Union nationale des industries de carrières et matériaux de construction – UNICEM).

Les granulats issus de roches meubles représentent environ 37 % de la production. Les roches meubles comprennent majoritairement les granulats d'origine alluvionnaire (80 %).

L'exploitation de granulats d'origine alluvionnaire est en constante diminution notamment en raison des contraintes environnementales. Ainsi, depuis la loi Carrière 93-3 du 4 janvier 1993 (dite « loi Saumade »), les carrières ne sont plus soumises au code minier mais au code de l'environnement, au titre des installations classées. Le durcissement de la réglementation, vis-à-vis notamment de la protection de la ressource en eau, a conduit à interdire les exploitations dans les lits mineurs des cours d'eau et à exécuter des rabattements de nappes, a contraint les exploitants à remettre les sites en état et à rendre plus difficiles les renouvellements d'autorisations d'exploitation dans les lits majeurs.

Ainsi, alors qu'à la fin des années 80, la part des granulats alluvionnaires représentait près de 60 % de la production de granulats, en 2013, ceux-ci représentent moins de 30 %.

Dans la catégorie des roches meubles, on peut également noter les exploitations de sables d'origine sédimentaire (sables marins et sables continentaux, par exemple le sable de Fontainebleau), d'éboulis de pente, d'arène granitique ou de moraine (dépôts fluvio-glaciaires).

Les alluvionnaires sont des granulats issus de l'érosion naturelle et transportés par les fleuves et rivières. Leur composition minérale dépend des massifs rocheux dont ils sont issus et de la géologie des régions traversées. On parle de manière générale de granulats silico-calcaires avec des proportions respectives de silice et de carbonate de calcium différentes selon les régions.

Parmi les plus connus, on peut citer les silico-calcaires exploités aux abords des grands fleuves (Rhône, Garonne, Loire, Rhin, Seine) mais également ceux exploités sur certains de leurs affluents (Adour, Ariège, Durance, etc.).

Les matériaux alluvionnaires sont présents dans les lits actuels ou anciens des fleuves et rivières. Ils sont extraits à la pelle mécanique ou par dragage (dragline) sous forme de sables et de graviers.

Lorsque le traitement après l'extraction se limite à un lavage-criblage, les granulats obtenus présentent des formes arrondies, non anguleuses. On parle de granulats « roulés ».

Lorsque le traitement comprend également une ou plusieurs phases de concassage, les granulats obtenus présentent également des faces anguleuses. On parle de granulats semi-concassés.

Les granulats d'origine alluvionnaire sont en général très propres et comportent peu de fines.

Les granulats alluvionnaires « roulés » sont des matériaux de prédilection pour la fabrication des bétons hydrauliques. Par contre, du fait de leur forme arrondie, ils ne conviennent pas pour la fabrication des matériaux de chaussée.

Après concassage, les granulats alluvionnaires « semi-concassés » ont une forme plus anguleuse et, dès lors que leurs propriétés mécaniques (LA, MDE, PSV) sont satisfaisantes, ces matériaux sont aptes pour un usage en technique routière.

Ainsi, en région toulousaine, les matériaux silico-calcaires de la Garonne sont couramment utilisés dans la fabrication des enrobés bitumineux, y compris pour un usage en couches de roulement.

À l'inverse des granulats d'origine alluvionnaire et au fur et à mesure de la diminution de leur production, les granulats issus de roches massives ont vu leur consommation augmenter fortement. Ils représentaient près de 60 % de la production en 2013 contre 40 % dans les années 80.

La production de granulats issus de roches massives se partage à parts égales entre les roches sédimentaires telles que calcaire et grès (27 %) et les roches magmatiques (29 %).

Origine du granulat	Part de la production 2013 (%)
Alluvionnaires	29,5 %
Calcaires	27 %
Roches magmatiques	29 %
Granulats de recyclage (démolition)	5,5 %
Autres (artificiels, marins, autres)	9 %

Source : Union nationale des industries de carrières et matériaux de construction (UNICEM)

On distingue les calcaires, qui sont des roches carbonatées ($CaCO_3$), et les grès, qui sont des roches siliceuses (SiO_2). Les grès proviennent de l'agrégation et de la consolidation (cimentation) de grains de sable quartzeux. On distingue les différents grès par le ciment qui permet l'agrégation des grains de sable (grès siliceux, grès à ciment calcaire, etc.).

Les grès sont majoritairement utilisés comme matériaux de construction (blocs, pierres, moellons…), même s'il existe un certain nombre de carrières qui produisent des granulats pour béton hydraulique ou pour chaussées (Région Bretagne, Basse-Normandie et Alsace-Lorraine).

Il existe une grande variété de gisements de calcaire avec des propriétés mécaniques très différentes selon les formations géologiques. À la différence des calcaires tendres, qui, en général, ne sont utilisables que sous forme de grave non traitée pour la réalisation de couches de forme ou de couches de fondation de chaussées à faible trafic (expériences locales de réalisation d'assises de chaussées à trafic modéré en GNT traitée au liant hydraulique), les calcaires durs permettent d'obtenir des granulats utilisables aussi bien pour la fabrication des bétons hydrauliques que pour les matériaux de chaussées.

Par contre, les calcaires durs ne permettent pas l'élaboration de granulats utilisables pour la fabrication des bétons bitumineux pour couche de roulement en raison de leur faible résistance au polissage (valeurs de PSV inférieures aux spécifications normatives).

Les roches magmatiques (ou ignées) proviennent, comme leur nom l'indique, du refroidissement et de la solidification du magma. Leur mode de refroidissement (lent ou rapide) conditionne leur structure, qui sera plus ou moins grenue (cristallisée). On distingue ainsi :

– les roches éruptives, volcaniques ou effusives, qui ont subi un refroidissement rapide en surface au contact de l'air et qui ont une structure peu ou pas cristallisée (structure microlithique constituée de cristaux microscopiques noyés dans une pâte de verre) ;

– les roches plutoniques ou intrusives, qui ont subi un refroidissement lent en profondeur et qui ont une structure formée de grains cristallisés (roches grenues) ;

– les roches intermédiaires ou filoniennes, qui se sont formées dans des conditions intermédiaires (roches micro-grenues).

Tableau 1. Granulats extraits de roches magmatiques les plus courants en France

Roches magmatiques	
Roches plutoniques	Granite, diorite, gabbro
Roches filoniennes	Microgranite, microdiorite, ophite
Roches éruptives	Rhyolite, andésite, basalte

Les roches métamorphiques proviennent de la transformation minéralogique et structurale des roches sédimentaires et magmatiques sous l'effet de hautes températures et hautes pressions.

Parmi les roches métamorphiques exploitées en France pour l'élaboration de granulats, on trouve :

– les schistes et gneiss qui proviennent de la transformation du granite,

– l'amphibolite qui provient de la transformation du basalte,

– les quartzites qui proviennent de la transformation des grès.

Les roches magmatiques et métamorphiques sont en général des roches très dures qui constituent des matériaux de choix pour la fabrication de granulats pour couches de chaussées et plus particulièrement pour les couches de roulement telles que les bétons bitumineux mais également les enduits superficiels et les enrobés coulés à froid.

L'élaboration de granulats pour matériaux de chaussées à partir de roches massives nécessite plusieurs opérations. Après l'abattage au niveau du front de taille à l'aide de tirs de mines, les blocs subissent une ou plusieurs opérations de concassage/criblage afin de réduire progressivement la granularité des produits. Par exemple, les granulats les plus élaborés qui entrent dans la fabrication des enrobés bitumineux, tels que les sables et les gravillons, sont obtenus au moyen de trois opérations de concassage. Pour ce faire, les carrières sont équipées d'une chaîne de concasseurs dits primaire, secondaire et tertiaire.

Pour certaines applications, telles que les enduits superficiels, qui nécessitent d'obtenir des gravillons très propres (exempts d'éléments fins appelés fines), ceux-ci sont lavés au moyen d'un crible-laveur avant livraison.

Grâce à ces opérations de concassage successives, les gravillons issus de roches massives présentent des caractéristiques de forme et notamment une angularité très satisfaisante pour un usage en couche de roulement.

Une attention doit cependant être portée sur la présence de gravillons de forme aplatie et allongée (aiguille) qui serait préjudiciable pour la fabrication et les performances des enrobés.

Il existe plusieurs sortes de concasseurs, chacun étant adapté à la dimension des blocs à broyer ainsi qu'aux caractéristiques de la roche (dureté, abrasivité…).

On distingue les concasseurs qui fragmentent la roche par compression (concasseur à mâchoires, concasseur à cône ou concasseur giratoire) de ceux qui fragmentent la roche par choc (concasseur à percussion à axe horizontal ou vertical, broyeur à barre ou à boulet). Les concasseurs qui agissent par compression sont en général les mieux adaptés pour les roches dures et abrasives, c'est-à-dire pour la plupart des roches magmatiques et métamorphiques. Les concasseurs à percussion étant mieux adaptés pour les roches plus tendres, comme les calcaires.

Le processus d'élaboration des granulats issus de roches massives génère à chaque étape des sous-produits (stérile, tout-venant, sable) qui ne sont pas tous aptes à une utilisation en technique de chaussée. À titre d'exemple, afin d'atteindre le critère de propreté exigé pour les sables utilisés en technique de chaussée, il n'est pas rare que la fraction sableuse obtenue après concassage secondaire soit écartée de la chaîne de production et devienne un sous-produit dépourvu de débouché.

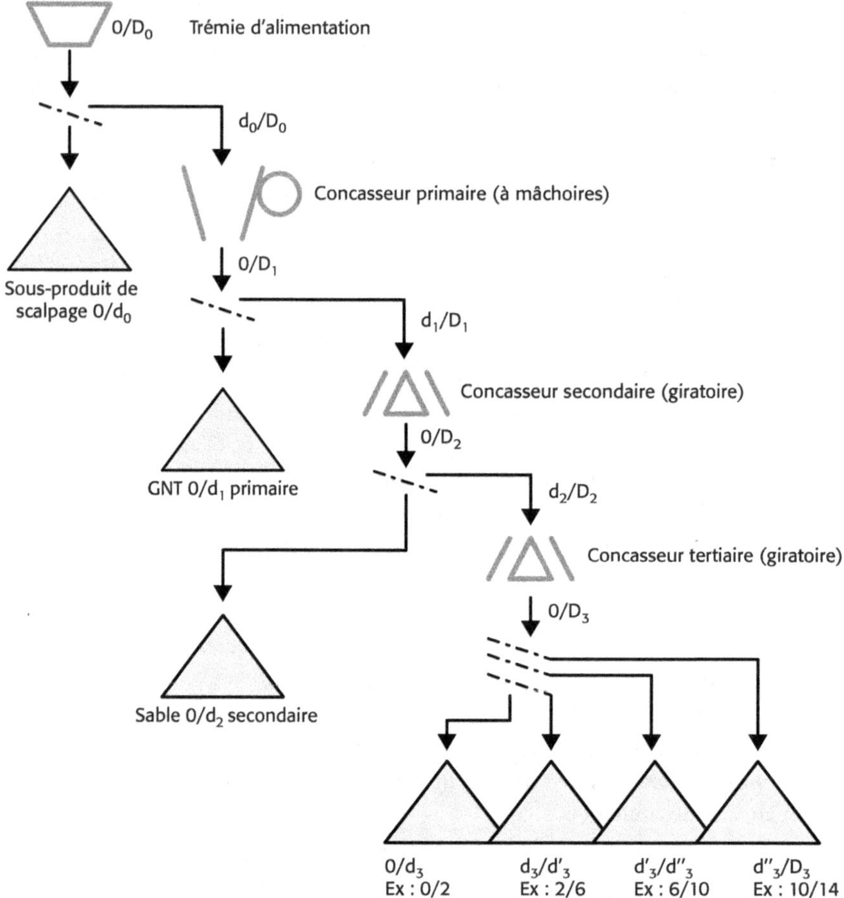

Figure 8. Schéma type d'une installation pour une carrière de roches massives produisant des granulats pour enrobés hydrocarbonés.

L'élaboration de gravillons pour enduits superficiels dotés de bonnes caractéristiques de propreté nécessite une installation spécifique permettant de laver les gravillons (crible-laveur).

Par ailleurs, le stockage des produits finis peut se faire au sol mais également en trémies de stockage (cas des gravillons lavés).

1.1.2. Les granulats de recyclage

Les déchets du secteur de la construction (bâtiment et travaux publics) représentent en 2008 environ 255 millions de tonnes (Source : SOeS, *Enquête sur les déchets produits par l'activité de construction en France en 2008*) avec 85 % de déchets issus des travaux publics, soit 217 millions de tonnes, et 15 % issus du bâtiment (démolition, réhabilitation et construction neuve), soit 38 millions de tonnes. Près de 95 % sont des déchets minéraux non dangereux (inertes).

Selon le rapport ADEME (Agence de l'environnement et de la maîtrise de l'énergie) de 2014 donnant les chiffres clés sur les déchets :

– près de la moitié (49 %) est réutilisée dans les travaux publics comme matériaux de remblais ou comme matériaux de remblaiement de carrières,

– un gros tiers (35 %) est mis en dépôt (définitif ou provisoire),

– le reste (16 %) est valorisé sous forme de granulats, soit environ 41 millions de tonnes.

Si on compare ce dernier chiffre avec les données de l'UNICEM concernant les granulats de recyclage, qui représentent en 2013 5,5 % de la production des granulats, soit environ 20 millions de tonnes de déchets de construction réceptionnés et traités sur une installation permanente de recyclage, on peut conclure qu'environ 20 millions de tonnes de déchets de construction sont traitées in situ par des installations mobiles de recyclage.

Les granulats de recyclage proviennent essentiellement de la déconstruction de bâtiments, d'ouvrages d'art ou de chaussées. Les caractéristiques des granulats de recyclage dépendent des matériaux dont ils sont issus, mais également de leur mode d'élaboration plus ou moins sophistiqué au niveau de la plate-forme de recyclage.

Les granulats issus de la déconstruction de chaussées sont les plus simples à recycler en technique routière. Ceux-ci sont d'ailleurs très souvent réutilisés sur les lieux mêmes du chantier comme matériau de remblai ou d'accotements. Les matériaux les plus nobles proviennent du rabotage ou du fraisage des matériaux traités au liant hydraulique ou au liant hydrocarboné (enrobés) qui constituent les couches de chaussée.

Lorsque les couches de chaussées sont des enrobés bitumineux, le produit du fraisage appelé agrégats d'enrobés est constitué de granulats enrobés par un film de bitume.

Le bitume contenu dans les agrégats d'enrobés étant à nouveau mobilisable au contact de la chaleur ou au contact d'un liant hydrocarboné d'apport, ceux-ci sont désormais couramment recyclés dans la fabrication d'enrobés hydrocarbonés à chaud, tièdes ou à froid. Les agrégats d'enrobés ne sont donc pas considérés comme des granulats recyclés et relèvent d'une norme spécifique (NF EN 13108-8).

Soixante-cinq pour cent des déchets produits par les activités du bâtiment sont générés par des travaux de démolition et, dans ce cas, leur réutilisation en tant que granulats nécessite quasi obligatoirement un traitement par une installation de recyclage. En effet, ces matériaux sont bien plus difficiles à recycler car ils sont le plus souvent constitués de mélanges (béton, brique, ferrailles, plastique, plâtre, bois…).

D'où la nécessité de procéder à des chantiers de déconstruction plutôt que de démolition afin de trier le plus en amont possible ces matériaux et d'éliminer les matériaux indésirables comme le plâtre, qui peut être à l'origine de gonflements, ou les matériaux pollués ou dangereux comme l'amiante.

L'élaboration des granulats de recyclage à partir des matériaux de déconstruction comprend les phases suivantes :

– La sélection et le stockage des entrants : plusieurs stocks peuvent être constitués en fonction des caractéristiques des granulats recyclés que l'on souhaite obtenir.

– Le prétraitement : cette opération est nécessaire pour permettre les opérations ultérieures de concasse et criblage. Il s'agit de fragmenter les plus gros blocs au moyen d'un brise-roche et de sectionner les aciers et ferrailles au moyen d'une cisaille hydraulique.

– Le concassage et le criblage : celui-ci peut être précédé d'un pré-criblage afin d'éliminer certains matériaux indésirables (terre, bois, résidus de plastique…). Selon les différents types de produits et les niveaux de qualité recherchés, les installations comportent une ou deux opérations de concassage (primaire et secondaire) suivies ou non d'un criblage.

– Le déferraillage électromagnétique : dans tous les cas, le concassage est suivi d'un déferraillage (élimination des métaux ferreux).

Les granulats issus du recyclage sont essentiellement des graves 0/D qui, selon leur niveau de qualité, sont utilisables soit en technique de terrassement (remblai ou couche de forme) soit en technique de chaussée (couches d'assise).

Des guides régionaux, tels que le guide technique pour *L'utilisation des matériaux régionaux d'Île-de-France* de décembre 2003, ont mis au point une classification des graves de recyclage notées GR0 à GR4 et associée à des domaines d'emploi. La note n° 22 de l'IDRRIM de février 2011, *Classification et aide au choix des matériaux granulaires recyclés pour leurs usages routiers hors agrégats d'enrobés*, a repris les spécifications de ces guides pour en faire une synthèse et proposer un référentiel technique.

Selon cette note, qui s'appuie sur les retours d'expériences de chantiers, les graves de recyclage non traitées ne peuvent pas être utilisées en couche d'assise de chaussée pour des trafics supérieurs à 150 PL/jour/sens (classe de trafic > à T3+). Le guide technique régional Rhône-Alpes rend possible l'utilisation de graves de recyclage issues exclusivement de démolition de béton en couche de base jusqu'à des trafics T2 (≤ 300 PL/jour/sens).

1.1.3. Les granulats artificiels

Parmi les autres types de granulats produits en France, on trouve les granulats artificiels. Ceux-ci peuvent provenir de coproduits de l'industrie, comme les laitiers de hauts-fourneaux ou d'aciéries, de coproduits de l'industrie minière, comme les schistes houillers, et plus récemment de résidus d'incinération de déchets, comme les mâchefers d'incinération de déchets non dangereux (MIDND).

Concernant les mâchefers d'incinération de déchets, bien que ceux-ci aient été utilisés en technique routière avant les années 90, notamment en région parisienne, les premiers éléments de réglementation n'apparaissent qu'en 1994 avec la circulaire du 9 mai du ministère de l'Environnement. Ceci s'accompagne des premiers suivis de chantiers expérimentaux par le SÉTRA[1]. Plus récemment, un arrêté du ministère de l'Écologie du 18 novembre 2011 relatif au recyclage en technique routière des MIDND a fixé de nouvelles spécifications environnementales pour l'utilisation de ces matériaux en technique routière, en distinguant les spécifications liées à l'usage (type d'ouvrage routier, modalités de mise en œuvre et environnement immédiat de l'ouvrage) et les spécifications liées aux caractéristiques physico-chimiques des mâchefers (comportement à l'essai de lixiviation, teneur en éléments polluants).

Les matériaux sont produits par criblage, déferraillage, avant de passer par une phase d'égouttage et de maturation permettant d'obtenir essentiellement des graves 0/20 ou 0/31,5.

Pour une utilisation en technique de chaussée, les graves obtenues à partir de MIDND devront respecter exactement les mêmes spécifications qui s'appliquent aux granulats naturels.

---

1 Service d'études techniques des routes et autoroutes.

Cependant, compte tenu de la sensibilité à l'eau et du caractère évolutif de ces matériaux, les guides techniques régionaux[1] actuels, comme le guide technique pour *L'utilisation des matériaux alternatifs de Bourgogne* ou le guide technique Rhône-Alpes qui traite des graves issues des MIDND, limitent leur usage aux couches de fondation de chaussées pour des trafics inférieurs ou égaux à T4 (50 PL/jour/sens). Par contre, lorsque ces graves sont utilisées telles quelles ou bien en mélange avec un granulat naturel (correcteur de granulométrie), après traitement avec un liant (hydraulique ou bitumineux), des utilisations en couche de fondation de chaussée pour des trafics T3 et même T2 sont envisageables.

Le guide SÉTRA d'octobre 2012 *Acceptabilité environnementale de matériaux alternatifs en technique routière. Les MIDND* fait la synthèse des limites environnementales et géotechniques et donne les éléments pour élaborer le suivi qualitatif des chantiers réalisés avec ces matériaux.

On peut noter cependant que les efforts réalisés depuis quelques années en matière de recyclage et plus particulièrement du recyclage du verre ont eu pour conséquence la baisse de la teneur en silice dans les mâchefers et la diminution de leurs propriétés mécaniques.

Les coproduits de l'industrie sidérurgique sont également considérés comme des granulats artificiels. Ces granulats sont par définition d'usage local car ils sont directement liés à la présence des industries qui contribuent à les produire. Parmi les coproduits utilisés en technique routière, on trouve :

– les laitiers de hauts-fourneaux,

– les laitiers d'aciéries,

– les sables de fonderies,

– les schistes houillers.

Granulats issus de l'industrie métallurgique et des anciennes exploitations minières, ces matériaux sont produits et utilisés principalement dans l'Est et le Nord de la France. Ceux-ci font d'ailleurs l'objet de guides techniques régionaux tels que le *Guide d'utilisation des matériaux lorrains en technique routière* et le *Guide technique régional Nord - Pas-de-Calais relatif à la valorisation des déchets et coproduits industriels.*

Très longtemps cantonnés à des utilisations en remblai ou en couche de forme, ces granulats sont désormais utilisés pour la réalisation d'assises de chaussées non traitées ou traitées aux liants hydrauliques, voire, dans le cas des laitiers de hauts-fourneaux, sous forme cristallisée comme granulats pour enrobés bitumineux (grave-bitume 0/14), utilisés en couche de fondation ou de base. Les laitiers d'aciérie de four électrique (LAFE) permettent d'obtenir des gravillons qui présentent des caractéristiques mécaniques satisfaisantes pour un usage en couche de roulement tels que les bétons bitumineux et même les enduits superficiels d'usure.

Les guides techniques régionaux fixent pour les différents types de matériaux des limites d'utilisation. On retiendra de manière générale que lorsque ceux-ci sont utilisés comme GNT en assise de chaussée, il convient de se limiter à un trafic inférieur à T2. Par contre, utilisés comme graves traitées aux liants hydrauliques, ces matériaux peuvent convenir pour un trafic T0 ; c'est le cas notamment des graves traitées constituées par des granulats à base de laitiers concassés.

---

1 Les guides techniques régionaux font l'objet d'une validation au niveau national par le comité opérationnel Avis de l'IDRRIM, anciennement Comité français des techniques routières (CFTR).

On peut noter que certains coproduits comme les cendres volantes et les laitiers de hauts-fourneaux pré-broyés ou granulés sont utilisés non pas comme granulats mais comme liants hydrauliques permettant la fabrication de graves traitées (graves cendres volantes ou graves laitiers).

Le site internet de l'IFFSTAR[1] http://ofrir2.ifsttar.fr recense l'ensemble de ces granulats non couramment utilisés tout en indiquant les lieux de production, les tonnages employés ainsi que des références de chantiers.

1.2. Les granulats et la normalisation européenne

Le coup d'envoi de la normalisation européenne des granulats fut donné par la directive européenne du 21 décembre 1988 « relative au rapprochement des dispositions législatives, règlementaires et administratives des États membres concernant les produits de construction ». Cette directive définit alors les « exigences essentielles » auxquelles les matériaux de construction doivent répondre et introduit pour les produits de construction la notion de marquage CE qui s'accompagne de la déclaration de conformité.

En effet, les matériaux de construction, et notamment les granulats, sont considérés comme des produits quelconques pour lesquels il ne doit pas y avoir d'obstacles à leur libre circulation au sein de l'Union européenne. La directive introduit ainsi une réglementation technique commune à tous les pays membres de l'Union.

Cette règlementation s'est traduite par l'élaboration de normes européennes dites « harmonisées » au sein de groupes de travail composés d'experts désignés par chaque pays de l'Union et destinées à remplacer progressivement les normes nationales traitant du même sujet (normes NF dans le cas de la France).

Pour les granulats, ce long travail de normalisation voit son aboutissement le 1er juin 2004, date à laquelle le marquage CE devient obligatoire pour la commercialisation des granulats naturels, artificiels ou recyclés et dont l'usage est couvert par les normes européennes harmonisées.

S'agissant des granulats utilisés pour les chaussées, les deux principales normes harmonisées sont les suivantes :

– NF EN 13043 *Granulats pour mélanges hydrocarbonés et pour enduits superficiels utilisés dans la construction des chaussées, aérodromes et d'autres zones de circulation.*

– NF EN 13242+A1 *Granulats pour matériaux traités aux liants hydrauliques et matériaux non traités utilisés pour les travaux de génie civil et pour la construction des chaussées.*

Il y a également la norme NF EN 12620+A1 *Granulats pour béton*, mais qui est principalement utilisée dans le domaine des ouvrages d'art et très peu voire pas du tout dans le domaine des chaussées du fait de la très faible part de chaussées en béton de ciment sur les réseaux routiers interurbains[2] (réseaux autoroutier, national, départemental). Les chaussées en béton de ciment permettent néanmoins des applications très intéressantes en chaussées urbaines, chaussées aéronautiques, etc.

---

1   Institut français des sciences et technologies des transports, de l'aménagement et des réseaux.

2   Il n'existe pas de données chiffrées précises, mais la revue Routes, n° 75, mars 2001, éditée par CIMBETON, précise que les chaussées en béton ne représentent que 0,5 % du réseau routier national et 0,2 % du réseau routier départemental. Cette technique a été majoritairement utilisée sur le réseau autoroutier et représente environ 1 500 km sur les 11 500 km d'autoroutes que compte la France. À titre de comparaison, la part du béton représente aux États-Unis 60 % sur autoroutes et 40 % sur les autres réseaux.

1.2.1.   Comment s'opère le marquage CE d'un granulat?

Tout d'abord, le producteur doit faire réaliser par un laboratoire de son choix les essais de type initiaux. Ces essais permettent de caractériser le granulat et de déterminer les catégories dans lesquelles il pourra être classé conformément à la norme, et qui constitueront l'engagement du producteur.

Par exemple, s'agissant de la résistance à la fragmentation, un producteur qui obtient régulièrement pour son granulat un résultat à l'essai Los Angeles de 26 pourra raisonnablement le classer dans la catégorie LA_{30} de la norme NF EN 13043.

La norme exige la réalisation d'essais afin de déterminer les caractéristiques géométriques, les caractéristiques physiques et les caractéristiques chimiques du granulat. Le choix des méthodes d'essais ainsi que les catégories usuelles qui sont recommandées en France sont précisés dans l'avant-propos national de la norme européenne.

1.2.2.   Les caractéristiques géométriques

Les caractéristiques géométriques dépendent essentiellement des modes d'élaboration du granulat (type de concasseur, criblage, lavage, etc.), c'est pourquoi on emploie également le terme de caractéristiques de fabrication.

La norme impose tout d'abord un mode de désignation des granulats au moyen des classes granulaires et des dimensions des tamis permettant de les spécifier, mais elle permet néanmoins aux différents pays de choisir la série de tamis la plus appropriée. Dans l'avant-propos national de la norme NF EN 13043, la France a opté pour les dimensions (en millimètres) de tamis correspondant à la série de base plus la série 2 :

0,063[1]   1   2   4   6,3   8   10   12,5   14   16   20

Ainsi, un sable pour enrobés dont la plus grosse dimension des grains est 2 mm et dont le refus au tamis de 0,063 mm est important sera désigné par la classe granulaire 0/2. À noter que selon la norme NF EN 13043, au-delà de 2 mm, le granulat n'est plus considéré comme un sable mais une grave, alors que la norme NF EN 13242+A1 considère le granulat comme un sable jusqu'à 6 mm. Par exemple, un granulat 0/4 sera considéré comme une grave si celui-ci est commercialisé en tant que granulat pour mélange hydrocarboné, alors qu'il sera considéré comme un sable s'il est commercialisé comme granulat pour matériaux traités aux liants hydrauliques.

Un gravillon est nommé d/D, par exemple le 6/10 ou le 10/14.

Par contre, les fillers sont simplement désignés « filler », sans plus de précision.

1.2.3.   La granularité (parfois appelée aussi la granulométrie)

Les classes granulaires étant définies, la norme spécifie pour chacune d'entre elles les caractéristiques de granularité en fixant des valeurs limites de pourcentage de passants pour un tamis donné. Ces valeurs limites définissent une catégorie à laquelle appartient le granulat considéré.

---

1   Le tamis 0,063 est noté « 0 » dans la désignation du granulat.

Tableau 2. Extrait du tableau donnant les caractéristiques générales de granularité pour la norme NF EN 13043

Granulat	Dimension	Pourcentage de passant, en masse					Catégorie G
	mm	2 D	1,4 D [a]	D [b]	d	d/2 [a]	
Gravillon	D > 2	100	100	90 à 99	0 à 10	0 à 2	$G_C90/10$
		100	98 à 100	90 à 99	0 à 15	0 à 5	$G_C90/15$

Par exemple, un gravillon 6/10 qui relève de la catégorie $G_C90/10$ doit présenter une courbe granulométrique avec 100 % d'éléments passant au tamis de 14 mm, entre 90 et 99 % de passant au tamis de 10 mm, moins de 10 % de passant au tamis de 6 mm et moins de 2 % de passant au tamis de 4 mm (tamis dans la série le plus proche).

La norme définit ainsi six catégories pour les gravillons, une catégorie pour les sables (d ≤ 2 mm) et deux catégories pour les graves.

Ces caractéristiques générales de granularité sont complétées par des spécifications supplémentaires pour les gravillons de classe granulaire étendue (D ≥ 2d) ainsi que pour les sables 0/2 et les graves 0/4, 0/6 et 0/8. Ces spécifications fixent pour un tamis donné des tolérances par rapport à une granularité type afin de s'assurer de la régularité de la production. Par exemple, dans le cas d'un sable 0/2, la catégorie $G_{TC}10$ signifie qu'une tolérance de ± 10 peut être exigée sur la valeur du passant au tamis de 1 mm déclarée par le producteur.

1.2.4. La teneur en fines et la qualité des fines

Deux autres caractéristiques de fabrication très importantes concernent les fines. On appelle fines la fraction des éléments fins contenus dans les sables, les graves et les gravillons qui passe au tamis de 0,063 mm (63 µm).

Les fines jouent un rôle très important dans le comportement des matériaux de chaussées. Par conséquent, les normes européennes de granulats pour chaussées spécifient, d'une part, pour les gravillons, les sables et graves, des valeurs de teneur en fines (f) et, d'autre part, pour les sables et graves uniquement, des valeurs permettant d'évaluer la qualité des fines ou leur nocivité, ou encore leur caractère argileux. En France, on parle également de propreté des sables et des graves.

En effet, les teneurs en fines dans les gravillons étant en général très faibles, la détermination de la qualité des fines n'est pas imposée par la norme.

Concernant les sables et graves, les normes européennes (NF EN 13043 et NF EN 13242+A1) considèrent que lorsque la teneur en fines est inférieure à 3 % l'évaluation de leur qualité ou nocivité n'est pas nécessaire.

Concernant la norme NF EN 13043, l'essai de référence pour l'évaluation de la qualité des fines est l'essai au bleu de méthylène réalisé sur la fraction 0/0,125 mm. Les catégories correspondantes sont notées MB_F.

Pour la norme NF EN 13242, deux essais sont possibles pour qualifier les fines, l'essai au bleu de méthylène réalisé sur la fraction 0/2 mm (valeurs notées MB) ou l'essai « équivalent de sable » (valeurs notées SE).

Parmi les autres caractéristiques géométriques des gravillons, il y a le coefficient d'aplatissement (noté FI, pour Flatness Index), qui permet de qualifier la forme des granulats.

Notons que dans le cas des matériaux de chaussées, et plus particulièrement des enrobés bitumineux, des formes de gravillons trop aplaties ne conviennent pas, d'où l'introduction de cette spécification dans les normes.

Enfin, la dernière spécification relative aux caractéristiques géométriques des granulats concerne l'angularité des granulats. Cette caractéristique est directement liée à l'origine des granulats (roches massives ou alluvionnaires), mais également au mode d'élaboration et plus particulièrement aux types de concasseurs utilisés.

Certains types de concasseurs comme les concasseurs à sole tournante (percussion à axe vertical) ou les broyeurs à barres conduisent à des granulats de formes moins anguleuses ou plus émoussées qui n'entrent que dans de faibles proportions dans la confection des matériaux de chaussées. Ceux-ci sont plus généralement utilisés pour la confection de bétons hydrauliques (bétons de roches massives).

Au contraire, pour la fabrication de matériaux de chaussées tels que les enrobés bitumineux, par exemple, on recherche des granulats anguleux qui conféreront à l'enrobé de bonnes caractéristiques au compactage et une bonne résistance à l'orniérage.

S'agissant des revêtements de surface et des couches de roulement, l'angularité des gravillons permet d'améliorer les caractéristiques d'adhérence.

La norme prévoit par conséquent, pour les gravillons, une spécification relative au pourcentage de grains semi-concassés et, pour les sables, une spécification relative à leur angularité.

Un gravillon issu d'une roche massive entièrement concassée entre dans la catégorie C100/0. Ce qui signifie qu'il est composé à 100 % de grains entièrement concassés ou semi-concassés et à 0 % de grains roulés, le terme « grains roulés » faisant référence aux granulats alluvionnaires qui n'ont pas subi d'opérations de concassage et qui ne présentent pas de faces anguleuses.

Par contre, un gravillon d'extraction alluvionnaire ayant été élaboré par concassage présentera une certaine proportion de grains semi-concassés et de grains roulés. Par exemple, un gravillon de catégorie C50/30 signifie qu'il est composé de plus de 50 % de grains entièrement concassés ou semi-concassés et de moins de 30 % de grains entièrement roulés. L'angularité des gravillons est déterminée par tri visuel et par pesée des grains concassés, semi-concassés, roulés et semi-roulés (essai de comptage des « faces cassées »).

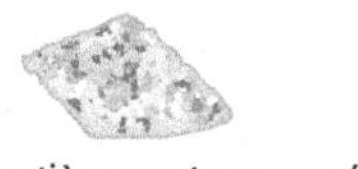  

Grain entièrement concassé   Grain semi-concassé   Grain entièrement roulé

Figure 9. Illustration de l'angularité des granulats

Il en est de même pour les sables pour lesquels l'angularité est une caractéristique essentielle qui contribuera aux performances du matériau de chaussée. Par exemple, un sable obtenu par broyage, appelé sable broyé, ne pourra pas être incorporé en forte proportion dans la fabrication des enrobés bitumineux au risque d'obtenir de médiocres performances mécaniques. Ainsi, les sables broyés sont le plus souvent utilisés en faible proportion comme sable correcteur de granulométrie ou bien pour améliorer la maniabilité.

L'angularité des sables, qui est donc une caractéristique importante pour les granulats utilisés pour la fabrication des enrobés, fait l'objet d'une spécification dans la norme NF EN 13043, ce qui n'est pas le cas de la norme NF EN 13242.

L'angularité des sables est caractérisée par l'essai d'écoulement des sables et les différentes catégories sont notées E_{cs}.

1.2.5. Les caractéristiques physiques

Les caractéristiques physiques des granulats sont avant tout liées au gisement et à la nature de la roche, mais peuvent dépendre également des modalités d'exploitation. On les nomme également caractéristiques intrinsèques (intrinsèques à la roche).

On distingue tout d'abord les propriétés mécaniques, qui sont mesurées exclusivement sur les gravillons. La norme européenne spécifie des essais qui sont pratiqués dans les différents pays européens, avec la possibilité pour chaque pays d'utiliser l'essai de son choix.

Ainsi, en France, les caractéristiques mécaniques des granulats sont déterminées par :

- l'essai Los Angeles (LA) pour la mesure de la résistance à la fragmentation dynamique,
- l'essai micro-Deval (MDE) pour la mesure de la résistance à l'usure en présence d'eau,
- l'essai Polished Stone Value (PSV) ou de polissage accéléré pour la mesure de la résistance au polissage.

Les autres essais, comme l'essai Schlagversuch (SZ), l'essai de résistance à l'abrasion de surface (AAV) ou encore l'essai de résistance à l'abrasion par pneus à crampons (A_N), ne sont pas utilisés en France.

La résistance à la fragmentation mesurée par l'essai LA est notamment liée à la nature de la roche et plus particulièrement à sa texture, c'est-à-dire à la taille des grains qui la compose (dimension, forme et orientation des cristaux). La résistance à la fragmentation du granulat décroît lorsque la valeur de LA augmente. Ainsi, un granulat de catégorie LA_{40} est moins résistant qu'un granulat de catégorie LA_{20}.

La résistance à l'usure par attrition mesurée par l'essai micro-Deval reflète quant à elle la dureté de la roche. La résistance à l'usure du granulat décroît lorsque la valeur de MDE augmente. Ainsi, un granulat de catégorie MDE_{35} est moins résistant qu'un granulat de catégorie MDE_{15}.

L'essai PSV, qui permet de mesurer la résistance au polissage, dépend de la dureté moyenne de la roche mais également du contraste entre les duretés des différents minéraux constitutifs de la roche. Plus les minéraux qui constituent la roche présentent des duretés différentes et plus les gravillons pourront être sensibles au polissage.

La norme définit cinq catégories de PSV, les catégories couramment utilisées en France étant PSV_{50} et PSV_{56}. Contrairement aux catégories LA et MDE, la valeur de PSV croît avec la résistance au polissage.

L'essai PSV est l'essai qui permet de qualifier le granulat pour un usage en couche de roulement. En effet, avec la forme du gravillon, c'est-à-dire son angularité, la résistance au polissage est une propriété essentielle des gravillons qui conférera à la couche de roulement de bonnes caractéristiques d'adhérence, et de façon durable.

À titre d'exemple, les granulats calcaires, qui, malgré une bonne angularité obtenue par concassage, présentent une faible résistance au polissage, ne sont pas admis pour une utilisation en couche de roulement.

Il est à noter que si de bonnes propriétés mécaniques des granulats sont essentielles pour la qualité des matériaux qui constituent la chaussée, celles-ci sont également très importantes durant tout le processus d'élaboration depuis la fabrication des granulats jusqu'à la mise en œuvre du matériau de chaussée.

En effet, de bonnes propriétés mécaniques permettent aux granulats de mieux résister lors des phases de stockage, de reprise sur stock, de transport, mais également lors de la fabrication des matériaux en centrale d'enrobage. Toutes ces opérations successives provoquent en effet une usure des granulats par attrition, qui a notamment pour conséquence l'augmentation de la teneur en fines.

On peut citer, à titre d'exemple, l'augmentation de la teneur en fines qui se produit générale-ment lors de la fabrication des enrobés bitumineux en centrale d'enrobage continue et qui est liée à l'usure par attrition des granulats lors de leur passage dans le tambour sécheur enrobeur.

Les autres caractéristiques physiques

Parmi les autres caractéristiques exigées, on peut citer la masse volumique et l'absorption d'eau (WA_{24}), qui permet également de déterminer la nécessité ou non de réaliser l'essai de sensibilité au gel/dégel du granulat. On considère, en France, que pour une valeur $WA_{24} \leq 1\ \%$, le granulat est résistant au gel/dégel[1]. Dans le cas contraire, l'essai de sensibilité au gel/dégel doit être réalisé par le producteur, la catégorie F_2 étant exigée pour les granulats pour chaus-sées et F_4 pour les granulats pour chaussées en béton de ciment.

Cette disposition, qui est tirée de l'expérience française, a été introduite dans la norme NF P18-545 *Granulats – Éléments de définition, conformité et codification*.

La norme NF EN 13242+A1 a introduit une caractéristique propre aux granulats recyclés qui est la classification des constituants des gravillons recyclés. Ceci permet au producteur de déclarer les différentes teneurs en matériaux constituant les stocks dont les granulats recyclés sont issus (teneur en produits à base de béton de ciment, en matériaux bitumineux, en verre, etc.).

Par ailleurs, la norme NF EN 12620 a repris l'essai français relatif à l'alcali-réaction.

Les autres caractéristiques physiques mentionnées dans la norme, telles que la résistance aux chocs thermiques, l'affinité des gravillons avec les liants hydrocarbonés, l'essai basalte « coup de soleil », ne sont pas utilisées en France.

1.2.6. Les caractéristiques chimiques

Les caractéristiques chimiques spécifiées dépendent de l'origine et de l'emploi du granulat. Pour les granulats naturels utilisés pour les mélanges hydrocarbonés, la norme NF EN 13043 exige simplement la détermination de la composition chimique par l'essai de description pétrographique simplifiée.

Les autres caractéristiques chimiques telles que la stabilité volumique, la désintégration du silicate bicalcique et la désintégration du fer sont spécifiques aux granulats issus de laitiers de hauts-fourneaux.

Enfin, certaines caractéristiques chimiques sont spécifiques à l'usage. Ainsi, la teneur en chlo-rures, la teneur en sulfate soluble dans l'acide, la teneur en soufre total s'appliquent aux granu-lats utilisés pour les bétons de ciment ou pour les mélanges traités aux liants hydrauliques.

---

1   Les granulats qui présentent des valeurs de LA $\leq$ 25 sont considérés comme résistant au gel/dégel.

Les fillers étant utilisés le plus souvent pour la fabrication des enrobés bitumineux, la norme NF EN 13043 leur consacre un paragraphe qui fixe les spécifications pour chacune des caractéristiques. Parmi ces caractéristiques, on retrouve celles qui sont communes à tous les granulats, telles que la granularité ou la qualité (ou nocivité) des fines, mais également des caractéristiques qui sont spécifiques aux fillers, comme la porosité du filler sec compacté (essai anciennement appelé indice des vides Rigden), notée v, ou le delta température bille anneau (appelé aussi pouvoir rigidifiant), noté Δ_{TBA}.

L'essai Δ_{TBA} consiste en la mesure de la température de ramollissement bille-anneau[1] d'un mélange composé de 60 % de filler et 40 % de bitume et de comparer cette valeur avec la température de ramollissement bille-anneau du bitume pur.

L'incorporation de filler au bitume donne un mélange appelé « mastic bitumineux », qui est en général plus rigide que le bitume pur, et ceci se traduit par une augmentation du point de ramollissement bille-anneau.

En France, la catégorie Δ_{TBA} 8/16 est celle qui a été retenue pour cette caractéristique, ce qui signifie que l'augmentation de la température de ramollissement bille-anneau du fait de l'incorporation au bitume de 60 % de filler doit être comprise entre 8 et 16 °C.

1.2.7. Le manuel de maîtrise de la production des granulats (MPG)

Dans le cadre du marquage CE, le producteur doit également mettre en place un manuel de maîtrise de la production des granulats. Le contenu de ce manuel est précisément défini dans une annexe à la norme (annexe B dans le cas de la norme NF EN 13043, annexe C dans le cas de la norme NF EN 13242). Celui-ci constitue un manuel d'assurance qualité du même type que ceux que l'on peut rencontrer dans le cadre des normes ISO (9000, 14000…). Son contenu précise l'organisation mise en place par le producteur, il décrit les procédures mises en œuvre pour permettre d'assurer la maîtrise de la production depuis l'extraction jusqu'à la livraison au client. Il indique également quels sont les contrôles et les essais réalisés et avec quelles fréquences. Les méthodes d'essais et les fréquences d'essais que le producteur doit respecter sont précisées par la norme. À titre d'exemple, il est précisé dans l'annexe B « Maîtrise de la production des granulats » de la norme NF EN 13043 les fréquences suivantes :

Tableau 3. Extrait des tableaux B1 et B2 de la norme NF EN 13043

Caractéristiques	Méthode d'essai	Fréquence minimale
Granularité	NF EN 933-1	1 par semaine
Teneur en fines	NF EN 933-1	1 par semaine
Forme des gravillons	NF EN 933-3 et NF EN 933-4	1 par mois
Résistance à la fragmentation	NF EN 1097-2	1 par an
Résistance à l'usure	NF EN 1097-1	1 par an
Résistance au polissage des gravillons	NF EN 1097-8	1 par an
Masse volumique des grains	NF EN 1097-6	1 tous les 2 ans

---

1 Le principe de cet essai sera exposé au paragraphe qui concerne les liants bitumineux.

Enfin, le manuel de maîtrise de production précise comment sont enregistrés et conservés les documents de suivi et de contrôle. Un paragraphe spécifique est consacré au traitement des produits non conformes ainsi qu'à la formation du personnel.

1.2.8. Choix par le producteur d'un système d'attestation de conformité et marquage CE des produits

Les normes européennes offrent la possibilité au producteur de choisir parmi différents systèmes le système d'attestation de conformité CE qui convient. L'annexe ZA de la norme, qui est informative, précise que les systèmes d'attestation de conformité requis pour la déclaration de conformité des granulats sont les systèmes 2+ ou 4.

Dans le système 2+, le producteur de granulats établit la déclaration de conformité CE de chacun de ses produits après qu'un organisme extérieur (organisme notifié) a vérifié et certifié la maîtrise de la production. La certification est basée sur un audit initial réalisé par l'organisme sur le site de production ainsi que sur des audits annuels de surveillance et d'évaluation continue.

L'organisme délivre au producteur un certificat de maîtrise de production des granulats.

Dans le système 4, le producteur de granulats établit seul la déclaration de conformité CE de chacun de ses produits (autodéclaration).

Le producteur peut ensuite apposer sur chacun de ses produits le marquage CE. Ceci se traduit par une étiquette sur laquelle figure la désignation du produit, la norme de référence et l'ensemble des valeurs caractéristiques.

À noter que l'étiquette de marquage CE dans le système 2+ se distingue de celle dans le système 4 par la présence du numéro d'identification de l'organisme notifié ainsi que du numéro de certificat de conformité CE délivré par l'organisme.

<table>
<tr><td colspan="3" align="center">C E
01234</td><td>Marquage CE, conforme
à la directive 93/68/CEE

Numéro d'identification
de l'organisme notifié</td></tr>
<tr><td colspan="3" align="center">Any Co Ltd, PO Box 21, B-1050

02

0123-CPD-0456</td><td>Nom ou marque d'identification
et adresse du siège du fournisseur

Deux derniers chiffres de l'année
d'apposition du marquage

Numéro du certificat CE</td></tr>
<tr><td colspan="3" align="center">EN 13043
Granulats pour mélanges hydrocarbonés</td><td>Numéro de la norme européenne
Description du produit
et

Informations relatives au produit
et aux caractéristiques réglementées</td></tr>
</table>

Forme des grains	Catégorie	(par exemple A_{10})
Granulométrie	Désignation	(d/D) & (par exemple $G_c 85/15$)
	Catégorie de tolérance	(par exemple $G_{20/15}$)
Densité des grains	Valeur déclarée	(Mg/m^3)
Propreté	Catégorie	(par exemple MB_{F10})
Affinité avec les liants hydrocarbonés	Valeur déclarée	% de non désenrobés
Pourcentage de grains semi-concassés	Catégorie	(par exemple $C_{90/1}$)
Résistance à la fragmentation ou au concassage	Catégorie	(par exemple LA_{30})
Résistance au polissage/abrasion/usure		
Valeur de résistance au polissage	Catégorie	(par exemple PSV_{50})
Valeur de résistance à l'abrasion du granulat	Catégorie	(par exemple AAV_{20})
Résistance à l'usure du granulat grossier	Catégorie	(par exemple M_{DE35})
Abrasion duo aux pneus à crampons	Catégorie	(par exemple AN_{19})
Résistance aux chocs thermiques	Valeur déclarée	(V_{LA} ou V_{SZ})
Stabilité volumique		
Désintégration du silicate bicalcique du laitier de haut fourneau refroidi dans l'air	Valeur déclarée	Conforme/Non conforme
Désintégration du fer du laitier de haut fourneau refroidi dans l'air	Valeur déclarée	Conforme/Non conforme
Stabilité volumique du granulat de laitier d'acier	Catégorie	(par exemple $V_{6.5}$)
Composition/teneur	Valeur déclarée	Description
Émission de radioactivité **Libération de métaux lourds** **Libération d'hydrocarbures polyaromatiques**	Valeurs seuils applicables sur le lieu d'utilisation	
Libération d'autres substances dangereuses	Par exemple Substance X : 0,2 μm^3	
Résistance au gel-dégel	Catégorie	(par exemple $WA_1\ F_4$ ou MS_{25})
Résistance à l'altération	Catégorie	(par exemple $SB_{1/8}$)
Résistance aux chocs thermiques	Valeur déclarée	(V_{LA} ou V_{sz})

Figure 10. Exemple d'étiquette de marquage CE – système 2+

1.3. Les granulats et la normalisation française

La norme française NF P18-545 introduit, sur la base des catégories définies par les normes européennes, une codification regroupant plusieurs catégories afin de faciliter la rédaction des spécifications dans les marchés. Elle définit par ailleurs dans son article 6 des critères de conformité à l'attention du fournisseur de granulats ainsi que des critères d'acceptation à l'attention de l'acquéreur.

Elle instaure également la fiche technique de produit (FTP), que le fournisseur doit renseigner, concernant les résultats de contrôles effectués sur les six derniers mois de production pour les caractéristiques de granularité, la teneur en fines ainsi que la qualité des fines et, pour les deux dernières années de production, pour les autres caractéristiques et notamment LA, MDE, PSV.

Les spécifications des granulats sont données par type d'usage :

– article 7 : granulats pour couches d'assise (fondation et base) et de liaison,

– article 8 : granulats pour couches de roulement à base de liant hydrocarboné,

– article 9 : granulats pour chaussées en béton de ciment.

Les articles suivants (10 à 14) ne concernent pas les chaussées.

Le principe de la codification utilisée est le suivant :

– Les codes A, B, C, D, E, F sont utilisés pour définir les caractéristiques physiques (ou intrinsèques) des gravillons (d/D). Ils regroupent par conséquent les catégories de Los Angeles (LA), de micro-Deval (MDE) et de coefficient de polissage accéléré (PSV) des normes européennes. Les caractéristiques des gravillons diminuent avec le code dans l'ordre alphabétique (un gravillon de code C présente des caractéristiques intrinsèques inférieures à un gravillon de code B).

La norme NF P18 545 introduit une règle de compensation de 5 points entre LA et MDE. Cette règle n'existe pas dans les normes européennes. On distingue ainsi les codes A_{nc}, B_{nc}, C_{nc}, etc. – qui sont les codes pour lesquels la compensation ne s'applique pas (nc : non compensé) –, des codes A, B, C, etc. – pour lesquels la compensation s'applique.

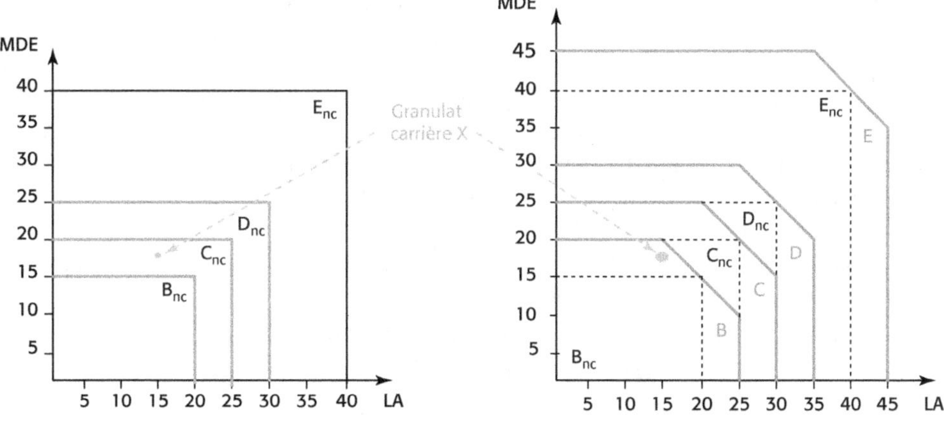

Figure 11. Illustration de la règle de compensation dans le cadre de l'article 7
(granulats pour couches d'assise et de liaison)

À titre d'exemple, si le marché prévoit un granulat de code B_{nc}, c'est-à-dire LA20, MDE15, le granulat provenant de la carrière X et qui présente un LA = 15 et un MDE = 17 ne peut pas être admis car il est de catégorie C_{nc}, c'est-à-dire LA25, MDE20. Par contre, si le marché prévoit un granulat de code B pour lequel la règle de compensation s'applique, ce même granulat peut être admis car il respecte les trois conditions LA ≤ 25, MDE ≤ 20 et LA + MDE ≤ 35.

L'application de la règle de compensation permet par conséquent d'élargir l'offre en granulats tout en ne remettant pas en cause les performances attendues. Le choix de recourir à cette règle est laissé à l'appréciation du prescripteur et son utilisation peut être justifiée par l'expérience locale, par l'offre en granulats situés dans un périmètre raisonnable autour du chantier, sachant que le prix des granulats dépend fortement du coût du transport.

- Les codes I, II, III, IV, V sont utilisés pour définir les caractéristiques géométriques (ou de fabrication) des gravillons. Ils regroupent par conséquent les catégories de granularité (G, G_c, G_{TC}), de teneur en fines (f) et de coefficient d'aplatissement (FI) des normes européennes. Les caractéristiques de fabrication des gravillons diminuent avec le code dans l'ordre croissant (un gravillon de code III présente des caractéristiques de fabrication inférieures à un gravillon de II).

- Les codes a, b, c, d sont utilisés pour définir les caractéristiques de fabrication des sables et graves (0/D). Ils regroupent par conséquent les catégories de granularité (G_F, G_{TC}, G_{TF}, G_A, GT_A) et de propreté (MB_f^1, MB, SE). Les caractéristiques de fabrication des sables et graves diminuent avec le code dans l'ordre croissant (un sable de code b présente des caractéristiques de fabrication inférieures à un sable de code a).

Il existe également pour les gravillons et sables alluvionnaires ou marins des codes d'angularité. La norme NF P18545 donne la possibilité pour les gravillons d'utiliser un essai d'écoulement comme alternative à l'essai de comptage des « faces cassées ».

1.4.   Spécifications des granulats dans les marchés

Il est impératif de faire référence aux normes européennes dans les pièces de marchés, et notamment dans le cahier des clauses techniques particulières (CCTP), en mentionnant pour chacune des caractéristiques les spécifications exigées. Le fascicule 23 du cahier des clauses techniques générales (CCTG) « Fournitures de granulats employés à la construction et à l'entretien des chaussées » du 4 mai 2007 permet deux types de rédaction dans les marchés. On peut soit utiliser uniquement les catégories de la norme européenne, soit utiliser les codes de la norme française, mais, dans ce cas, afin de permettre à n'importe quel fournisseur européen de répondre au marché, la définition des codes utilisés doit être donnée. La rédaction utilisant les codes de la norme NF P98 545 est la plus fréquemment utilisée.

Afin d'aider le prescripteur à rédiger le CCTP du marché, l'annexe 4 du fascicule 23 propose une rédaction commentée d'un CCTP type.

Enfin, la note d'information IDRRIM n° 24 d'avril 2013 (https://www.idrrim.com) permet d'apporter une aide aux prescripteurs (maître d'ouvrage et maître d'œuvre) dans le choix des

---

1   À noter que dans le cas des sables utilisés pour les enrobés (NF EN 13043), la norme NF P18545 introduit une équivalence entre la catégorie MBf (valeur au bleu sur la fraction 0/0,125 mm) exigée par la norme européenne et la valeur au bleu MB réalisée sur la fraction 0/2 mm. Dans ce cas, on admet la conformité MBf10 (MBf ≤ 10) si MB ≤ 2.

codes à retenir en fonction du type de matériaux (enrobés bitumineux, matériaux traités aux liants hydrauliques, graves non traitées…), de leur usage (couche d'assise, de liaison, de roulement) et de la classe de trafic (T3 à T0).

Tableau 4. Tableau extrait de la note n° 24 IDRRIM « Spécifications des granulats pour couche de roulement en béton bitumineux »

Usages produits	Caractéristiques	Classes de trafic		
		≤ T3	T2 – T1	≥ T0
BBSG BBME BBM	Caractéristiques intrinsèques des gravillons	code C	code B	
	Caractéristiques de fabrication des gravillons	code III		
	Caractéristiques de fabrication des sables (1)	code a		
	Angularité des gravillons et des sables alluvionnaires	code Ang 1		
BBDr BBTM BBUM	Caractéristiques intrinsèques des gravillons	code B		
	Caractéristiques de fabrication des gravillons	code II		
	Caractéristiques de fabrication des sables (1)	code a		
	Angularité des gravillons et des sables alluvionnaires	Code Ang 1		

À noter, dans le cas des spécifications des granulats pour enrobés, que les sables seront toujours de code « a » quel que soit l'usage (couches d'assise, couche de liaison, couche de roulement) et quel que soit le trafic, que les caractéristiques de fabrication des gravillons pour les enrobés mis en œuvre pour des épaisseurs supérieures ou égales à 4 cm (GB, EME, BBSG, BBME, BBM) seront toujours de code « III » quel que soit l'usage et le trafic, alors que celles pour les enrobés (BBTM, BBDr, BBUM) seront de code « II ». En règle général, les enrobés mis en œuvre dans les plus faibles épaisseurs et qui présentent des discontinuités sont de code « II ».

À noter également que, concernant les caractéristiques intrinsèques des gravillons, le code « a », qui correspond à une valeur de PSV supérieure à 56 pour les granulats pour couche de roulement, n'est jamais spécifié pour les travaux courants. En effet, très peu de carrières en France sont en mesure de fournir des gravillons répondant à ce niveau d'exigence, qui ne doit être utilisé que pour certaines applications réclamant un haut niveau d'adhérence (traitement de zones accidentogènes liées à des problèmes d'adhérence).

Le code « B », qui correspond à une valeur de PSV supérieure à 50, est généralement utilisé pour spécifier les caractéristiques des granulats pour couche de roulement (C pour les chaussées faiblement circulées – moins de 3 000 véhicules/jour/sens, soit moins de 150 PL/jour/sens pour un pourcentage de PL de l'ordre de 5 %).

En ce qui concerne les couches d'assise (fondation et base) et de liaison en enrobés, le code « C » est généralement utilisé (D pour les chaussées les moins circulées).

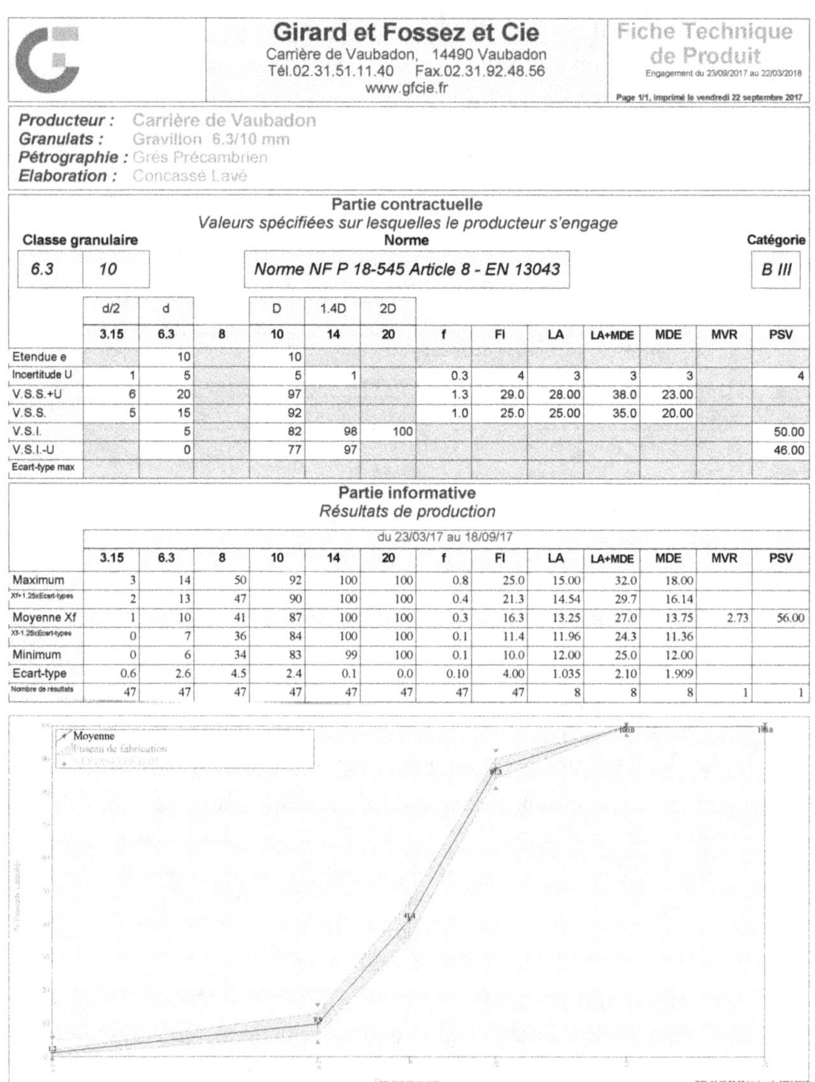

Girard et Fossez et Cie

Carrière de Vaubadon,   14490 Vaubadon
Tél.02.31.51.11.40   Fax.02.31.92.48.56
www.gfcie.fr

Fiche Technique de Produit
Engagement du 23/09/2017 au 22/03/2018
Page 1/1, imprimé le vendredi 22 septembre 2017

Producteur : Carrière de Vaubadon
Granulats : Gravillon 6.3/10 mm
Pétrographie : Grès Précambrien
Elaboration : Concassé Lavé

Partie contractuelle
Valeurs spécifiées sur lesquelles le producteur s'engage

Classe granulaire		Norme	Catégorie
6.3	10	Norme NF P 18-545 Article 8 - EN 13043	B III

	d/2	d		D	1.4D	2D							
	3.15	6.3	8	10	14	20	f	FI	LA	LA+MDE	MDE	MVR	PSV
Etendue e		10		10									
Incertitude U	1	5		5	1		0.3	4	3	3	3		4
V.S.S.+U	6	20		97			1.3	29.0	28.00	38.0	23.00		
V.S.S.	5	15		92			1.0	25.0	25.00	35.0	20.00		
V.S.I.		5		82	98	100							50.00
V.S.I.-U		0		77	97								46.00
Ecart-type max													

Partie informative
Résultats de production

du 23/03/17 au 18/09/17													
	3.15	6.3	8	10	14	20	f	FI	LA	LA+MDE	MDE	MVR	PSV
Maximum	3	14	50	92	100	100	0.8	25.0	15.00	32.0	18.00		
Xf+1.25xEcart-types	2	13	47	90	100	100	0.4	21.3	14.54	29.7	16.14		
Moyenne Xf	1	10	41	87	100	100	0.3	16.3	13.25	27.0	13.75	2.73	56.00
Xf-1.25xEcart-types	0	7	36	84	100	100	0.1	11.4	11.96	24.3	11.36		
Minimum	0	6	34	83	99	100	0.1	10.0	12.00	25.0	12.00		
Ecart-type	0.6	2.6	4.5	2.4	0.1	0.0	0.10	4.00	1.035	2.10	1.909		
Nombre de résultats	47	47	47	47	47	47	47	47	8	8	8	1	1

Figure 12. Exemple de fiche technique de produit –
gravillon 6/10 de code BIII pour enrobés pour couche de roulement

2.   Les liants hydrocarbonés

Par Hervé CABANES

Les liants hydrocarbonés utilisés dans les matériaux de chaussées sont aujourd'hui essentiellement à base de bitume – on parle d'ailleurs de liants bitumineux. Ceux-ci ont supplanté les asphaltes naturels, qui ont été utilisés dès la fin du XIXe siècle, ainsi que les goudrons de houille[1], avec lesquels les bitumes étaient en concurrence durant la première moitié du XXe siècle.

Les liants bitumineux les plus couramment utilisés en technique routière se présentent sous plusieurs formes selon leur usage :

- les bitumes purs, ou modifiés par des polymères, sont des liants utilisés pour l'enrobage des granulats à des températures élevées (> à 100 °C) ;
- les bitumes fluxés, fluidifiés ou les émulsions de bitumes sont des liants utilisés pour l'enrobage des granulats à basse température (< 100 °C), pour la réalisation des enduits superficiels. Les émulsions de bitume étant également utilisées pour la réalisation des couches d'accrochage.

D'après les données du GPB (Groupement professionnel des bitumes), la consommation annuelle de bitume en France représente environ 2,5 millions de tonnes. Bien que cette consommation soit en baisse régulière depuis 2007, date à laquelle la consommation avait atteint 3,5 millions de tonnes, la France demeure parmi les pays les plus gros consommateurs en Europe. À noter que plus de 90 % du bitume consommé est utilisé dans la construction routière.

2.1.   Les bitumes

Un bitume est un produit qui est issu du raffinage de pétroles bruts. Le procédé de fabrication du bitume comporte deux étapes, la distillation atmosphérique du pétrole brut, qui permet d'obtenir à la base de la première tour de raffinage un brut réduit, puis la distillation sous pression réduite, dite « sous vide », qui permet de récupérer en fond de deuxième tour de raffinage les bitumes. Ceux-ci subissent ensuite différents traitements (désasphaltage, oxydation, mélanges) qui permettent d'obtenir des bitumes ayant des caractéristiques différentes. Ces bitumes obtenus directement par distillation sont appelés les bases (bases dures et bases molles). Ces bases permettent ensuite d'obtenir, par mélanges, des bitumes aux caractéristiques intermédiaires. Parmi la gamme des bitumes utilisés couramment en technique routière, on distingue :

- les bitumes purs,
- les bitumes de grade dur,
- les bitumes modifiés par des polymères,
- les bitumes multigrades.

---

1   Les goudrons de houille sont issus de la pyrolyse du charbon. Ils ont été progressivement abandonnés avec l'arrêt de la production de charbon, mais également en raison de risques pour la santé.

2.1.1.   Les principales caractéristiques d'un bitume

Les bitumes sont constitués de composés d'hydrocarbures qui peuvent être classés en deux grandes familles :

— les asphaltènes,

— les maltènes, qui regroupent les résines, les huiles naphténo-aromatiques et les huiles saturées.

Les proportions variables de chacun de ces composés confèrent aux bitumes des propriétés physiques différentes et plus particulièrement un comportement rhéologique différent en fonction de la température.

Ainsi, à températures élevées, les bitumes se comportent comme un fluide visqueux et à basse température, ils sont solides et peuvent avoir un comportement fragile.

Entre ces deux extrêmes, à température ambiante, ils ont un comportement intermédiaire caractéristique d'un solide viscoélastique.

Les deux caractéristiques principales utilisées en technique routière pour différencier les bitumes sont :

— la pénétrabilité à 25 °C (notée $P_{25\,°C}$),

— le point de ramollissement bille-anneau (notée TBA, température bille-anneau).

Ces caractéristiques visent à déterminer le comportement du bitume pour des températures usuelles de service de la chaussée. Les essais qui permettent de déterminer ces deux caractéristiques sont des essais dits « conventionnels » qui ont été mis au point empiriquement.

La pénétrabilité à 25 °C reflète la dureté du bitume. Les différentes classes de bitumes utilisés pour la fabrication des enrobés bitumineux sont définies par la pénétrabilité à 25 °C.

L'essai de pénétrabilité consiste en la mesure de la pénétration d'une aiguille sous une charge de 100 g appliquée pendant 5 secondes sur un échantillon de bitume placé à une température de 25 °C. L'essai fait l'objet d'une norme européenne (NF EN 1426).

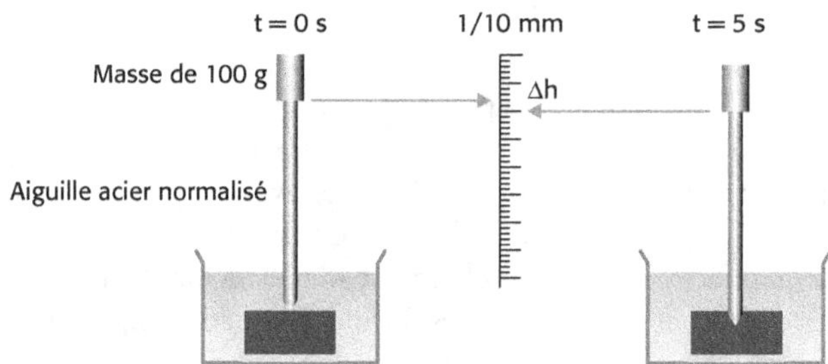

Figure 13. Schéma de principe de l'essai de pénétrabilité

La dureté du bitume à 25 °C diminue lorsque sa pénétrabilité augmente. À titre d'exemple, un bitume de pénétrabilité 20 1/10 mm est considéré comme un bitume dur alors qu'un bitume de pénétrabilité 200 1/10 mm est considéré comme un bitume mou.

Le point de ramollissement des bitumes (TBA) par la méthode bille-anneau consiste en la mesure de la température pour laquelle le bitume passe de son état visqueux à 5 °C à un état plus fluide.

Pour des valeurs de point de ramollissement comprises entre 28 °C et 80 °C, l'essai est réalisé dans un bain d'eau, pour des valeurs comprises entre 80 °C et jusqu'à 150 °C, l'essai est réalisé dans un bain de glycérine. Cet essai fait l'objet de la norme NF EN 1427.

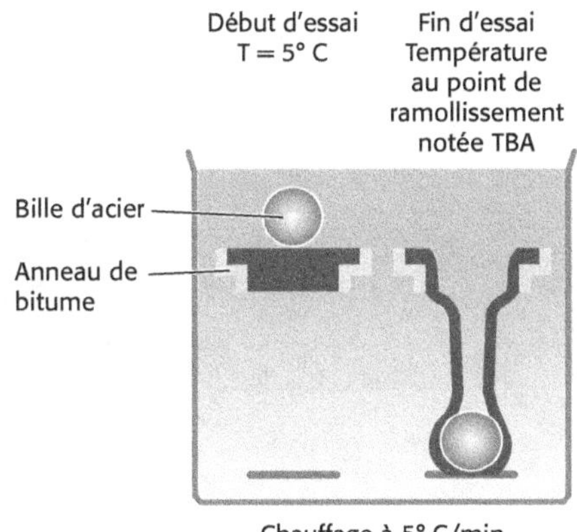

Figure 14. Schéma de principe de l'essai de température bille-anneau

Le point de ramollissement bille et anneau est la température à laquelle le poids de la bille imprime une déformation de 25 ± 0,4 mm. Cet essai est représentatif de l'aptitude d'un bitume à résister à la déformation permanente aux températures de service élevées.

De manière générale, la température bille-anneau (TBA) d'un bitume augmente avec sa dureté. Autrement dit, plus un bitume a une valeur de pénétrabilité à 25 °C faible et plus sa TBA sera élevée.

Les règles empiriques des mélanges :

Ces règles portent sur la pénétrabilité à 25 °C et la température bille-anneau.

$$\log P_{\text{mélange}} = a \times \log P_1 + b \times \log P_2$$

$$T_{\text{mélange}} = a \times T_1 + b \times T_2$$

Avec :

– P_1, P_2 les pénétrabilités des bitumes 1 et 2,

– T_1, T_2 les températures bille-anneau des bitumes 1 et 2,

– a, b les proportions des bitumes 1 et 2 dans le mélange.

Elles sont utilisées par les fabricants de bitumes afin d'ajuster les caractéristiques d'un bitume obtenu à partir d'un mélange de deux bitumes différents, mais celles-ci servent également lors de la formulation d'enrobés qui incluent dans leur composition un pourcentage d'agrégats d'enrobés. On peut ainsi prédire quelles seront les caractéristiques du liant de l'enrobé à partir des caractéristiques du bitume d'apport et du bitume récupéré dans les agrégats d'enrobés.

La susceptibilité thermique :

La consistance des bitumes et plus particulièrement la pénétrabilité varie plus ou moins rapidement avec la température. Cette variation s'exprime selon la loi $\log P = aT + c$.

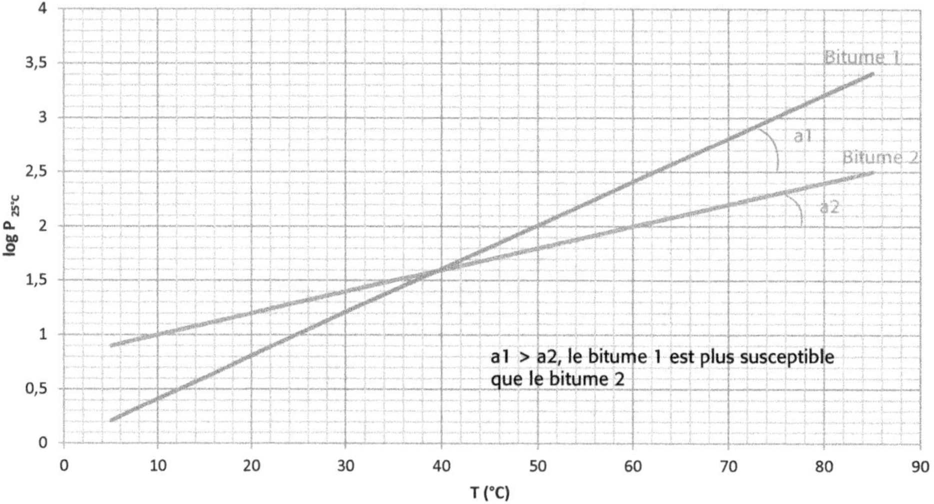

Figure 15. Graphe illustrant la susceptibilité de deux bitumes

Le logarithme de la pénétrabilité varie linéairement avec la température. Le coefficient directeur a de la droite représente la susceptibilité thermique du bitume. Plus celui-ci est élevé et plus le bitume est susceptible.

Ce coefficient a est utilisé pour définir l'indice de pénétrabilité IP :

$$IP = \frac{20 - 500 \times a}{50 \times a + 1}$$

Avec

$$a = \frac{\log 800 - \log P_{25°C}}{TBA - 25}$$

En considérant que la valeur de pénétrabilité d'un bitume à la température du point de ramollissement est de 800 1/10 de millimètres.

En pratique, on observe que les indices de pénétrabilité des bitumes sont compris entre -3 pour les bitumes les plus susceptibles et $+7$ pour les bitumes les moins susceptibles.

Les bitumes à faible susceptibilité sont très intéressants car ils conjuguent à la fois le comportement des bitumes mous, moins fragiles à basse température, et le comportement des bitumes durs à température élevée. Ces bitumes sont dénommés bitumes multigrades, ils présentent un indice de pénétrabilité positif.

Parmi les autres caractéristiques des bitumes, on peut noter :

– Le point de fragilité FRAASS - norme NF EN 12593

Température pour laquelle le bitume présente un comportement mécanique fragile. L'essai consiste à soumettre un film de bitume à des efforts de flexion tout en abaissant progressivement la température jusqu'à l'apparition d'une fissuration.

Le point de fragilité FRAASS est en général atteint pour des températures négatives. De manière générale, plus le bitume présente une pénétrabilité à 25 °C faible (bitume dur) et plus la température au point de fragilité FRAASS est élevée.

Par ailleurs, la détermination du point de fragilité FRAASS permet de définir l'intervalle de plasticité du bitume.

L'intervalle de plasticité est défini par la différence entre la température au point de ramollissement (TBA) et la température au point de fragilité (FRAASS).

La valeur de cet intervalle reflète également la susceptibilité thermique d'un bitume. Plus cet intervalle est étendu et moins le bitume est susceptible. Les bitumes multigrades présentent des intervalles de plasticité plus élevés que les bitumes purs de classe de pénétrabilité équivalente.

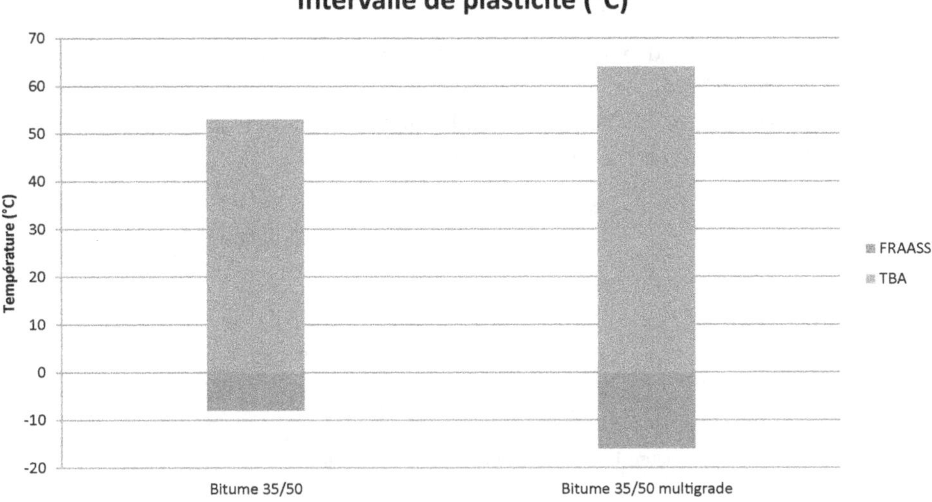

Figure 16. Illustration de l'intervalle de plasticité de deux bitumes

— La résistance au durcissement RTFOT (*rolling thin film oven test*) – norme NF EN 12607-1

L'essai consiste à provoquer par chauffage à 163 °C en étuve le vieillissement du bitume. Cet essai a été mis au point pour simuler la dégradation que peut subir le bitume durant le processus de fabrication des enrobés bitumineux et plus particulièrement lors de l'opération d'enrobage avec les granulats préalablement chauffés ainsi que lors du répandage de l'enrobé (chauffage de la table du finisseur).

Après ce traitement, qui conduit au durcissement du bitume, on observe la diminution de la pénétrabilité à 25 °C corrélée à une augmentation de la TBA.

— La viscosité du bitume

À la différence des caractéristiques précédentes, qui sont empiriques, la viscosité est une grandeur physique qui permet de mettre en évidence la résistance à l'écoulement du bitume. Lors de l'utilisation du bitume en technique routière, sa viscosité influencera à court terme les paramètres de fabrication (température limite de pompabilité, température d'enrobage), les paramètres de mise en œuvre (maniabilité et température limite de compactage) et, à plus long terme, ce paramètre influera sur la durabilité des chaussées (résistance au fluage et à l'orniérage aux températures de services élevées, résistance à la fissuration aux basses températures).

Différents essais permettent d'accéder à une valeur de viscosité, parmi lesquels :

– Mesure de la viscosité dynamique à 60 °C par viscosimètre capillaire sous vide selon la norme NF EN 12596. La viscosité dynamique est exprimée en Pa·s.

– Mesure de la viscosité cinématique à 60 °C et 135 °C par viscosimètre capillaire selon la norme NF EN 12595. La viscosité cinématique, qui est définie comme le rapport de la viscosité dynamique à la masse volumique, est exprimée en mm²/s.

Ces deux essais reposent sur le principe de la mesure du temps d'écoulement du bitume dans un tube capillaire placé à une température donnée.

– Mesure de la viscosité dynamique par viscosimètre cône et plateau selon la norme NF EN 13702.

– Mesure de la viscosité dynamique par viscosimètre à mobile tournant (coaxial) selon la norme NF EN 13302.

Ces deux essais reposent sur le principe de la mesure de l'effort de cisaillement qui est induit par l'application d'un couple de rotation.

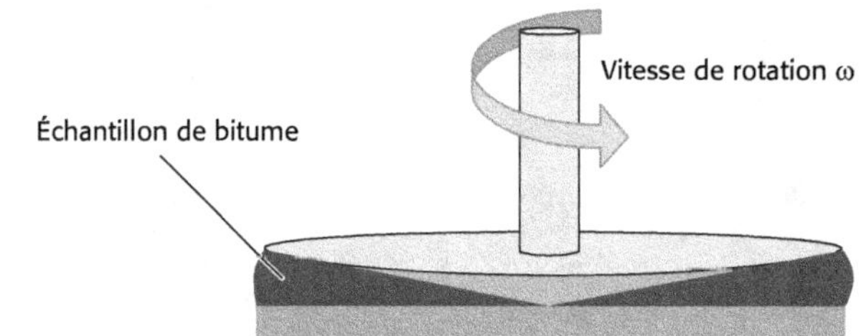

Figure 17. Principe du viscosimètre cône-plateau

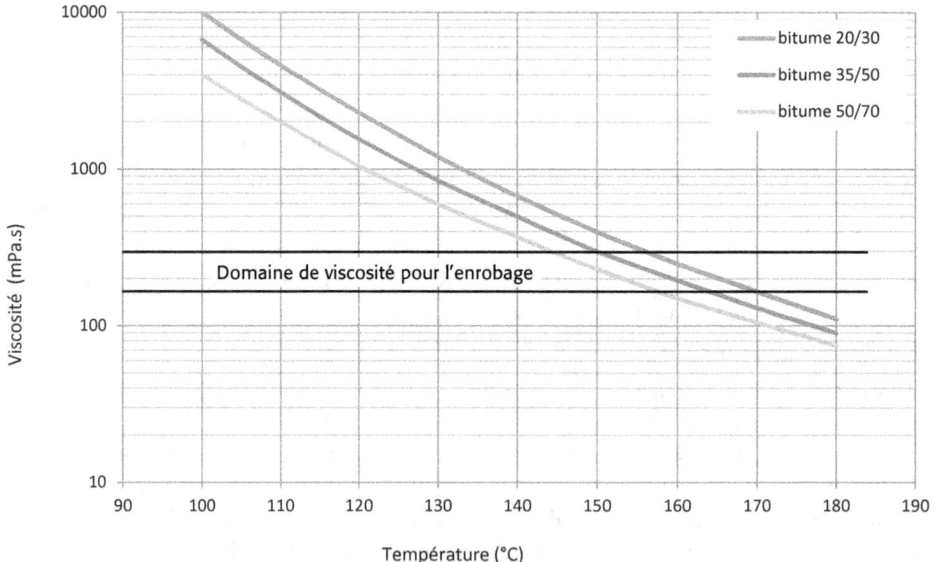

Figure 18. Courbes de viscosité en fonction de la température

– Le point d'éclair – norme NF EN ISO 2592

La méthode consiste à chauffer du bitume en vase ouvert en présence d'une flamme. Le point d'éclair correspond à la température à laquelle le mélange gazeux formé par les vapeurs qui émanent du bitume et l'air ambiant s'enflamme au contact de la flamme.

Les valeurs de point d'éclair des bitumes augmentent lorsque la classe de pénétrabilité diminue. Par exemple, le point d'éclair d'un bitume de classe 35/50 est supérieur à celui d'un bitume de classe 160/220.

Pour les bitumes purs utilisés couramment, les normes de spécifications imposent des valeurs minimales comprises entre 220 °C pour les bitumes les plus mous (bitume 160/220) et 240 °C pour les bitumes les plus durs (bitume 20/30).

2.1.2. La normalisation et le marquage CE des bitumes

Tout comme pour les granulats, les bitumes font l'objet d'une normalisation européenne et d'un marquage CE obligatoire depuis le 1er janvier 2010. Il existe différentes normes selon le type de bitume. Les spécifications relatives au marquage CE sont indiquées en annexe ZA de chaque norme.

Norme NF EN 12597 *Bitumes et liants bitumineux – Terminologie*

Cette norme présente l'intérêt de donner la définition des différents types de bitumes et liants hydrocarbonés ainsi que des termes employés dans les différentes normes.

Norme NF EN 12591 *Spécification des bitumes routiers*

Cette norme concerne la plupart des bitumes purs utilisés couramment en technique routière. Ceux-ci sont définis par leur classe de pénétrabilité (ou grade du bitume). En France, les classes utilisées couramment sont 20/30, 35/50, 50/70, 70/100 et 160/220. Il est à noter que seules les classes de bitume 20/30, 35/50 et 50/70 entrent dans la composition des enrobés, le bitume de classe 35/50 étant le plus largement utilisé.

Tableau 5. Extrait tableau de spécifications de la norme

Propriété	Méthode d'essai	Unité	20/30	35/50	50/70	70/100	160/220
Pénétrabilité à 25 °C	EN 1426	0,1 mm	20 – 30	35 – 50	50 – 70	70 – 100	160 – 220
Point de ramollissement	EN 1427	°C	55 – 63	50 – 58	46 – 54	43 – 51	35 – 43
Résistance au durcissement à 163 °C	EN 12607-1						
Pénétrabilité restante		%	≥ 55	≥ 53	≥ 50	≥ 46	≥ 37
Augmentation du point de ramollissement — *Sévérité 1*		°C	≤ 8	≤ 8	≤ 9	≤ 9	≤ 11
Variation de masse [1] (valeur absolue)		%	$\leq 0,5$	$\leq 0,5$	$\leq 0,5$	$\leq 0,8$	$\leq 1,0$
Point d'éclair	EN ISO 2592	°C	≥ 240	≥ 240	≥ 230	≥ 230	≥ 220
Solubilité	EN 12592	%	$\geq 99,0$	$\geq 99,0$	$\geq 99,0$	$\geq 99,0$	$\geq 99,0$

1) *La variation de masse peut être soit positive, soit négative.*

Cette norme concerne les bitumes de classe 10/20 et 15/25 qui sont couramment utilisés en France, notamment pour la fabrication des enrobés à module élevé (EME) et des bétons bitumineux à module élevé (BBME). Ces bitumes présentent l'avantage de conférer aux enrobés de très bonnes valeurs de module.

Les bitumes multigrades sont des bitumes qui présentent un indice de pénétrabilité positif. Les classes de bitumes multigrades sont définies par MG suivi de l'intervalle de pénétrabilité et de l'intervalle de température bille-anneau. Par exemple : MG 20/30 – 64/74.

La norme spécifie par ailleurs deux classes d'indice de pénétrabilité : + 0,1/+ 1,5 et ≥ 0

Ces bitumes sont utilisés pour la fabrication d'enrobés très performants permettant d'offrir une bonne résistance à l'orniérage pour les températures élevées tout en réduisant le risque de fissuration aux basses températures.

Leur utilisation est très intéressante pour les chaussées à fort trafic et les zones à fortes contraintes (carrefours giratoires, voies bus…).

Les bitumes modifiés par des polymères sont des bitumes purs dont les propriétés rhéologiques sont modifiées lors de la fabrication par l'ajout de polymères. Les polymères sont des macromolécules organiques soit d'origine naturelle soit synthétiques issues de la pétrochimie. Les polymères utilisés couramment pour modifier les bitumes sont :

— SBS : styrène-butadiène-styrène (famille des élastomères)

Il s'agit d'un copolymère formé de séquences styrène et de séquences butadiène. À température ambiante, les séquences butadiène confèrent au copolymère des propriétés comparables à celles du caoutchouc (propriétés élastiques). Les copolymères SBS sont les plus utilisés comme modifiant des bitumes.

On trouve également dans cette famille les copolymères SB (styrène-butadiène), SBR (*styrène-butadiène rubber*) et SIS (styrène-isoprène-styrène).

— EVA : *éthylène-acétate de vinyle* ou copolymère d'éthylène et d'acétate de vinyle (famille des plastomères)

Ce copolymère présente une zone cristallisée (séquence éthylène) et une zone amorphe (séquence acétate de vinyle). Le module de rigidité, la température au point de ramollissement augmentent avec le degré de cristallinité du copolymère.

— Le latex

Émulsion à base de caoutchouc naturel obtenue à partir de l'hévéa. Le latex est le plus souvent utilisé comme modifiant des émulsions de bitume.

— La poudrette de caoutchouc

Élaborée à partir du recyclage des pneumatiques.

On distingue les bitumes modifiés par des polymères obtenus à partir de mélanges physiques de ceux qui sont obtenus par mélange physique couplé avec une réaction chimique en présence d'un réactif, appelée réticulation (par exemple, réticulation au soufre). Ce deuxième procédé permet d'obtenir un mélange plus homogène et par conséquent une meilleure stabilité au stockage. Les propriétés mécaniques sont également améliorées.

En technique routière, les proportions de polymères introduits dans la fabrication des bitumes modifiés varient de 2 % pour les bitumes faiblement modifiés à 8 % pour les bitumes fortement modifiés.

Outre l'amélioration des caractéristiques telles que la pénétrabilité, le point de ramollissement et l'intervalle de plasticité, l'utilisation de bitumes modifiés permet aussi d'améliorer la cohésion et les propriétés d'adhésivité du bitume. Ces deux caractéristiques sont essentielles pour la fabrication des enrobés mais également pour la réalisation des enduits superficiels.

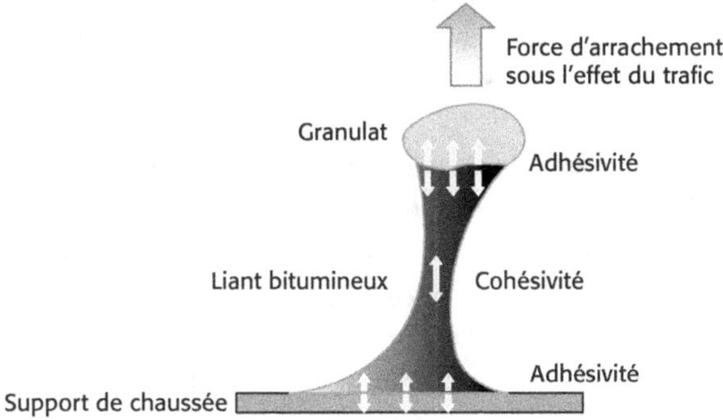

Figure 19. Illustration des propriétés de cohésion et d'adhésivité du liant dans le cas d'un enduit superficiel

La cohésion se caractérise par l'énergie nécessaire pour rompre un échantillon de bitume dans sa masse, elle permet d'apprécier la capacité du bitume à résister à l'arrachement du granulat sous l'effet des efforts liés au trafic : essai mouton-pendule ou essai de traction. Il s'agit plus précisément de l'énergie (exprimée en J/cm²) nécessaire pour provoquer la rupture de la liaison entre le bitume et le granulat. La valeur de la cohésion dépend de la température d'essai, 0 °C, 5 °C et 10 °C étant les températures d'essai retenues en France. Cet essai a été initialement mis au point pour les liants utilisés pour la réalisation des enduits superficiels afin de caractériser la résistance à l'arrachement des gravillons sous l'effet du trafic routier. Cette caractéristique a ensuite été étendue aux bitumes pour enrobage et plus particulièrement aux bitumes modifiés par des polymères, qui présentent des valeurs de cohésion nettement plus élevées que les bitumes purs.

L'adhésivité caractérise l'affinité entre le liant (bitume, émulsion de bitume…) et le granulat. Celle-ci dépend non seulement de la nature du liant et de ses caractéristiques (composition chimique, viscosité…), mais également de la nature pétrographique, de la rugosité de surface et de la porosité du granulat. L'adhésivité est donc un phénomène complexe qui met en jeu à la fois des mécanismes chimiques, physiques et mécaniques.

L'eau contenue dans les granulats constitue un obstacle à l'adhésivité, car l'affinité eau-granulat est en général supérieure à l'affinité liant-granulat. C'est d'ailleurs la raison pour laquelle les granulats (sables et gravillons) qui entrent dans la fabrication des enrobés à chaud sont séchés préalablement à l'étape d'enrobage par le bitume afin d'obtenir un meilleur enrobage.

S'agissant des techniques à froid, telles que les graves-émulsion, enduits superficiels et enrobés coulés à froid, cette phase de séchage préalable des granulats n'a pas lieu préalablement à la fabrication (cas des graves-émulsion et des enrobés coulés à froid) ou préalablement à la mise en œuvre (cas des enduits superficiels). Par conséquent, pour ces techniques qui utilisent des granulats humides, il est indispensable de réaliser une étude permettant de choisir la combinaison liant-granulat qui présente les meilleures caractéristiques d'adhésivité.

Concernant les enduits superficiels, la détermination de l'adhésivité liant-granulat est réalisée par l'essai de cohésion Vialit (NF EN 12272-3). D'autres essais spécifiques aux liants bitumineux, tels que la détermination de l'adhésivité après immersion dans l'eau, permettent d'évaluer les caractéristiques intrinsèques d'adhésivité d'une émulsion de bitume (NF EN 13614) ou d'un liant anhydre (NF EN 15626) par rapport à des granulats de référence.

On peut noter que, pour un couple donné liant-granulat, si les caractéristiques d'adhésivité ne sont pas suffisantes, celles-ci peuvent être améliorées en utilisant un dope d'adhésivité (agent tensio-actif). On distingue alors le dopage dans la masse, où le dope d'adhésivité est ajouté lors de la fabrication du liant (dosage inférieur à 1 % en masse), et le dopage d'interface, où le dope d'adhésivité est pulvérisé directement sur les granulats avant répandage du liant.

Enfin, pour les enrobés à chaud, les caractéristiques d'adhésivité sont évaluées de manière indirecte par l'essai de sensibilité à l'eau, anciennement essai Duriez (NF EN 12697-12), en mesurant l'aptitude de l'enrobé à résister au désenrobage sous l'effet de l'action de l'eau.

Il est à noter également qu'outre l'influence de l'eau, la propreté des granulats, c'est-à-dire leur teneur en fines, peut avoir un effet néfaste sur les propriétés d'adhésivité. Les fines collées à la surface des gravillons agissant comme un écran empêchant l'adhésion du liant sur le granulat. D'où les exigences particulières concernant la propreté des gravillons utilisés pour les enduits superficiels.

Les bitumes polymères étant plus chers que les bitumes purs, leur utilisation est par conséquent réservée soit pour des produits particuliers tels que la fabrication des bétons bitumineux très minces (BBTM) et ultraminces (BBUM), soit pour des applications particulières comme les chaussées à très fort trafic ou encore les zones à fortes sollicitations, comme les carrefours giratoires. Ainsi, les enrobés au bitume modifié par des polymères ne représentent que 10 % de la production d'enrobés.

2.2. Les bitumes fluxés et les bitumes fluidifiés

Un bitume fluxé est un bitume auquel il a été ajouté une huile provenant soit de la distillation du pétrole (fluxant pétrolier et pétrochimique), soit de la distillation du goudron de houille (fluxant carbochimique), afin d'en modifier les caractéristiques et notamment en réduire la viscosité. Il a été développé plus récemment des huiles d'origine végétale (fluxant agrochimique). Le fluxant est un produit peu volatil.

Un bitume fluidifié est un bitume auquel il a été ajouté un solvant (appelé fluidifiant) afin d'en modifier les caractéristiques et d'en réduire la viscosité. Contrairement au fluxant, le fluidifiant est volatile. Le kérosène (appelé également pétrole lampant, car utilisé autrefois dans les lampes à pétrole), fraction légère issue de la distillation du pétrole, est le fluidifiant pétrolier le plus couramment utilisé.

Les bitumes fluxés et fluidifiés font l'objet d'une norme européenne de spécifications (NF EN 15322).

L'avant-propos national de la norme rappelle que les bitumes fluidifiés ne sont plus utilisés en France, en raison notamment du risque lié à l'inflammabilité de ces produits.

En France, les bitumes fluxés sont désignés par le type de fluxant (Fm : origine minérale, Fv : origine végétale), leur classe de viscosité suivie de la valeur médiane de la plage de viscosité, et le type de bitume (B : bitume pur, BP : bitume polymère).

Par exemple, Fm 4-150 BP 0 signifie un bitume fluxé préparé avec un bitume modifié et un fluxant d'origine minérale, de classe de viscosité 4 avec un temps d'écoulement[1] compris entre 100 et 200 secondes. Le dernier chiffre « 0 » signifie qu'en France la caractéristique concernant l'aptitude au durcissement n'est pas requise.

Seuls les bitumes fluxés sont donc utilisés essentiellement comme liant de répandage pour la réalisation des enduits superficiels d'usure, et comme liant d'enrobage pour la fabrication des enrobés stockables à froid.

Les bitumes fluxés sont fabriqués à partir d'un bitume pur ou d'un bitume modifié de classe de pénétrabilité généralement supérieure à 70 1/10 mm, les enduits superficiels les plus performants étant réalisés avec des bitumes fluxés modifiés par des polymères.

Par opposition aux émulsions de bitumes, qui sont des liants contenant de l'eau et pour lesquels les températures de mise en œuvre sont basses (de l'ordre de 60 °C), les bitumes fluxés sont appelés « liants anhydres » ou « liants chauds » en raison de leur température d'application, qui est de l'ordre de 160 °C.

En raison notamment des risques liés à leur mise en œuvre à des températures élevées (brûlures, fumées), l'utilisation des bitumes fluxés pour la réalisation des enduits superficiels n'a cessé de diminuer. Les bitumes fluxés, qui ne représentent désormais que 20 % environ des surfaces d'enduits superficiels réalisées annuellement en France, sont en concurrence avec les émulsions de bitume, qui sont les plus largement utilisées.

2.3.   Les émulsions de bitume

Une émulsion est un mélange d'au moins deux liquides non miscibles qui comporte au moins une phase liquide dispersée sous forme de fines gouttelettes dans une phase liquide continue.

Une émulsion de bitume est un liant hydrocarboné obtenu par la dispersion de bitume sous forme de fines gouttelettes dans l'eau. Dans le cas d'une émulsion de bitume, la phase continue est constituée par l'eau et la phase dispersée est constituée par le bitume.

La fabrication d'une émulsion de bitume requiert un apport d'énergie mécanique (forte agitation) pour diviser le bitume en fines particules et le disperser dans l'eau. En pratique, cette opération est réalisée avec un appareil de type moulin colloïdal, dans lequel le mélange eau-bitume subit un fort cisaillement.

L'émulsion ainsi formée est instable car, dès que l'apport d'énergie mécanique cesse, les gouttelettes de bitumes auront tendance à se réunir à nouveau pour former des particules de bitume de plus en plus grosses (phénomène de coalescence) jusqu'à obtenir la séparation des deux phases.

Afin d'éviter ce phénomène, on utilise un agent tensio-actif (appelé également émulsifiant ou surfactant) qui permet, d'une part, de diminuer l'énergie mécanique nécessaire à la dispersion du bitume dans l'eau et, d'autre part, de stabiliser l'émulsion.

Les agents utilisés généralement pour la préparation des émulsions de bitume sont des composés azotés de type amine et de formule générale $R-NH_2$, où R est une chaîne hydrocarbonée linéaire ou ramifiée comportant un nombre important d'atomes de carbone.

---

1   La viscosité (appelée viscosité STV) est mesurée par un temps d'écoulement du liant exprimé en seconde à une température donnée (25 °C ou 40 °C) et à travers un orifice de diamètre donné (4 mm ou 10 mm).

Ces agents font partie de la famille des tensioactifs cationiques car, en présence d'une solution d'acide (généralement acide chlorhydrique[1]), ils réagissent avec les ions acides pour donner un sel d'ammonium $R–NH_3^+$ (cation).

Ainsi, les émulsions de bitume utilisant ce type de tensioactif sont qualifiées d'émulsions cationiques.

Ces émulsions sont acides (pH entre 2 et 5).

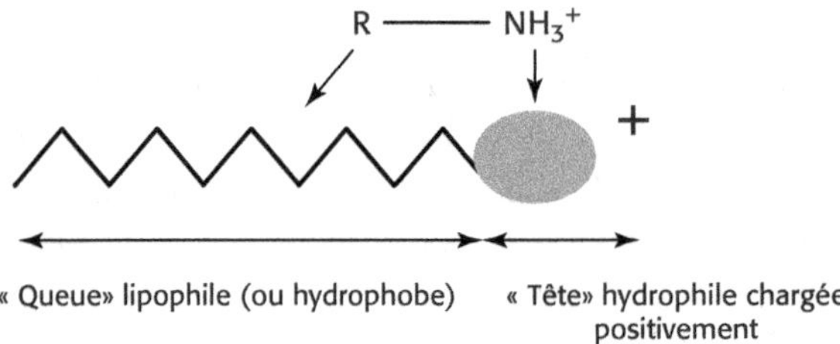

Figure 20. Représentation schématique du tensioactif cationique

Le tensioactif est une molécule dite amphiphile car elle est composée d'une partie lipophile miscible dans les composés hydrocarbonés tels qu'huiles, graisses mais aussi bitumes, et d'une partie hydrophile miscible dans l'eau.

Les molécules de tensioactif se regroupent à l'interface bitume-eau (adsorption), leur partie lipophile étant solubilisée dans la phase bitume, et leur partie hydrophile dans la phase aqueuse. La charge positive apportée par le tensioactif cationique provoque la répulsion électrostatique des globules de bitume.

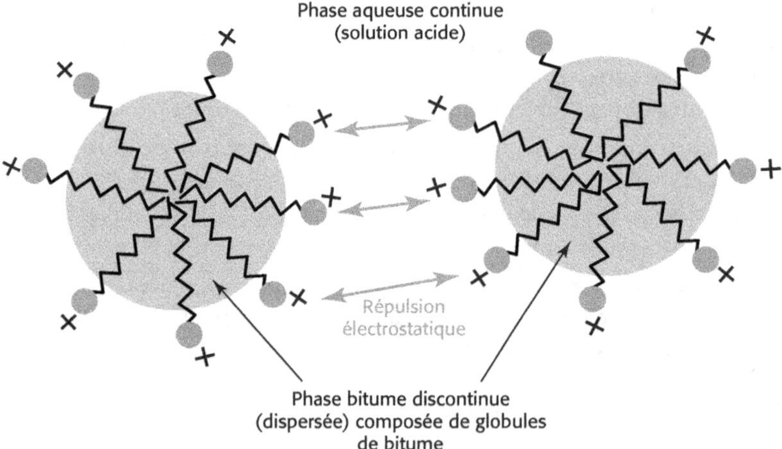

Figure 21. Schéma du principe d'action du tensioactif cationique dans l'émulsion de bitume

---

1 Pour certaines applications particulières telles que la mise en œuvre d'émulsions sur les tabliers bétons des ouvrages d'art dans le cadre de la réalisation des étanchéités, les émulsions sont préparées avec de l'acide phosphorique.

L'action du tensioactif est double :

– Il permet de faciliter la mise en émulsion du bitume en diminuant la tension interfaciale[1] entre le bitume et l'eau. Par conséquent, l'ajout d'un tensioactif permet lors de la fabrication de l'émulsion d'abaisser l'énergie mécanique nécessaire pour disperser le bitume dans l'eau.

– Il permet de stabiliser l'émulsion car les globules de bitume qui portent des charges électriques positives se repoussent les uns les autres (répulsion électrostatique) et ne peuvent donc pas entrer en contact et s'agglomérer pour donner des globules plus gros (coalescence).

Les émulsions de bitume utilisées en France sont essentiellement des émulsions cationiques car elles offrent une meilleure affinité avec la plupart des granulats.

2.3.1. La fabrication des émulsions cationiques

Les émulsions de bitumes sont fabriquées généralement à partir de bitumes de classes de pénétrabilité 50/70, 70/100 ou 160/220 (bitumes mous). Ils sont chauffés à des températures comprises entre 140 et 160 °C (selon leur classe de pénétrabilité) afin de diminuer leur viscosité et de faciliter la mise en émulsion.

La phase aqueuse est préparée en mélangeant à l'eau le tensioactif en présence d'acide chlorhydrique et celle-ci est également chauffée entre 40 et 60 °C selon la règle empirique suivante :

$$T°C \text{ bitume} + T°C \text{ eau} < 200 °C$$

Des additifs peuvent être utilisés, tels que les fluxants, dopes d'adhésivité qui peuvent être directement ajoutés au bitume, ou encore des épaississants qui sont ajoutés à la phase aqueuse.

L'émulsion est produite à une température de l'ordre de 70 à 80 °C.

Le moulin colloïdal (appelé aussi turbine) est un appareil formé d'un stator et d'un rotor à axes horizontaux et à faible entrefer, qui permet de disperser la phase bitume dans la phase aqueuse lors du passage dans l'entrefer sous l'effet d'efforts de cisaillement dus à la rotation. Il permet d'obtenir des gouttelettes de bitumes de l'ordre de 1 à 10 µm.

Pour qu'une émulsion de bitume soit utilisable en technique routière, celle-ci doit avoir après fabrication une stabilité suffisante pour permettre son stockage, son transport et sa mise en œuvre. Il convient par conséquent d'éviter les phénomènes de décantation, de floculation et de coalescence.

La sédimentation, ou décantation, est liée à la différence de densité entre la phase bitume et la phase aqueuse et correspond à la migration des globules de bitume vers le fond de la cuve. Lorsque les globules sont de faibles tailles, le phénomène de sédimentation est très lent. Ce phénomène est réversible, car une simple agitation ou un brassage permettent de redonner à l'émulsion son aspect homogène.

---

1 On peut définir simplement la tension interfaciale (ou superficielle) comme étant la force qu'il faut appliquer à un liquide pour provoquer l'augmentation de sa surface. Le fait de disperser le bitume sous forme de gouttelettes dans l'eau conduit à l'accroissement de la surface de contact bitume-eau et par conséquent à l'augmentation de la tension interfaciale.

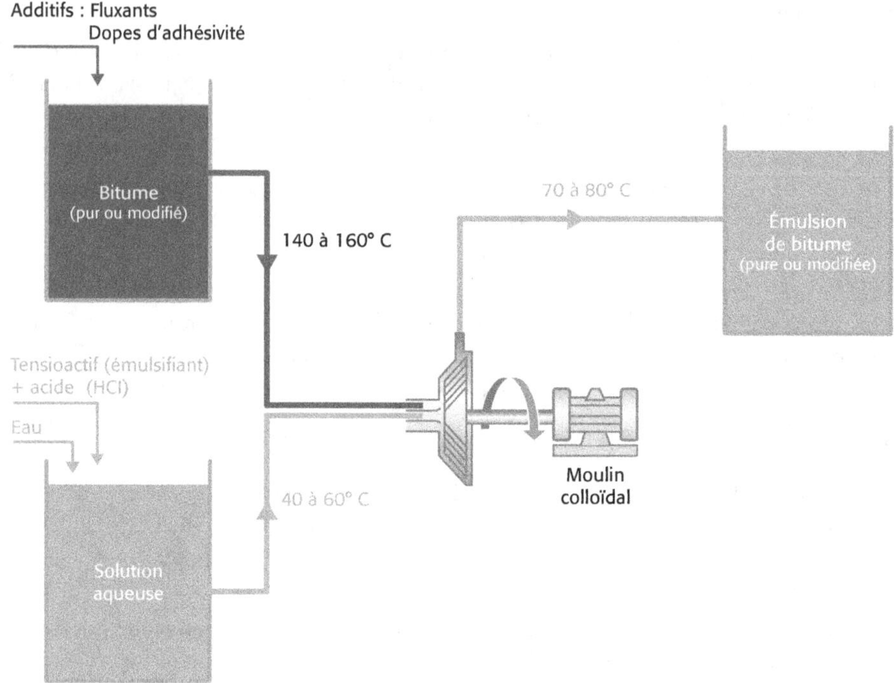

Figure 22. Schéma de principe de fabrication d'une émulsion cationique en continu

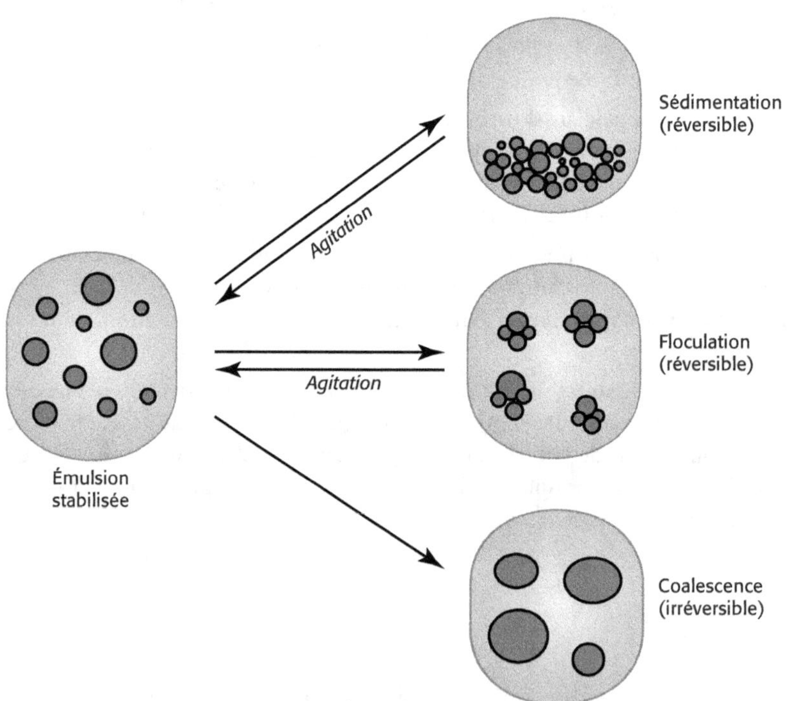

Figure 23. Mécanismes de déstabilisation d'une émulsion

La floculation correspond au rapprochement des globules de bitume jusqu'à rentrer en contact les uns avec les autres et former des amas. Ce phénomène est également réversible par simple agitation ou brassage.

La coalescence est le phénomène au cours duquel les globules de bitume vont fusionner pour donner des globules de taille supérieure. Ce phénomène, qui est irréversible, aboutit à la séparation de la phase aqueuse et de la phase bitume, c'est-à-dire à la rupture de l'émulsion.

Les phénomènes de sédimentation ou de floculation qui impliquent le rapprochement des globules de bitume peuvent conduire à la coalescence des globules et par conséquent à la rupture de l'émulsion.

2.3.2. Les principales caractéristiques des émulsions utilisées en techniques routières

Les spécifications des émulsions cationiques de bitume sont données par la norme NF EN 13808.

En France, les émulsions utilisées couramment présentent des teneurs en liant de 60 %, 65 % et 69 %.

2.3.2.1. L'indice de rupture

La rupture d'une émulsion est le phénomène par lequel la stabilité de l'émulsion est rompue et conduit à la séparation des phases bitumes et eau. La vitesse avec laquelle l'émulsion rompt dépend du choix du tensioactif utilisé et de son dosage. Plus la teneur en tensioactif est élevée et plus l'émulsion est stable, et plus lente sera la rupture. L'indice de rupture est la caractéristique qui permet de mesurer la vitesse avec laquelle la rupture de l'émulsion s'opère.

Les émulsions de bitume utilisées en techniques routières sont classées en fonction de leur indice de rupture. L'indice de rupture est un nombre sans dimension qui correspond à la masse de fines normalisées (fines Forshammer ou Sikaisol) qu'il faut ajouter à 100 grammes d'émulsion pour obtenir la coagulation.

Tableau 6. Spécifications d'Indice de rupture - extrait tableau Annexe NA de la norme NF EN 13808

Classes nationales	RAPIDE — ECR					SEMI RAPIDE — ECM			LENTE — ECL			SURSTABILISEE — ECS	
	C60B2 ou C60B3	C65B2 ou C65B3	C69B2 ou C69B3	C70B2 ou C70B3	C72B2 ou C72B3	C60B4	C65B4	C69B4	C55B5	C60B5	C65B5	C55B10	C60B10
Indice de rupture (fines Forshammer) 4) EN 13075-1	< 110 (2) ou 70-155 (3)					110-195 (4)			> 170 (5)			—	

Ce classement permet de distinguer principalement deux grandes familles d'émulsion utilisées couramment, les émulsions à rupture lente et les émulsions à rupture rapide.

- Les émulsions cationiques à rupture lente (valeurs d'indice de rupture supérieures à 170) sont utilisées pour l'enrobage des granulats lors de la fabrication des enrobés stockables à froid, des graves-émulsion, des bétons bitumineux à froid, des matériaux bitumineux coulés à froid (coulis et enrobés coulés à froid).

- Les émulsions cationiques à rupture rapide (valeurs d'indice de rupture inférieures à 110) sont utilisées comme émulsions de répandage lors de la réalisation des couches d'accrochage et des enduits superficiels d'usure.

2.3.2.2. La teneur en liant

La norme NF EN 13808 spécifie également un intervalle de teneur en liant pour les différentes classes d'émulsion. Cet intervalle est généralement de ± 2 par rapport à la valeur nominale de la teneur en liant de l'émulsion.

À titre d'exemple, une émulsion cationique à 65 % (classe C65) pourra présenter une teneur en liant comprise entre 63 et 67 % (les pourcentages sont donnés en masse).

La teneur en liant d'une émulsion est déterminée de manière indirecte par la méthode de mesure de la teneur en eau de l'émulsion (NF EN 1428). La teneur en liant de l'émulsion est déduite par la différence entre 100 % et la teneur en eau.

2.3.2.3. La viscosité de l'émulsion

La viscosité de l'émulsion est déterminée de manière indirecte par la mesure d'un temps d'écoulement de l'émulsion à une température donnée et à travers un orifice de diamètre spécifié (NF EN 12846-2). En France, on utilise le viscosimètre STV qui permet la mesure à 40 °C des temps d'écoulement de la plupart des émulsions à travers les orifices de 2 ou 4 millimètres. Lors de l'essai, le temps d'écoulement mesuré doit être compris entre 5 et 600 secondes. L'essai peut également être réalisé à 50 °C si le temps d'écoulement mesuré à 40 °C est supérieur à 600 secondes.

Plus le temps d'écoulement est élevé, plus l'émulsion est visqueuse.

La viscosité est un paramètre important qui conditionne l'utilisation et la mise en œuvre de l'émulsion. En effet, après fabrication, l'émulsion doit être suffisamment fluide pour être pompée. Dans le cas d'une utilisation pour la réalisation des enduits superficiels, l'émulsion doit également être suffisamment fluide pour permettre le bon épandage par les diffuseurs des rampes des épandeuses de liants. Et dans le cas des émulsions utilisées pour la fabrication des graves-émulsions, des bétons bitumineux à froid ou des matériaux bitumineux coulés à froid, celles-ci doivent être suffisamment fluides pour permettre le mouillage et le bon enrobage des granulats.

Tout en étant fluides, les émulsions doivent être suffisamment visqueuses pour ne pas engendrer des coulures après épandage sur les chaussées (coulures dans les caniveaux, dans les avaloirs, etc.). À noter que la viscosité d'une émulsion croît généralement avec la teneur en liant.

Tableau 7. Spécifications de la viscosité - extrait tableau Annexe NA de la norme NF EN 13808

Classes nationales	RAPIDE — ECR					SEMI RAPIDE — ECM			LENTE — ECL			SURSTABILISEE — ECS	
	C60B2 ou C60B3	C65B2 ou C65B3	C69B2 ou C69B3	C70B2 ou C70B3	C72B2 ou C72B3	C60B4	C65B4	C69B4	C55B5	C60B5	C65B5	C55B10	C60B10
Temps d'écoulement en s EN 12846 — 2 mm à 40 °C	15-70 (3)	40-130 (4)	40-130 (4)			15-70 (3) ou 40-130 (4)	15-70 (3) ou 40-130 (4)	40-130 (4)	≤ 20 (2) ou 15-70 (3)	15-70 (3)	40-130 (4)	≤ 20 (2) ou 15-70 (3)	15-70 (3)
ou 4 mm à 40 °C		5-70 (5)	5-70 (5) ou 40-100 (6)	5-70 (5) ou 40-100 (6)	5-70 (5) ou 40-100 (6)		5-70 (5)	5-70 (5) ou 40-100 (6)			5-70 (5)		

2.3.2.4. La granulométrie de l'émulsion

L'essai utilisé pour déterminer la proportion de grosses particules dans l'émulsion consiste simplement à filtrer l'émulsion à travers deux tamis à ouverture de mailles 0,5 mm et 0,16 mm (norme NF EN 1429) et à mesurer la masse des résidus sur chacun des tamis. Conformément aux spécifications de la norme NF EN 13808, les émulsions cationiques doivent présenter des pourcentages de résidus sur les tamis de 0,5 mm et 0,16 mm respectivement, inférieurs à 0,1 % et 0,25 %.

À noter qu'en laboratoire des méthodes de mesure telles que la diffraction laser sont utilisées pour caractériser plus précisément la granulométrie[1] des émulsions et déterminer la courbe de distribution des tailles.

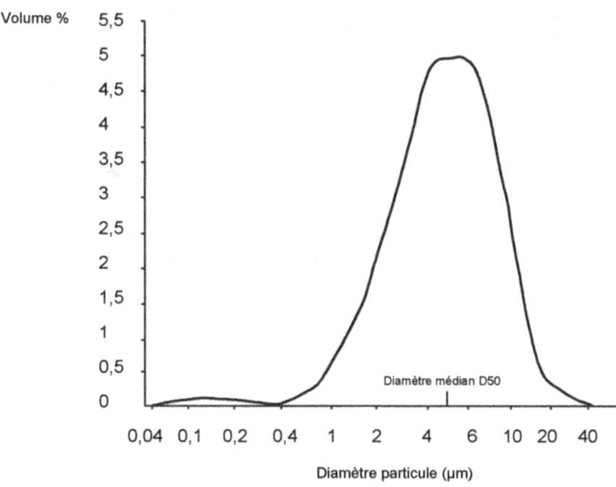

Figure 24. Granulométrie d'une émulsion par diffraction laser

La distribution des tailles de globules est influencée par les paramètres de fabrication de l'émulsion tels que l'énergie fournie lors de la dispersion du bitume dans l'eau (énergie de cisaillement) et le dosage en tensioactif. La taille des globules diminue lorsque l'énergie de cisaillement augmente et lorsque la concentration en tensioactif augmente. Par ailleurs, la distribution de tailles des globules influence directement les propriétés de l'émulsion et, notamment, sa viscosité.

2.3.2.5. La stabilité au stockage

La stabilité au stockage d'une émulsion est une propriété d'usage très importante car, à chaque étape, depuis la fabrication jusqu'à la mise en œuvre, celle-ci devra être apte à supporter différentes phases de transport et de stockage.

La stabilité au stockage est déterminée selon le même mode opératoire de la norme NF EN 1429 en mesurant la masse de résidus retenue sur le tamis de 0,5 mm après 7 jours de stockage de l'émulsion. La stabilité des émulsions dépend de leur granulométrie. De manière générale, la stabilité augmente avec la finesse de l'émulsion et par conséquent avec la teneur en émulsifiant ou en tensioactif.

Les émulsions usuelles sont stockables de quelques jours pour les émulsions de répandage (enduits superficiels, couches d'accrochage) à quelques semaines pour les émulsions d'enrobage (grave-émulsion, enrobés coulés à froid).

---

1 On parle également de la finesse d'une émulsion.

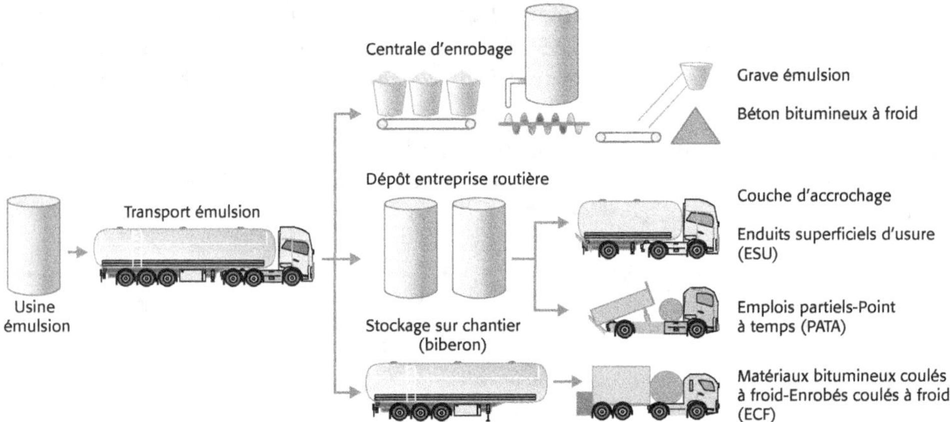

Figure 25. Schéma illustrant les différentes phases de transport et de stockage d'une émulsion depuis sa fabrication jusqu'à sa mise en œuvre

Figure 26. Dépôt sur chantier permettant le réapprovisionnement en émulsion et en grave 0/10 d'un atelier de mise en œuvre d'un matériau bitumineux coulé à froid (MBCF)

2.3.2.6. L'adhésivité liant-granulat

On définit l'adhésivité comme l'aptitude du liant à enrober la surface d'un granulat et à maintenir dans le temps cet enrobage en présence d'eau. L'adhésivité est donc une propriété qui dépend non seulement de la qualité de l'émulsion mais également de la nature pétrographique du granulat.

L'adhésivité liant-granulat d'une émulsion cationique est déterminée au moyen de la norme NF EN 13614 qui permet la mesure de l'adhésivité des émulsions de bitume par un essai d'immersion dans l'eau. L'essai peut être réalisé avec des granulats de référence (quartzite, diorite, calcaire, silex) et, de préférence, avec les granulats utilisés pour le chantier. Cet essai est représentatif de l'adhésivité passive.

L'essai consiste en l'enrobage manuel de granulats mélangés à l'émulsion puis à placer les granulats enrobés en étuve à 60 °C pendant 24 heures, puis dans l'eau à 60 °C pendant environ 20 heures. À l'issue, on apprécie visuellement le pourcentage de surface des granulats qui reste recouverte par le liant selon une échelle de cotation comportant six niveaux :

Pourcentage de surface recouverte	100 %	90 à 100 %	75 à 90 %	50 à 75 %	0 à 50 %	Quelques traces de liants
Note	100	90	75	50	< 50	0

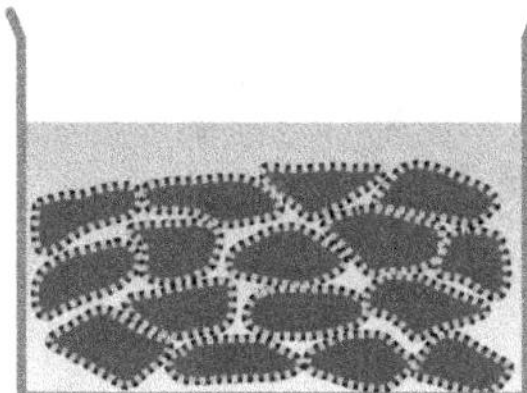

Enrobage obtenu immédiatement après le mélange
(100 % de surface enrobée)

Enrobage après 24 h à 60 °C
(note 75, 75 % à 90 % de surface enrobée)

Conformément aux spécifications de la norme NF EN 13808, les émulsions cationiques doivent présenter une adhésivité au moins égale à 75.

Un autre essai, réalisé selon la norme NF 12272-3 spécifique aux enduits superficiels, permet également de déterminer l'adhésivité par l'essai de cohésion à la plaque Vialit. Cet essai est représentatif de ce que l'on appelle l'adhésivité active. Par opposition à l'adhésivité passive, l'adhésivité active mesurée par l'essai de cohésion Vialit permet d'évaluer à la fois la capacité du liant à mouiller la surface du granulat et sa capacité à coller le granulat.

Dans cet essai, on distingue l'adhésivité active, pour laquelle les granulats pris pour l'essai sont dans leur état naturel du point de vue de leur humidité et de leur teneur en fines (état représentatif de celui rencontré sur chantier), et l'adhésivité globale, pour laquelle les granulats ont été préalablement séchés et seules les fines peuvent contrarier le mouillage et le collage des granulats.

2.3.2.7. Comment nommer et spécifier une émulsion cationique de bitume conformément à la norme NF EN 13808

Exemple d'une émulsion à rupture rapide pour couche d'accrochage :

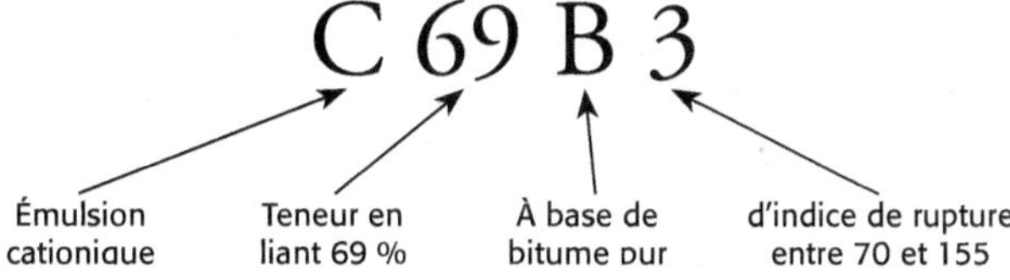

Exemple d'une émulsion à rupture lente pour un enrobé coulé à froid :

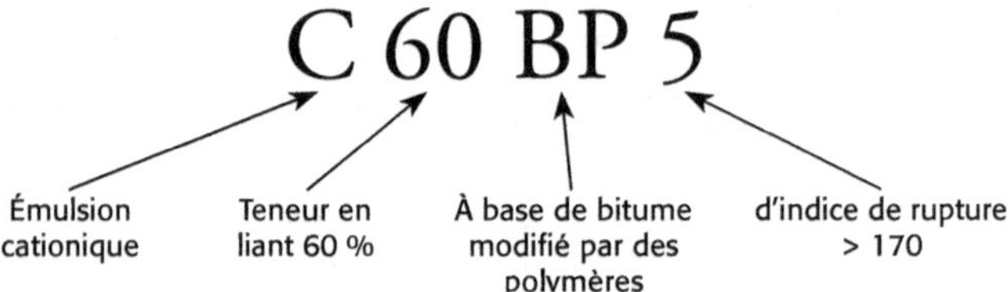

Ensuite, pour chaque caractéristique de l'émulsion (viscosité, adhésivité, granulométrie, stabilité au stockage, etc.), les classes de performance doivent être spécifiées.

3. Les enrobés à chaud

Par Hervé CABANES

Les enrobés à chaud sont de loin les matériaux les plus utilisés pour la construction des chaussées neuves mais aussi pour leur entretien, car ils peuvent être utilisés pour les couches d'assise, les couches de liaison et les couches de roulement.

En France, la production annuelle d'enrobés oscille selon les années entre 32 et 37 millions de tonnes depuis 2010. La part des enrobés tièdes ne cesse d'augmenter. Elle ne représentait que 2 % en 2009 pour atteindre plus de 12 % en 2014 (données *Bilan environnemental 2014*, Union des syndicats de l'industrie routière française - USIRF).

Depuis un peu plus de 10 ans maintenant, les enrobés à chaud font l'objet de normes européennes et le marquage CE des enrobés est obligatoire depuis le 1er mars 2008.

Avant cette date, nous avions en France des normes « produits » par types d'enrobés (norme grave-bitume, norme béton bitumineux mince, etc.).

Désormais, les principaux produits utilisés en France sont regroupés essentiellement sous les trois normes européennes de spécifications suivantes :
— la norme NF EN 13108-1 *Enrobés bitumineux*, qui regroupe principalement les bétons bitumineux minces (BBM), les bétons bitumineux semi-grenus (BBSG), les bétons bitumineux à module élevé (BBME), les bétons bitumineux pour chaussées aéronautiques (BBA), les graves-bitume (GB), les enrobés à module élevé (EME) ;
— la norme NF EN 13108-2 *Bétons bitumineux très minces*, qui est spécifique aux bétons bitumineux très minces (BBTM) ;
— la norme NF EN 13108-7 *Bétons bitumineux drainants*, qui est spécifique aux bétons bitumineux drainants (BBDr).

À noter également la norme NF EN 13108-6, qui concerne les asphaltes coulés routiers utilisés comme revêtements de trottoirs, mais également pour les couches d'étanchéité des tabliers de ponts, ainsi que la norme NF EN 13108-8, qui permet de donner les spécifications des agrégats d'enrobés en vue de leur réutilisation dans les enrobés à chaud.

Enfin, plus récemment apparue (octobre 2016), la norme NF EN 13108-9, qui concerne les bétons bitumineux ultra-minces (BBUM).

Les nombreux essais qui existent sur les enrobés et qui permettent de mesurer les caractéristiques fixées par les normes de spécifications font l'objet d'un groupe de normes européennes NF EN 12697 (environ 50 normes).

3.1. Spécifications des enrobés selon la norme européenne

Chaque norme permet de spécifier les enrobés selon 3 types de caractéristiques :
— les caractéristiques générales,
— les caractéristiques empiriques,
— les caractéristiques fondamentales.

Chaque produit enrobé à chaud est obligatoirement spécifié par des caractéristiques générales associées à des caractéristiques empiriques ou bien des caractéristiques générales associées à des caractéristiques fondamentales.

3.1.1. Les caractéristiques générales

La composition ou la formule de l'enrobé donne les pourcentages des différents constituants (granulats, liant, agrégats d'enrobés) entrant dans l'enrobé. Les pourcentages des constituants sont calculés par rapport à la masse totale de l'enrobé. Ainsi, la teneur en liant de l'enrobé est calculée en ramenant le poids de liant au poids total de l'enrobé (granulats + liant). On parle dans ce cas de teneur en liant « intérieure » au mélange, TLint

Avant l'entrée en vigueur de la normalisation européenne, la teneur en liant de l'enrobé était calculée en ramenant le poids de liant au poids des granulats contenus dans la formule d'enrobé. On parle dans ce cas de teneur en liant « extérieure » au mélange, TLext.

Les relations suivantes existent entre TLint et TLext :

$$\text{TLext} = \frac{100 \times \text{TLint}}{100 - \text{TLint}} \qquad \text{TLint} = \frac{100 \times \text{TLext}}{100 + \text{TLext}}$$

Tableau 8. Exemple d'une formule d'enrobé 0/14 exprimée
en pourcentages extérieurs et intérieurs au mélange

Constituants		Poids (kg)	% int (EU)	% ext (Fr)
0/2	sable	30,0	30 %	31,7 %
2/6	gravillon	18,0	18 %	19,0 %
6/10	gravillon	20,0	20 %	21,1 %
10/14	gravillon	16,0	16 %	16,9 %
Agrégats 0/14	agrégats d'enrobés	10,0	10 %	10,6 %
Filler	filler d'apport	0,70	0,7 %	0,7 %
Granulats		**94,70**	**94,7 %**	**100,00 %**
Bitume ajout	bitume pur	4,50	4,50 %	4,75 %
Bitume total		**5,30**	**5,30 %**	**5,60 %**
Poids enrobé (kg)		100,00	100,00	105,60

Dans les comptes rendus d'épreuve de formulation, les compositions sont très souvent mentionnées sous les deux formes afin de conserver le lien avec la formule « historique » établie selon la norme française.

3.1.1.1. La granularité ou courbe granulométrique de l'enrobé

La courbe granulométrique théorique de l'enrobé est établie à partir des courbes granulométriques de chaque granulat entrant dans la composition de l'enrobé.

Comme pour les granulats, les tamis utilisés sont ceux de la série de base plus ceux de la série 2 :

– série de base : 1,4D – D – 2 mm – 0,063 mm ;

– série 2 : 4 mm – 6,3 mm – 8 mm – 10 mm – 12,5 mm – 14 mm – 16 mm – 20 mm – 31,5 mm.

Auxquels s'ajoutent en général les tamis de 0,25 mm, 0,5 mm et 1 mm, afin de compléter le bas de la courbe granulométrique.

Tableau 9. Exemple de courbe granulométrique d'un enrobé 0/14 (recomposition) obtenue à partir de sa composition et des courbes granulométriques des granulats

Granulats	0/2	2/6	6/10	10/14	Agrégats	Filler	ENROBÉ 0/14	Spécifications NF EN 13 108-1
% granulats (% ext)	31,7	19,0	21,1	16,9	10,6	0,7		
Tamis (mm)	% passants							
31,5	100	100	100	100	100	100	100	
20,0	100	100	100	100	100	100	100	100
16,0	100	100	100	100	100	100	100	
14,0	100	100	100	93	96	100	98	90 à 100
12,5	100	100	100	63	87	100	92	
10,0	100	100	90	11	75	100	80	
8,0	100	100	34	3	70	100	67	
6,3	100	84	5	1	65	100	56	
4,0	100	38	2	1	50	100	46	
2,0	85	6	2	1	38	100	33	10 à 50
1,0	62	3	2	1	27	99	24	
0,5	44	2	2	1	21	99	18	
0,25	33	2	2	1	16	98	14	
0,063	14,5	1,6	1,4	1	11	89	7,2	0 à 12

Le courbe granulométrique est exprimée en pourcentage en masse des granulats entrant dans la composition de l'enrobé (% extérieur).

Les valeurs de la courbe granulométrique de l'enrobé sont obtenues par le calcul en effectuant pour chaque tamis la somme des produits du pourcentage passant par le pourcentage en masse du granulat.

Exemple : calcul de la valeur du % passant de l'enrobé au tamis de 6,3 mm

% passant tamis 6,3 mm

$$= \underbrace{100 \times 31,7\,\%}_{0/2} + \underbrace{84 \times 19,0\,\%}_{2/6} + \underbrace{5 \times 21,1\,\%}_{6/10} + \underbrace{1 \times 16,9\,\%}_{10/14} + \underbrace{65 \times 10,6\,\%}_{\text{agrégats }10/14} + \underbrace{100 \times 0,7\,\%}_{\text{filler}}$$

$$= 56\,\%$$

Figure 27. Exemple illustrant le calcul de la valeur du % passant de l'enrobé au tamis de 6,3 mm

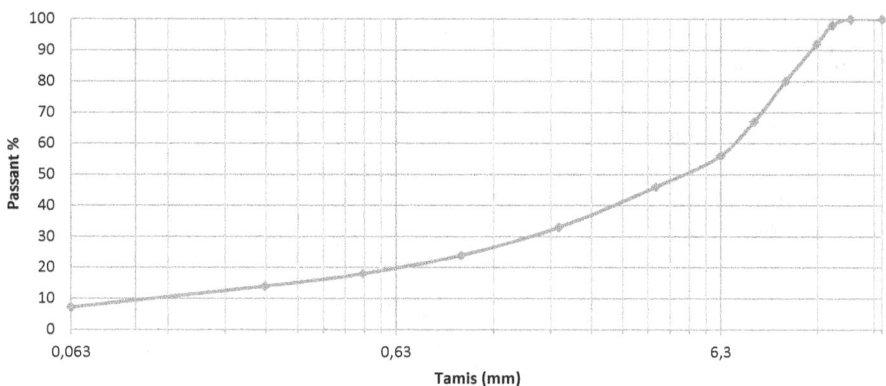

Figure 28. Courbe granulométrique de l'enrobé 0/14

La granularité du BBSG se caractérise par une courbe granulométrique continue alors que celles du BBTM et du BBDr se caractérisent par une courbe discontinue, avec l'existence d'un « palier » entre 2 et 6 mm. On parle de discontinuité 2/6. Cette discontinuité s'explique par la composition des BBTM et BBDr dans laquelle la fraction granulat 2/6 est absente.

En pratique, on considère que la discontinuité 2/6 est bien marquée lorsque la différence entre le passant à 6,3 mm et le passant à 2 mm n'excède pas 10 %.

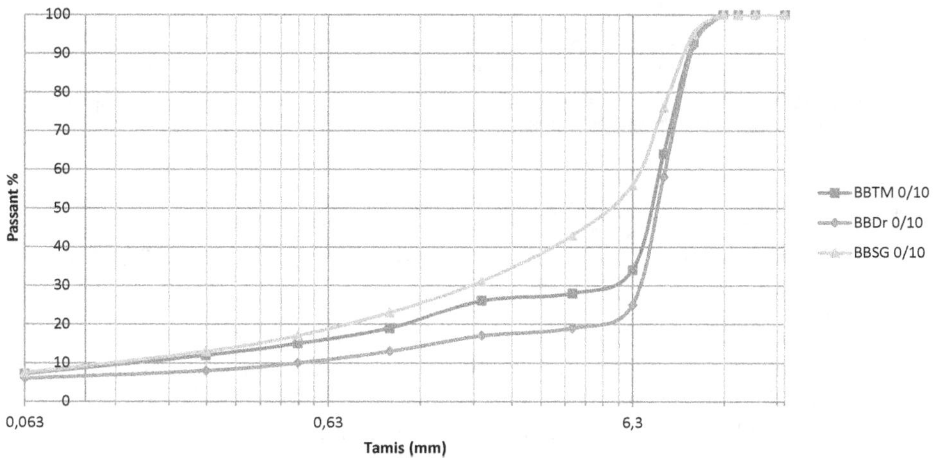

Figure 29. Comparaison des courbes granulométriques d'un BBSG 0/10, d'un BBTM 0/10 et d'un BBDr 0/10

On peut noter également que la composition du BBDr se caractérise par une fraction sableuse qui est moins importante que celle d'un BBTM. Cela se traduit par une courbe granulométrique qui présente des pourcentages de passants plus faibles entre 0 et 6,3 mm.

En ce qui concerne les bétons bitumineux minces, on distingue trois types, les BBM A, les BBM B et les BBM C, qui se différencient par leur courbe granulométrique :

– les BBM A se caractérisent par une courbe discontinue entre 2 et 6 mm du fait de l'absence dans leur composition de la fraction gravillon 2/6. Les BBM A sont déclinés en deux granulométries, 0/10 et 0/14 ;

– les BBM B se caractérisent par une courbe discontinue entre 4 et 6 mm du fait de l'absence dans leur composition de la fraction gravillon 4/6. Les BBM B sont déclinés en deux granulométries, 0/10 et 0/14 ;

– les BBM C ont une courbe granulométrique continue. Les BBM C sont déclinés uniquement dans la granulométrie 0/10.

3.1.1.2. Le pourcentage de vides déterminé par l'essai à la presse à cisaillement giratoire (PCG)

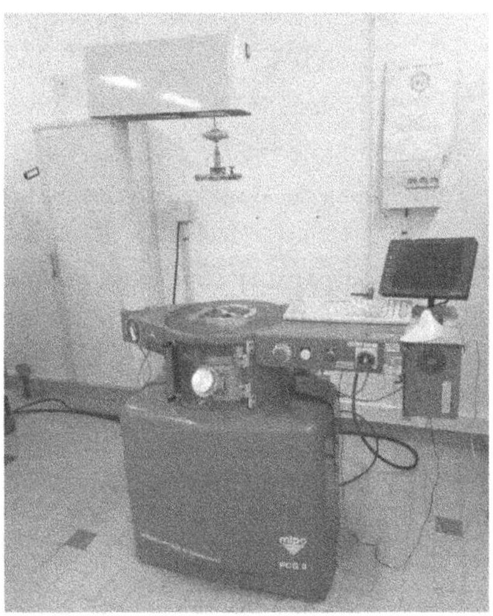

Figure 30. Matériel MLPC – Presse à cisaillement giratoire 3 – crédit photo : CEREMA – Direction territoriale Sud-Ouest – Délégation aménagement laboratoire expertise transport Toulouse – Michel Liffraud

Définition du pourcentage de vides

Le pourcentage de vides, noté V %, se définit à partir de la compacité, notée C %, de l'enrobé.

$$V\,\% = 100 - C\,\%$$

Un enrobé compacté à 100 % est dépourvu de vides, tous les vides intergranulaires sont comblés par le bitume. Le volume de l'enrobé correspond alors au volume occupé par les granulats et par le bitume. On définit ainsi la masse volumique réelle de l'enrobé, notée MVR. En France, elle est notée MVRe, pour masse volumique réelle de l'enrobé.

$$MVRe = \frac{\text{Poids enrobé}}{\text{Volume (granulats} + \text{bitume)}}$$

La MVR est déterminée selon la norme NF EN 12697-5. Elle peut être soit calculée directement à partir des masses volumiques et des proportions des différents constituants de la formule (mode opératoire C de la norme), soit mesurée.

Or, dans la réalité, en laboratoire comme sur chantier, la compacité de l'enrobé n'atteint jamais 100 %. Il subsiste des vides intergranulaires, non comblés par le bitume, et, dans ce cas, le volume de l'enrobé correspond au volume occupé par les granulats, par le bitume, ainsi qu'au volume des vides. On définit ainsi la masse volumique apparente de l'enrobé, notée MVA.

$$MVA = \frac{\text{Poids enrobé}}{\text{Volume (granulats} + \text{bitume} + \text{vides)}}$$

La MVA est déterminée par la norme NF EN 12697-6 selon quatre méthodes sur des éprouvettes d'enrobés cylindriques. En France, pour les besoins de l'étude, les laboratoires routiers utilisent la méthode C par pesée hydrostatique sur éprouvettes paraffinées, ainsi que la méthode D par mesure des dimensions des éprouvettes.

La compacité et le pourcentage de vides de l'enrobé se calculent par les relations suivantes :

$$C\% = \frac{MVA}{MVRe} \times 100 \qquad V\% = 100 - C\%$$

L'essai PCG (NF EN 12697-31) est un essai qui permet de vérifier l'aptitude au compactage ou la maniabilité d'un enrobé. Il consiste à placer une masse donnée d'enrobé dans un moule cylindrique dont les extrémités sont constituées par des disques métalliques dont les dimensions sont telles qu'ils peuvent coulisser dans le cylindre. Le cylindre effectue un mouvement de rotation selon un axe formant un angle avec la verticale, tandis que le plan formé par les deux disques reste perpendiculaire à l'axe vertical. Une force axiale F est appliquée.

Le compactage de l'enrobé est réalisé par l'action simultanée de la force axiale et du mouvement de rotation du cylindre, qui génère un effort de cisaillement (pétrissage de l'enrobé).

La température d'essai est fixée en fonction du grade du bitume (NF EN 12697-35). Pour un bitume routier de grade 35/50, elle est de l'ordre de 165 °C.

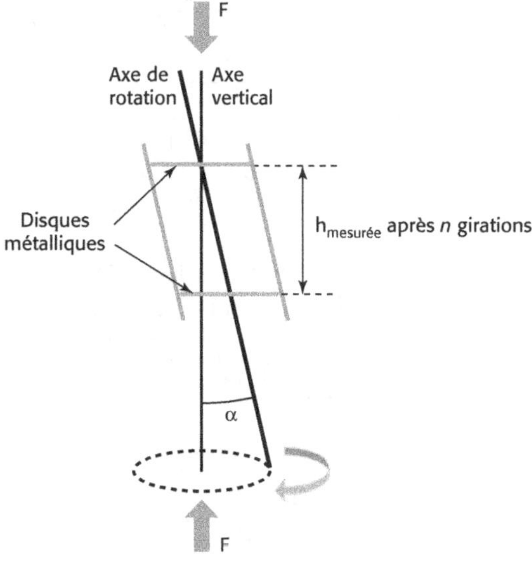

Figure 31. Schéma de principe de l'essai PCG

La hauteur comprise entre les 2 disques diminue avec le nombre de girations, et celle-ci est corrélée au pourcentage de vides dans l'enrobé, qui diminue.

Cet essai, relativement rapide à réaliser, est utilisé lors de la mise au point des formules d'enrobés. En effet, les paramètres tels que la granularité de l'enrobé, la teneur en liant ou encore le mode d'élaboration des granulats (roulés, semi-concassés, concassés) et leur angularité sont de nature à influencer le résultat de l'essai PCG.

Par exemple, une formule trop « sableuse » peut conduire à des pourcentages de vides inférieurs aux spécifications ($V \% < V_{min}$). Il conviendra d'ajuster la formule en diminuant le pourcentage en sable 0/2. Il peut en être de même pour une formule trop riche en liant.

L'essai PCG n'a pas vocation à être représentatif du comportement au compactage de l'enrobé sur le chantier, car sur ce dernier d'autres paramètres peuvent influencer le comportement au compactage de l'enrobé. Il permet néanmoins, dès le niveau de l'étude, de mettre en évidence des différences de comportement au compactage des enrobés qui pourraient se manifester sur le chantier.

Par exemple, une grave-bitume 0/14 qui, lors de l'étude, se situe en limite haute des spécifications avec un pourcentage de vides V % proche de 10 % exigera probablement sur le chantier une énergie de compactage (poids de compacteur, nombre de passes) supérieure à une grave-bitume 0/14 dont le V % se situe autour de 8 % à l'essai PCG.

Spécifications pour les enrobés les plus couramment utilisés issues des tableaux de l'avant-propos national des normes de la série NF EN 13108 :

Enrobé (appellation française)	Spécifications pourcentages de vides PCG
BBTM 0/6 classe 1	$12 \leq V \% \leq 19$ à 25 girations
BBTM 0/6 classe 2	$20 \leq V \% \leq 25$ à 25 girations
BBTM 0/10 classe 1	$10 \leq V \% \leq 17$ à 25 girations
BBTM 0/10 classe 2	$18 \leq V \% \leq 25$ à 25 girations
BBDr 0/6 classe 1 et BBDr 0/10 classe 1	$20 \leq V \% \leq 26$ à 40 girations et $V \% \geq 14 \%$ à 200 girations
BBDr 0/6 classe 2 et BBDr 0/10 classe 2	$26 \leq V \% \leq 30$ à 40 girations et $V \% \geq 20 \%$ à 200 girations
BBM A 0/10 et BBM A 0/14	$6 \leq V \% \leq 11$ à 40 girations
BBSG 0/10 et BBME 0/10	$5 \leq V \% \leq 10$ à 60 girations
BBSG 0/14 et BBME 0/14	$4 \leq V \% \leq 9$ à 80 girations
GB3 0/14 et GB4 0/14	$V \% \leq 10$ à 100 girations
GB3 0/20 et GB4 0/20	$V \% \leq 10$ à 120 girations
EME2 0/10	$V \% \leq 6$ à 80 girations
EME2 0/14	$V \% \leq 6$ à 100 girations

À noter les % vides élevés spécifiés pour les BBTM et les BBDr, qui sont des bétons bitumineux étudiés pour réaliser des couches de roulement dotées d'une forte macrotexture.

	Nombre de girations à la valeur spécifiée	Épaisseur nominale
BBTM	25 girations	2,5 cm
BBM	40 girations	4 cm
BBSG 0/10 – BBME 0/10	60 girations	6 cm
BBSG 0/14 – BBME 0/14 – EME 0/10	80 girations	8 cm
GB 0/14 – EME 0/14	100 girations	10 cm
GB 0/20 – EME 0/20	120 girations	12 cm

À noter également que le nombre de girations à la valeur spécifiée correspond avec l'épaisseur théorique d'application de l'enrobé.

3.1.1.3. La sensibilité à l'eau

L'eau, en s'immisçant au cours du temps dans la porosité de l'enrobé et en s'interposant progressivement entre le liant hydrocarboné et le granulat (désenrobage), contribue à altérer la cohésion de l'enrobé et par conséquent à diminuer sa résistance mécanique. L'essai de sensibilité à l'eau a pour objectif d'évaluer, au niveau de l'étude, l'effet de l'immersion dans l'eau sur la résistance mécanique de l'enrobé. Cet essai porte également le nom d'essai Duriez (dénomination de l'ancienne norme d'essai française), en référence à Marius Duriez, ingénieur des Ponts et Chaussées, auteur du *Nouveau Traité de matériaux de construction*, édité en 1962, et dans lequel il écrivait que « l'eau est l'ennemie des chaussées ». L'essai peut également être parfois nommé « essai de tenue à l'eau ».

Le principe de l'essai est décrit par la norme NF EN 12697-12, méthode B (méthode appliquée par les laboratoires routiers français). Il consiste à confectionner des éprouvettes cylindriques d'enrobés puis à les diviser en deux lots de même masse volumique apparente moyenne. Le premier lot d'éprouvette est conservé à l'air à 18 °C et à 50 % d'humidité pendant 7 jours tandis que le deuxième lot d'éprouvette est conservé en immersion dans l'eau à 18 °C pendant 7 jours. Après 7 jours de conservation, la résistance mécanique des éprouvettes est mesurée par un essai de compression simple. On note Cd la résistance à la compression des éprouvettes conservées dans l'air et Cw la résistance à la compression des éprouvettes conservées dans l'eau.

La sensibilité à l'eau de l'enrobé est donnée par le rapport immersion-compression, noté *i*/C :

$$i/C = \frac{Cw}{Cd} \times 100$$

Cw étant toujours inférieur à Cd, l'essai permet de mesurer la diminution de résistance mécanique de l'enrobé lorsque celui-ci est placé au contact de l'eau. Les spécifications de la norme visent à limiter cette diminution entre 70 et 80 % selon les types d'enrobés :

Tableau 10. Extrait normes NF EN 13108-1, 13108-2 et 13108-7

Enrobé (appellation française)	Spécifications sensibilité à l'eau
BBTM 0/6 et BBTM 0/10	*i*/C ≥ 75 %
BBDr 0/6 et BBDr 0/10	*i*/C ≥ 80 %
BBM 0/10 et BBM 0/14	*i*/C ≥ 70 %
BBSG 0/10 et BBSG 0/14	*i*/C ≥ 70 %
BBME 0/10 et BBME 0/14	*i*/C ≥ 80 %
GB 0/14 et GB 0/20	*i*/C ≥ 70 %
EME 0/10, EME 0/14 et EME 0/20	*i*/C ≥ 70 %

À noter que plus l'enrobé est susceptible d'être exposé à l'eau et plus la valeur spécifiée de tenue à l'eau est importante. C'est particulièrement vrai pour les BBTM et les BBDr, qui présentent des macrotextures élevées et donc une porosité à l'eau importante.

À noter également qu'il existe une seconde méthode (méthode A de la norme NF 12697-12) pour laquelle la résistance mécanique est mesurée par un essai de traction indirecte (dit de compression diamétrale). Dans ce cas, la sensibilité à l'eau est notée ITSR.

Essai de compression simple (i/C) Essai de compression diamétrale (ITSR)

L'essai de sensibilité à l'eau permet également d'apprécier de manière indirecte l'affinité liant bitumineux-granulat (propriétés d'adhésivité). Plus l'affinité du liant avec le granulat sera satisfaisante et plus la valeur i/C de l'enrobé sera élevée.

3.1.1.4. La résistance aux déformations permanente - Essai d'orniérage

L'orniérage est la déformation permanente qui se produit à la surface de la chaussée, dans les bandes de roulement, sous l'effet conjugué du trafic et en particulier du trafic poids lourd et des conditions climatiques (températures élevées).

En effet, durant l'été, sous l'effet de l'ensoleillement, les températures dans les couches de surface de chaussées peuvent atteindre 50 à 70 °C. Sous l'action de ces températures élevées, les bitumes tendent à se ramollir, ce qui entraîne la chute de la résistance mécanique de l'enrobé et l'apparition d'ornières ou déformations longitudinales dans la trace des roues.

L'essai d'orniérage permet de mesurer la résistance à la déformation permanente d'un enrobé soumis à une charge roulante cyclique à une température donnée. En France, l'essai est réalisé selon la norme NF EN 12697-22+A1, en utilisant le dispositif de grandes dimensions.

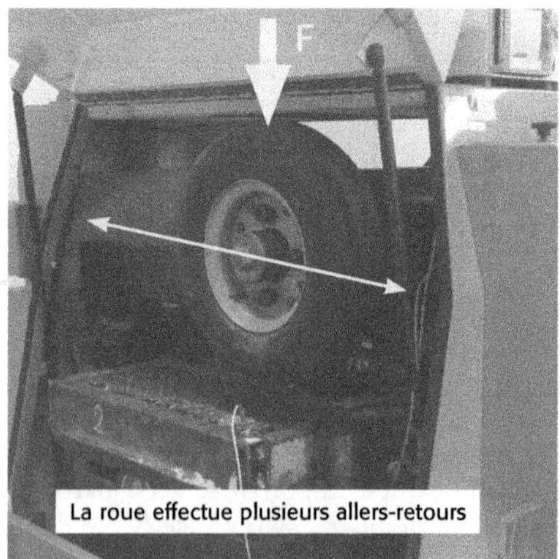

Figure 32. Matériel MLPC – Orniéreur – crédit photo : CEREMA – Direction territoriale Sud-Ouest – Délégation aménagement laboratoire expertise transport Toulouse – Michel Liffraud

L'essai est réalisé sur deux plaques d'enrobé confectionnées au compacteur de plaque selon la norme NF EN 12697-33+A1 et d'épaisseur 50 mm ou 100 mm. La masse d'enrobé à introduire dans le moule avant compactage est calculée en fonction de la MVR de l'enrobé et de manière à obtenir après compactage un pourcentage de vides qui se situe dans l'intervalle de pourcentage de vides spécifié pour réaliser l'essai d'orniérage.

En effet, le résultat de l'essai d'orniérage est fortement dépendant du pourcentage de vides de l'enrobé, c'est-à-dire de sa compacité.

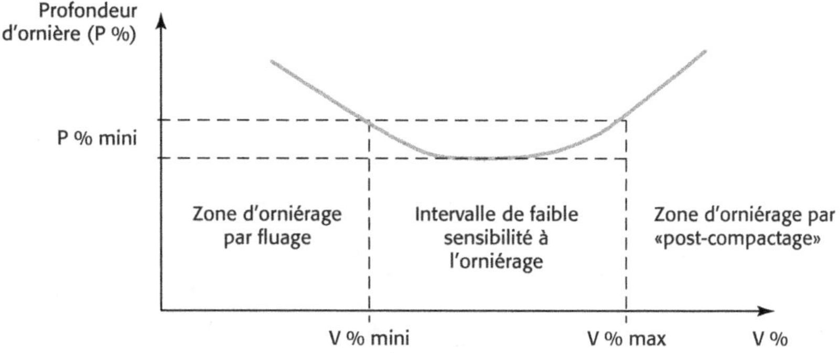

Figure 33. Représentation schématique de la sensibilité à l'orniérage d'un enrobé en fonction du pourcentage de vides

L'épaisseur de la plaque est de 50 mm pour les enrobés dont l'épaisseur nominale d'utilisation est de moins de 5 cm (BBTM, BBDr, BBM).

L'épaisseur de la plaque est de 100 mm pour les enrobés dont l'épaisseur nominale d'utilisation est supérieure à 5 cm (BBSG, BBME, GB, EME).

Les conditions d'application de la charge roulante sont normalisées (dimensions du pneumatique, pression, charge appliquée, course du pneumatique, fréquence des allers-retours), ainsi que la température d'essai, qui est fixée à 60 °C.

Après N cycles, pour chacune des deux plaques, la profondeur d'ornière est mesurée en 15 points de la plaque. Le pourcentage d'ornière P % à N cycles est obtenu en effectuant le quotient de la moyenne des 15 valeurs de profondeur d'ornière par l'épaisseur de la plaque d'enrobé.

La valeur du pourcentage d'ornière retenue pour l'essai correspond ensuite à la moyenne des pourcentages d'ornière déterminés pour chaque plaque.

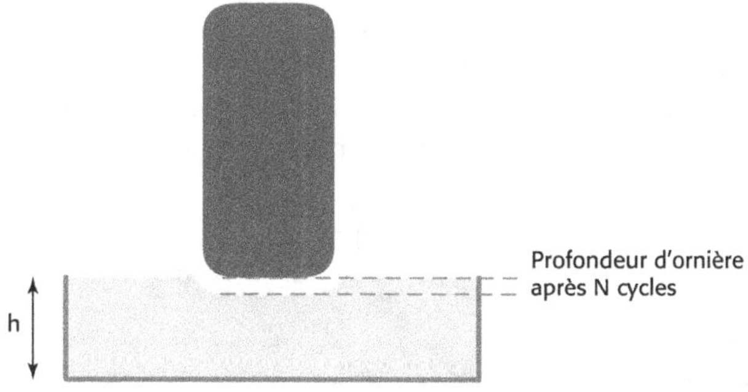

Figure 34. Schéma de principe de l'essai d'orniérage

Tableau 11. Spécifications de l'essai d'orniérage pour les enrobés les plus couramment utilisés :
extrait normes NF EN 13108-1 et 13108-2

Enrobé (appellation française)	Spécifications essai d'orniérage
BBTM 0/6[1]	P % ≤ 20 % à 3 000 cycles et 16 % ≤ V % ≤ 22 %
BBTM 0/10[1]	P % ≤ 15 % à 3 000 cycles et 9 % ≤ V % ≤ 16 %
BBM A 0/10, BBM A 0/14 classe 1	P % ≤ 15 % à 3 000 cycles et 7 % ≤ V % ≤ 10 %
BBM A 0/10, BBM A 0/14 classe 2	P % ≤ 15 % à 10 000 cycles et 7 % ≤ V % ≤ 10 %
BBM A 0/10, BBM A 0/14 classe 3	P % ≤ 10 % à 30 000 cycles et 7 % ≤ V % ≤ 10 %
BBSG 0/10, BBSG 0/14, BBME 0/10, BBME 0/14 classe 1	P % ≤ 10 % à 30 000 cycles et 5 % ≤ V % ≤ 8 %
BBSG 0/10, BBSG 0/14, BBME 0/10, BBME 0/14 classe 2	P % ≤ 7,5 % à 30 000 cycles et 5 % ≤ V % ≤ 8 %
BBSG 0/10, BBSG 0/14, BBME 0/10, BBME 0/14 classe 3	P % ≤ 5 % à 30 000 cycles et 5 % ≤ V % ≤ 8 %
GB 0/14, GB 0/20 classe 2	P % ≤ 10 % à 10 000 cycles et 8 % ≤ V % ≤ 11 %
GB 0/14, GB 0/20 classe 3	P % ≤ 10 % à 10 000 cycles et 7 % ≤ V % ≤ 10 %
GB 0/14, GB 0/20 classe 4	P % ≤ 10 % à 30 000 cycles et 5 % ≤ V % ≤ 8 %
EME 0/10, EME 0/14, EME 0/20 classe 1	P % ≤ 7,5 % à 30 000 cycles et 7 % ≤ V % ≤ 10 %
EME 0/10, EME 0/14, EME 0/20 classe 2	P % ≤ 7,5 % à 30 000 cycles et 3 % ≤ V % ≤ 6 %

Pour les enrobés utilisés en couche de roulement (BBM, BBSG et BBME), l'essai d'orniérage permet en premier lieu de les différencier et de définir les trois classes de performances. À noter également que pour le BBSG et le BBME, les mêmes classes d'orniérage sont exigées.

Les autres caractéristiques générales mentionnées dans la norme, telles que l'enrobage-homogénéité, la résistance à l'abrasion aux pneumatiques à crampons, le comportement au feu, la résistance aux carburants pour application sur aérodromes[2], la résistance aux produits de déverglaçage pour application sur aérodromes, la durabilité, ne sont pas des caractéristiques retenues en France.

La norme européenne NF EN 13108-1 distingue ensuite deux approches pour la spécification des enrobés :

– l'approche « empirique », qui combine les caractéristiques générales détaillées précédemment et des caractéristiques complémentaires portant sur la composition et les constituants ;

– l'approche « fondamentale », qui combine ces mêmes caractéristiques générales et des propriétés physiques fondamentales du matériau enrobé.

À titre d'exemple, la dureté, la masse volumique, la viscosité, la contrainte maximale à la rupture, le module d'élasticité, la résistance à la compression, le coefficient de dilatation sont des propriétés physiques du matériau. A contrario, la résistance à l'orniérage ou la sensibilité à l'eau ne sont pas des propriétés physiques mais sont des caractéristiques corrélées aux propriétés physiques de l'enrobé.

À noter qu'on ne retrouve pas ces notions d'approches « empiriques » et « fondamentales » dans les normes NF EN 13108-2 (BBTM) et NF EN 13108-7 (BBDr).

---

1 Pour les BBTM qui sont utilisés en faible épaisseur (2,5 cm), et qui n'ont par conséquent qu'une très faible sensibilité à l'orniérage, on nomme l'essai « essai de stabilité mécanique ».

2 Le béton bitumineux pour chaussées aéronautiques (BBA) utilisé en France ne pas fait l'objet de ces spécifications.

3.1.2. Les caractéristiques empiriques

3.1.2.1. La granularité et la teneur en liant

Parmi les caractéristiques empiriques, seules celles concernant la granularité et la teneur en liant sont utilisées en France.

Les tableaux de l'avant-propos de la norme relatifs à l'approche empirique indiquent pour chaque type d'enrobé les valeurs spécifiées pour ces deux caractéristiques.

Lorsque des agrégats d'enrobés entrent dans la composition de l'enrobé, la teneur en liant minimale spécifiée englobe le liant apporté par les agrégats.

Ces spécifications ne concernent que les BBTM, BBDr, BBSG, BBM, ainsi que les graves-bitume de classe 2 et 3 (GB2 et GB3).

Tableau 12. Une étendue de 2 % au tamis de 0,063 mm signifie plus ou moins 1 % par rapport à la valeur théorique du passant à 0,063 mm de l'enrobé

Enrobé (appellation française)	Étendue (%) au tamis				Teneur en liant (%)
	0,063 mm	2 mm	6 mm	D	
BBSG 0/10	-	20	-	-	≥ 5,2
BBSG 0/14	-	20	-	-	≥ 5
BBM 0/10, BBM 0/14	2	10	10	10	≥ 5
BBDr 0/6, BBDr 0/10	5	7	-	-	≥ 4
GB2 0/14, GB2 0/20	-	-	-	-	≥ 3,8
GB3 0/14, GB3 0/20	-	-	-	-	≥ 4,2

3.1.3. Les caractéristiques fondamentales

3.1.3.1. Le module de rigidité

La rigidité d'un matériau, ou sa raideur (terme également employé), se définit par la résistance qu'il oppose à sa déformation lorsqu'il est soumis à une contrainte.

On peut mesurer la rigidité d'un matériau par un essai de traction au cours duquel on exerce une force pour allonger le matériau.

Lorsque le matériau a un comportement élastique linéaire (comportement observé pour des niveaux faibles de déformations), la contrainte appliquée est proportionnelle à l'allongement. Le coefficient de proportionnalité, noté E, est le module de rigidité du matériau (appelé également module élastique ou encore module de Young).

Lorsque le matériau a un comportement élastique, le module E est indépendant de la durée d'application de la charge.

On a la relation suivante (loi de Hooke) :

$$\sigma = E \cdot \varepsilon$$

σ : contrainte en MPa (mégapascal)

ε : déformation relative (nombre sans dimension)

On définit par convention l'unité µdef (microdéformation), qui correspond à une déformation relative égale à 10^{-6}.

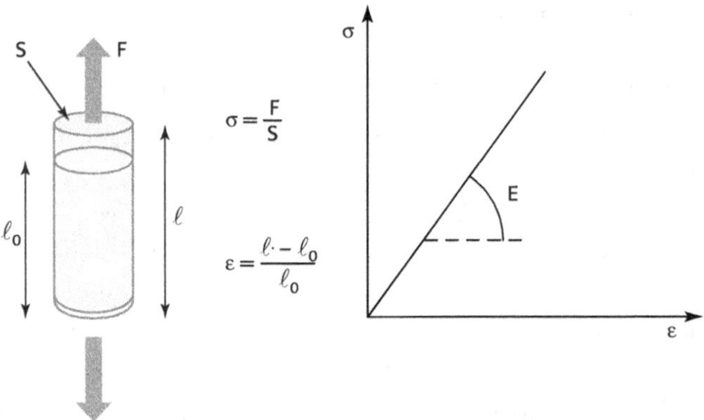

Figure 35. Schéma de principe de l'essai de module

Dans le cas des enrobés bitumineux, pour lesquels le comportement mécanique est influencé en grande partie par le comportement viscoélastique du bitume, il est admis que pour des faibles niveaux de déformations et pour des temps d'application de charge très courts l'enrobé présente un comportement viscoélastique linéaire.

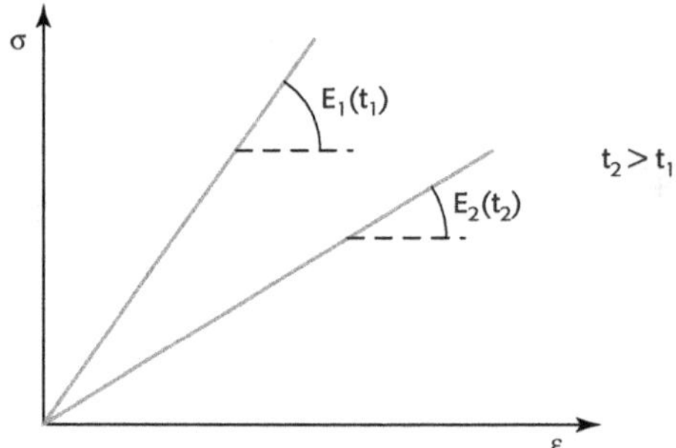

Figure 36. Illustration de l'influence du temps de chargement sur le module

Dans ce cas, la réponse du matériau visco-élastique à une sollicitation dépend de la vitesse avec laquelle on le sollicite. Ainsi, pour un niveau de déformation donné, le module du matériau augmente lorsque le temps d'application de la charge diminue.

Par ailleurs, les caractéristiques mécaniques de l'enrobé sont fonction de la température. Plus les températures sont élevées, plus le liant qui le compose se ramollit et plus la rigidité de l'enrobé, c'est-à-dire son module, diminue. Inversement, plus les températures sont basses plus le liant durcit et plus le module de l'enrobé augmente.

Donc, pour un enrobé bitumineux, on a la relation suivante :

$$\sigma(t,\theta) = E(t,\theta) \cdot \varepsilon(t,\theta)$$

Avec :

t : temps (seconde)

θ : température (°C)

En pratique, en France, le module de rigidité est généralement mesuré selon deux méthodes décrites par les annexes A et E de la norme NF EN 12697-26.

La méthode la plus employée par les laboratoires routiers est celle de la mesure du module par l'essai de traction directe sur éprouvette cylindrique pour des températures et des temps de charges donnés (annexe E). Essai parfois appelé également « essai MAER », du nom du matériel LCPC (IFSTTAR).

Figure 37. Matériel MLPC – Machine asservie d'essai rhéologique (MAER) – crédit photo : CEREMA – Direction territoriale Sud-Ouest – Délégation aménagement laboratoire expertise transport Toulouse – Michel Liffraud

Le principe de l'essai consiste à réaliser sur une éprouvette d'enrobé cylindrique un essai de traction simple (uniaxial), à déformation imposée et pour un temps de charge et une température fixés, à mesurer la contrainte associée et à calculer le module.

Les éprouvettes sont obtenues par carottage suivant l'axe longitudinal de compactage dans des plaques d'enrobés confectionnées en laboratoire ou découpées sur la chaussée.

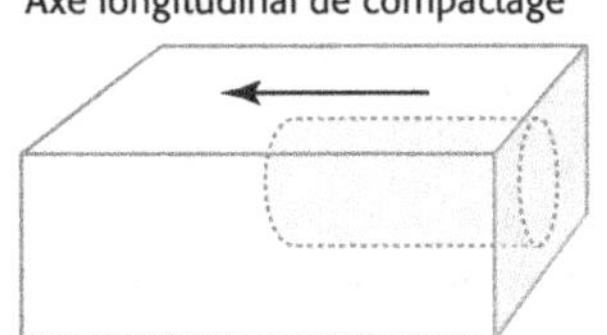

Figure 38. Éprouvettes confectionnées par carottage dans les plaques d'enrobés

La masse volumique apparente des éprouvettes est déterminée avant de les soumettre à l'essai.

La loi de déformation imposée est linéaire :

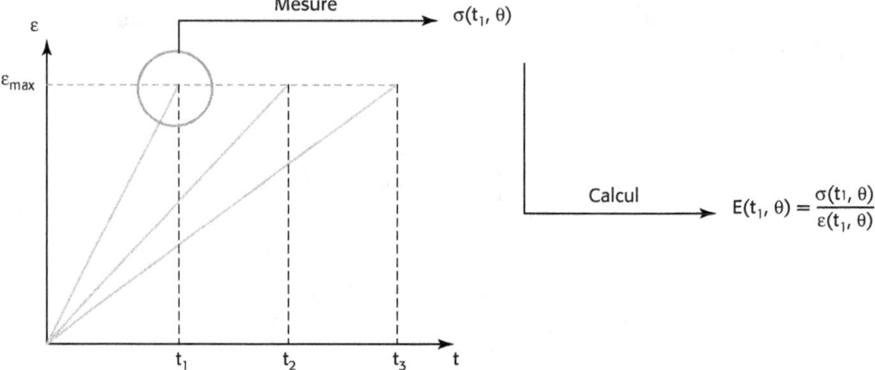

Figure 39. Principe du calcul des modules élémentaires pour différents temps de chargement et températures

Les valeurs des modules ainsi calculées pour différentes températures et pour différents temps de charge sont reportées dans un graphique nommé « courbes isothermes des modules ». Ce graphique donne pour chaque température d'essai l'évolution du module en fonction du temps de charge.

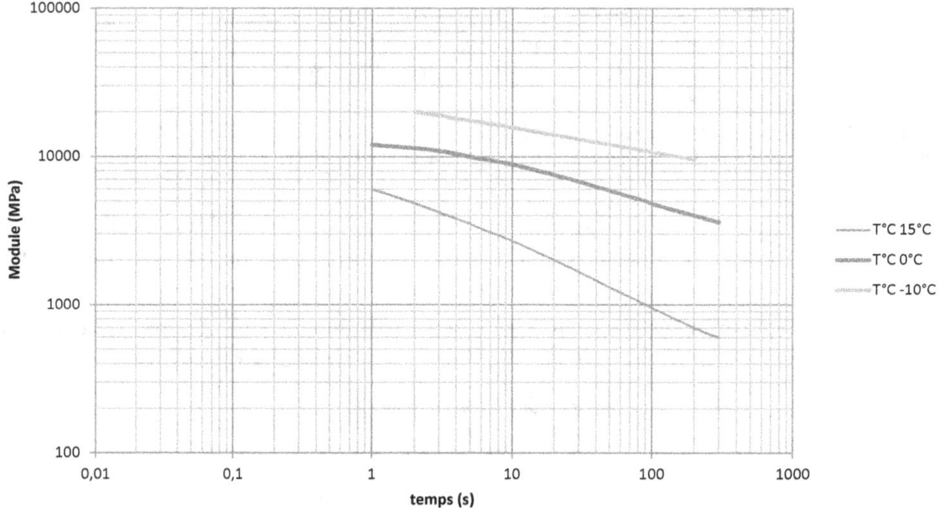

Figure 40. Courbes isothermes du module

À partir des courbes isothermes, on construit la courbe maîtresse à la température de référence choisie. Cette construction est effectuée en se basant sur la propriété appelée « principe d'équivalence temps-température ». Selon ce principe, une même valeur de module est obtenue pour des couples temps-températures différents. La courbe maîtresse à la température choisie comme référence est obtenue par translation des courbes isothermes selon l'axe des temps.

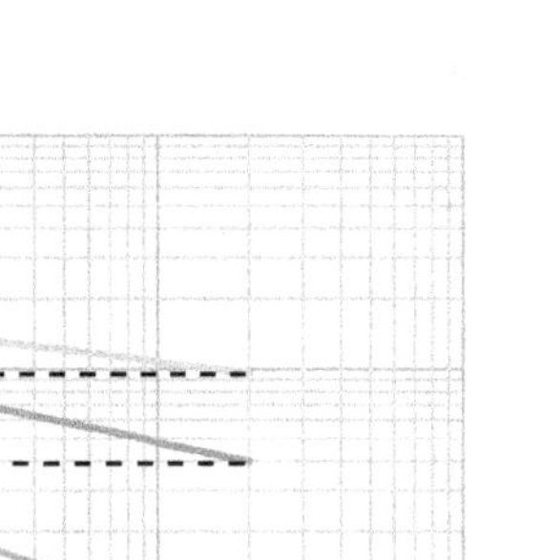

Figure 41. Construction de la courbe maîtresse à 15 °C par translation

L'application du principe d'équivalence temps-température permet d'accéder à des valeurs de module pour une plage de temps de charge plus importante et en particulier pour des temps de charge très faibles (non mesurables par l'expérience).

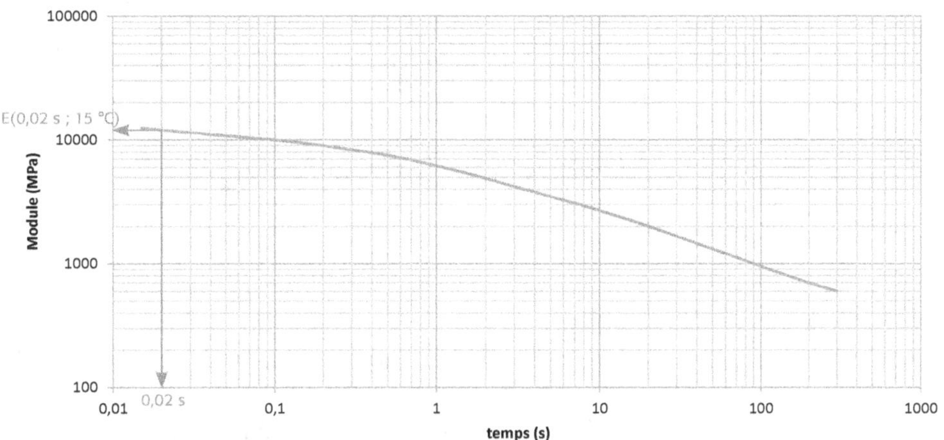

Figure 42. Détermination du module à 0,02 s et 15 °C à partir de la courbe maîtresse

La norme de spécifications NF EN 13108-1 retient la valeur du module à 0,02 seconde et 15 °C comme valeur de référence pour les enrobés bitumineux.

La deuxième méthode utilisée en France (annexe A de la norme) consiste à déterminer le module complexe (ou module dynamique) de l'enrobé au moyen d'un essai de flexion deux points sur une éprouvette d'enrobé trapézoïdale en appliquant en tête de celle-ci soit une force sinusoïdale soit une déformation (flèche) sinusoïdale d'amplitude et de fréquence données.

Les éprouvettes sont obtenues par sciage suivant l'axe longitudinal de compactage dans des plaques d'enrobés confectionnées en laboratoire ou découpées sur la chaussée.

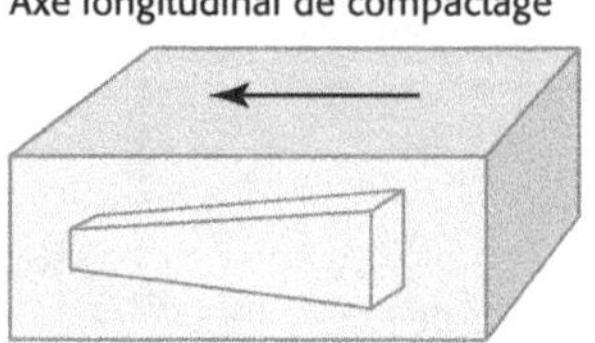

Figure 43. Éprouvettes confectionnées par sciage dans les plaques d'enrobés

La masse volumique apparente des éprouvettes est déterminée avant de les soumettre à l'essai.

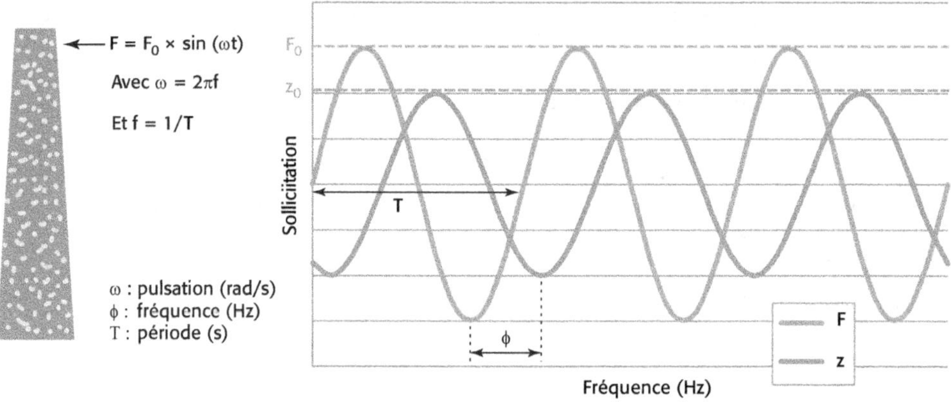

Figure 44. Principe de l'essai de module complexe

La déformation z en tête de l'éprouvette est également de forme sinusoïdale :

$$z = z_0 \times \sin (\omega t - \phi)$$

dans laquelle ϕ représente le déphasage.

La mesure de F_0, z_0 et ϕ pour différentes valeurs de fréquences et de températures permet de calculer la norme du module complexe E (appelé module dynamique).

Puis, de la même manière que pour l'essai de traction décrit précédemment, on représente les courbes isothermes d'évolution du module avec la fréquence, on construit la courbe maîtresse à la température de référence choisie et on en déduit la valeur du module à la fréquence requise.

À noter que cet essai n'est réalisé en France que par quelques laboratoires très spécialisés.

La norme de spécifications NF EN 13108-1 retient la valeur du module dynamique à 10 Hz et 15 °C comme valeur de référence pour les enrobés bitumineux.

Les études réalisées montrent que le module de rigidité à 15 °C, 10 Hz, mesuré par l'essai de flexion deux points, est équivalent au module de rigidité à 15 °C, 0,02 s, mesuré par l'essai de traction directe. Par conséquent, une seule valeur de module est spécifiée par la norme NF EN 13108-1, quelle que soit la méthode d'essai utilisée.

Enrobé (appellation française)	Spécifications module de rigidité (15 °C, 0,02 s ou 10 Hz)
BBSG 0/10, BBSG 0/14 classe 1	≥ 5 500 MPa et 5 % ≤ V % ≤ 8 %
BBSG 0/10, BBSG 0/14 classe 2 et classe 3	≥ 7 000 MPa et 5 % ≤ V % ≤ 8 %
BBME 0/10, BBME 0/14 classe 1	≥ 9 000 MPa et 5 % ≤ V % ≤ 8 %
BBME 0/10, BBME 0/14 classe 2 et classe 3	≥ 11 000 MPa et 5 % ≤ V % ≤ 8 %
GB 0/14, GB 0/20 classe 2 et classe 3	≥ 9 000 MPa et 7 % ≤ V % ≤ 10 %
GB 0/14, GB 0/20 classe 4	≥ 11 000 MPa et 5 % ≤ V % ≤ 8 %
EME 0/10, EME 0/14, EME 0/20 classe 1	≥ 14 000 MPa et 7 % ≤ V % ≤ 10 %
EME 0/10, EME 0/14, EME 0/20 classe 2	≥ 14 000 MPa et 3 % ≤ V % ≤ 6 %

À noter que les bétons bitumineux minces et très minces ne font pas l'objet de spécifications du module de rigidité.

Parmi les paramètres de composition des enrobés influençant le module de rigidité, on peut citer le grade du bitume utilisé. Ainsi, un béton bitumineux fabriqué avec un bitume de grade 35/50 présentera un module de rigidité plus faible qu'un béton bitumineux de même composition granulaire, mais pour lequel on a substitué le bitume 35/50 par un bitume plus dur 15/25. Ainsi, un BBME est souvent obtenu à partir d'un BBSG en remplaçant simplement le bitume 35/50 par un bitume de grade plus élevé (15/25 ou 10/20) à composition granulaire identique.

Le module de rigidité augmente avec la teneur en liant, mais, au-delà d'un certain seuil, celui-ci décroît. Il en est de même avec la teneur en fines, pour laquelle il semble qu'il y ait une teneur en fines optimale au-delà de laquelle le module décroît.

Enfin, le pourcentage de vides dans l'enrobé influence aussi le module de rigité. À composition identique (granulométrie, teneur en liant), le module de l'enrobé décroît lorsque son pourcentage de vides augmente (ou que sa compacité diminue).

3.1.3.2. La résistance à la fatigue

Les matériaux qui composent la structure de chaussée sont soumis à des charges répétées et de courtes durées liées au passage des essieux de véhicules. Ces sollicitations peuvent générer l'apparition de fissures à la base des couches de chaussées qui sont soumises à des efforts de traction, et, à terme, conduire à la rupture du matériau. C'est ce que l'on appelle la rupture par fatigue.

Pour la détermination des modules de rigidité, les essais sont réalisés dans le domaine des très faibles déformations et en veillant à ne pas provoquer l'endommagement des éprouvettes. Dans le cas de l'essai de résistance à la fatigue, l'éprouvette d'enrobé subit des sollicitations répétées jusqu'à provoquer sa rupture.

L'essai de résistance à la fatigue est réalisé selon la norme NF EN 12697-24. Plusieurs méthodes peuvent être utilisées, qui sont identiques à celles utilisées pour la détermination du module de rigidité. En France, la méthode utilisée est celle relative à l'annexe de la norme qui consiste à réaliser un essai de flexion deux points sur éprouvette trapézoïdale.

Les éprouvettes sont de formes et de géométries identiques à celles utilisées pour l'essai de module en flexion deux points.

L'essai consiste à appliquer à la tête de l'éprouvette une déformation (flèche) sinusoïdale à amplitude constante. L'essai est réalisé à une température de 10 °C et à une fréquence de 25 Hz.

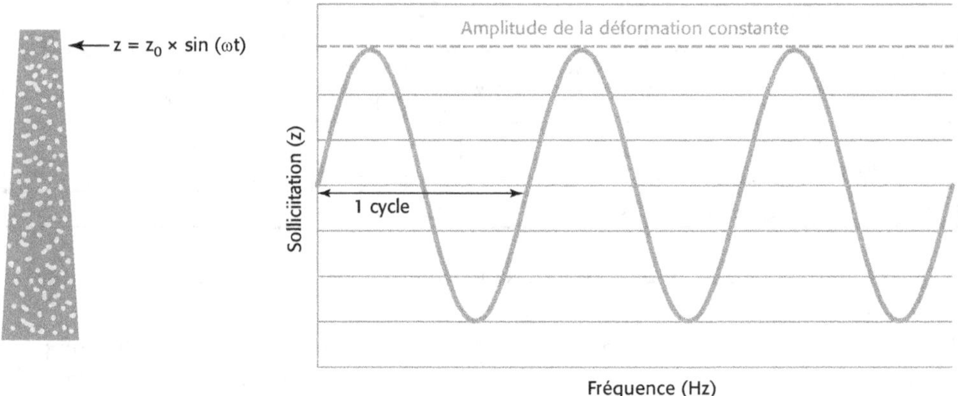

Figure 45. Principe de l'essai de fatigue

On mesure l'amplitude de la force résultante en tête de l'éprouvette. La déformation appliquée à l'éprouvette est choisie de telle sorte que l'amplitude de la force de réaction diminue au cours du temps (endommagement), c'est-à-dire en fonction du nombre de cycles de déformations imposées.

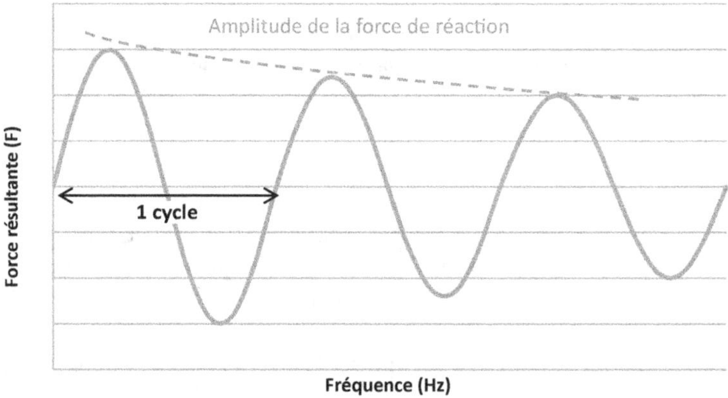

Figure 46. Illustration de la diminution de l'amplitude de la force de réaction en fonction du nombre de cycles

Par convention, la rupture de l'éprouvette est atteinte lorsque l'amplitude de la force mesurée a diminué de moitié par rapport à l'amplitude de la force initiale (critère de rupture).

On détermine ainsi, pour une amplitude de déformation donnée, le nombre de cycles au bout duquel le critère de rupture est atteint.

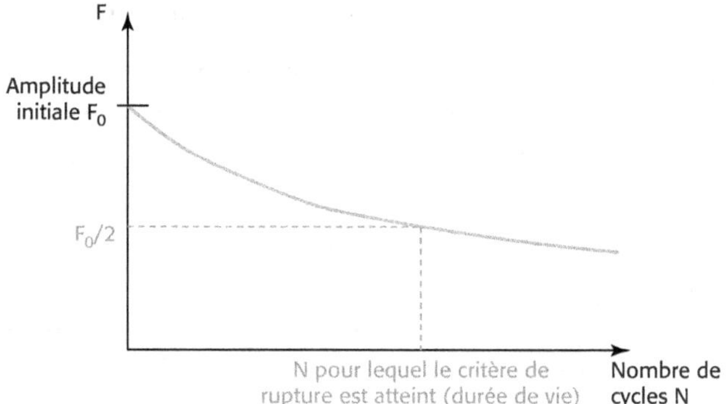

Figure 47. Schéma de rupture conventionnelle

L'essai est répété pour différentes valeurs d'amplitude de déformation et les valeurs mesurées sont reportées sur un graphique en coordonnées logarithmiques donnant le nombre de cycles en fonction de la déformation relative (la déformation relative ε est calculée à partir de l'amplitude z de la flèche).

À partir des points obtenus, une droite de régression linéaire est calculée. Cette droite, appelée droite de fatigue, a pour équation :

$$\log (N) = a + 1/b \log (\varepsilon)$$

À partir de cette droite, on détermine la valeur de la déformation relative ε_6 exprimée en µdef, qui correspond à un million de cycles, soit 10^6 cycles.

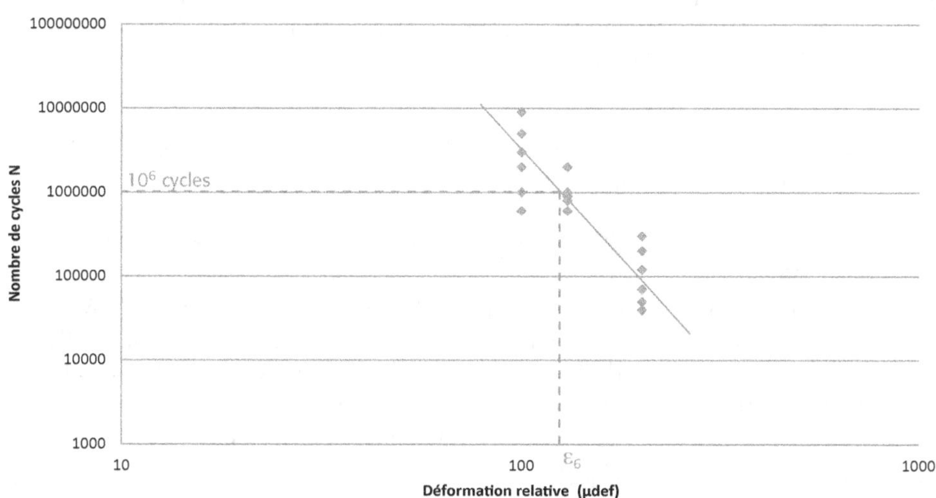

Figure 48. Schéma représentant la droite de fatigue permettant de déterminer ε_6

Cet essai permet également de déterminer la valeur de la pente de la droite de fatigue ($1/b$), qui est négative, ainsi que l'écart-type S_N obtenu sur les résultats des essais.

À noter que les valeurs obtenues par l'essai de résistance en fatigue, ε_6, $1/b$, S_N mais également celles du module de rigidité E, sont utilisées dans le modèle de calcul de dimensionnement des chaussées bitumineuses.

L'avant-propos de la norme NF EN 13108-1 spécifie les valeurs suivantes :

Enrobé (appellation française)	Spécifications essai de fatigue, ε_6 (10 °C, 25 Hz)
BBSG 0/10, BBSG 0/14 classe 1, classe 2, classe 3 BBME 0/10, BBME 0/14 classe 1, classe 2, classe 3	≥ 100 μdef et 5 % $\leq$ V % $\leq$ 8 %
GB 0/14, GB 0/20 classe 2	≥ 80 μdef et 7 % $\leq$ V % $\leq$ 10 %
GB 0/14, GB 0/20 classe 3	≥ 90 μdef et 7 % $\leq$ V % $\leq$ 10 %
GB 0/14, GB 0/20 classe 4	≥ 100 μdef et 5 % $\leq$ V % $\leq$ 8 %
EME 0/10, EME 0/14, EME 0/20 classe 1	≥ 100 μdef et 7 % $\leq$ V % $\leq$ 10 %
EME 0/10, EME 0/14, EME 0/20 classe 2	≥ 130 μdef et 3 % $\leq$ V % $\leq$ 6 %

De même que pour les autres caractéristiques, la résistance en fatigue de l'enrobé dépend des paramètres de composition. La résistance à la fatigue évolue généralement à l'inverse du module avec les paramètres de composition. Ainsi, contrairement au module, la résistance en fatigue d'un enrobé diminue lorsque le grade du bitume utilisé augmente. De même, au-delà d'un certain seuil de teneur en liant, la résistance en fatigue de l'enrobé s'améliore alors que son module diminue. Par conséquent, pour les enrobés utilisés en couches d'assise, pour lesquels les caractéristiques de module et de résistance en fatigue sont essentielles, le choix du grade du bitume ainsi que de la composition granulaire résultera souvent de la recherche d'un compromis permettant d'obtenir à fois un module élevé et une bonne résistance en fatigue.

Dans le cas des EME, ceux-ci se distinguent en premier lieu des GB par le grade plus élevé du bitume utilisé. Cependant, l'utilisation d'un bitume de grade dur conduit inévitablement à réduire la résistance en fatigue. Par conséquent, les formules d'EME ont été optimisées en agissant sur d'autres paramètres pour compenser la perte de résistance en fatigue, tels que l'augmentation de la teneur en liant (en général supérieure à 5 % pour des EME de classe 2) accompagnée d'une forte diminution du pourcentage de vides.

3.1.4. Les normes européennes concernant les épreuves de formulation et la maîtrise de production en centrale

Dans la série NF EN 13108 de normes de spécifications des enrobés, on distingue les deux normes suivantes[1] :

– La norme NF EN 13108-20 spécifie la manière dont est réalisée l'épreuve de formulation (en France, on parle d'étude de formulation) permettant la mise au point des mélanges bitumineux (en France, on parle de formules d'enrobé). La période de validité d'une étude de formulation est fixée à 5 ans, mais celle-ci doit obligatoirement être renouvelée en cas de changements concernant les constituants (granulats, filler d'apport, bitume).

L'annexe A de la norme précise quels sont les essais à réaliser au préalable pour caractériser les constituants et dont les résultats doivent figurer dans le rapport d'étude. En ce qui concerne la validation des caractéristiques des enrobés, la norme prévoit trois possibilités :

– la validation de toutes les caractéristiques en laboratoire,

– la validation de toutes les caractéristiques au niveau de la fabrication en centrale (production),

---

1 Contrairement aux autres, elles ne se rapportent pas à un produit.

– la validation de certaines caractéristiques en laboratoire ou par la production.

Le choix français rappelé dans l'avant-propos de la norme s'est porté sur la validation de toutes les caractéristiques sur des échantillons d'enrobés préparés en laboratoire.

L'annexe B concerne les mélanges bitumineux. Les tableaux de l'annexe B indiquent pour chaque norme produits et pour chacune des caractéristiques à déterminer la méthode d'essai à utiliser ainsi que le nombre d'essais à réaliser.

Tableau 13. Synthèse des caractéristiques et des essais retenus en France

Caractéristique	Méthode d'essai
Pourcentage de vides (% V)	Essai PCG NF EN 12697-31
Sensibilité à l'eau	Essai Duriez NF EN 12697-12
Résistance à la déformation permanente	Essai d'orniérage NF EN 12697-22 (orniéreur grand modèle)
Module de rigidité	NF EN 12697-26 – annexe A (flexion 2 points), annexe E (traction directe)
Résistance à la fatigue	NF EN 12697-24 – annexe A (flexion 2 points)

Le rapport d'étude de formulation doit mentionner l'origine et les caractéristiques de chaque constituant, la composition théorique de l'enrobé (pourcentage en masse des constituants entrant dans la formule), la courbe granulométrique théorique de l'enrobé, la masse volumique réelle de l'enrobé (MVRE), les températures minimales et maximales de l'enrobé pour les bitumes durs ou modifiés ou pour les procédés d'enrobages spécifiques (enrobés tièdes), ainsi que les résultats des essais caractéristiques réalisés (PCG, Duriez, orniérage, module, fatigue).

– La norme de spécifications NF EN 13108-21 traite de la maîtrise de la production des enrobés en centrale. Elle décrit l'organisation et les procédures de contrôle interne à mettre en place par le producteur afin de s'assurer que l'enrobé fabriqué est conforme aux caractéristiques déclarées. L'ensemble des procédures de contrôle sont mentionnées dans un plan qualité. Elles concernent les matières premières, c'est-à-dire les constituants tels que granulats, filler, bitumes, agrégats d'enrobés, additifs divers, tous les organes de dosage et de pesage de la centrale (doseurs volumétriques, doseurs pondéraux, débitmètres, tapis peseurs, etc.), ainsi que les produits finis, c'est-à-dire les enrobés bitumineux.

La norme spécifie les essais et contrôles à réaliser ainsi que leur fréquence. L'ensemble des résultats de contrôles et d'essais doivent être consignés au fil de l'eau (enregistrements). Le plan qualité doit également prévoir les procédures à suivre en cas de détection d'une non-conformité.

L'annexe A de la norme porte sur le niveau de conformité d'exploitation (NCE), qui est fonction du nombre de non-conformités détectées lors des essais de contrôle sur une période donnée. Le contrôle des enrobés en cours de production est réalisé par prélèvement d'un échantillon sur lequel on pratique un essai de désenrobage ou extraction (séparation du bitume et des granulats par dissolution dans un solvant) permettant de déterminer la teneur en liant (NF EN 12697-1) suivi de la réalisation de l'essai d'analyse granulométrique afin de reconstituer la courbe granulométrique de l'enrobé.

Pour contrôler les écarts avec la formule théorique de l'enrobé, la norme offre la possibilité d'utiliser deux méthodes : la méthode de l'échantillon individuel ou la méthode de la moyenne de quatre échantillons.

La France ayant opté pour la méthode de l'échantillon individuel, les tolérances en pourcentage absolu fixées par la norme pour chaque résultat d'essai sont les suivantes :

Tamis (% de passant)	Enrobé 0/D avec D < 16 mm	Enrobé 0/D avec D ≥ 16 mm
D	− 8 +5	− 9 +5
Tamis intermédiaire maille large : 6,3 mm pour enrobé 0/14 et 0/10 4 mm pour enrobé 0/6	± 7	± 9
2 mm	± 6	± 7
Tamis intermédiaire maille fine : 0,5 mm	± 4	± 5
0,063 mm	± 2	± 3
Teneur en liant (%)	± 0,5	± 0,6

Les écarts sont analysés sur les 32 derniers essais de contrôle quelle que soit la formule d'enrobé produite (écart de production). Le nombre de non-conformités constatées (nombre d'essais pour lesquels les écarts sont supérieurs aux tolérances) permet de déterminer le niveau de conformité d'exploitation de la centrale selon le tableau suivant :

Niveau de conformité d'exploitation	Nombre de résultats individuels non conformes sur les 32 dernières analyses	Fréquence minimale d'essais de contrôle (niveau Z) Tonnage produit/essai de contrôle
A	0 à 2	2 000
B	3 à 6	1 000
C	> 6	500

Au-delà de 8 résultats non conformes, la centrale d'enrobage doit faire l'objet d'une vérification complète.

Le niveau de conformité d'exploitation atteint pour une période de production donnée (en général une période hebdomadaire) conditionne le nombre d'essais de contrôle à réaliser durant la période de production suivante, le principe étant que plus le nombre de non-conformités est élevé sur une période de production, plus le nombre d'essais à réaliser sera important sur la période suivante. Parmi les trois niveaux de fréquence (X, Y, Z) spécifiés par la norme, le choix français s'est porté sur le niveau le plus bas (Z). Lorsque les tonnages réalisés sont plus faibles que les valeurs spécifiées, un minimum d'un essai doit être réalisé pour 5 jours de production.

Enfin, les écarts moyens par rapport à la valeur théorique sont calculés en permanence (moyenne glissante) sur les résultats des 32 derniers essais et comparés aux tolérances du tableau suivant :

Tamis (% de passant)	Enrobé 0/D avec D < 16 mm	Enrobé 0/D avec D ≥ 16 mm
D	± 4	± 5
Tamis intermédiaire maille large : 6,3 mm pour enrobé 0/14 et 0/10 4 mm pour enrobé 0/6	± 4	± 4
2 mm	± 3	± 3
Tamis intermédiaire maille fine : 0,5 mm	± 2	± 2
0,063 mm	± 1	± 2
Teneur en liant (%)	± 0,3	± 0,3

Si une ou plusieurs valeurs des écarts moyens dépassent les tolérances spécifiées, la production est considérée comme non conforme, le niveau de conformité d'exploitation doit être abaissé d'un niveau (par exemple, de A à B) et les actions correctives prévues au plan qualité doivent être entreprises par le producteur.

À noter que les tolérances indiquées dans le tableau ci-dessus sont celles qui sont généralement utilisées lors des contrôles réalisés sur les chantiers dans le cadre des marchés publics de travaux.

Concernant le marquage CE des enrobés qui est obligatoire depuis le 1er mars 2008 et dans le cadre du système d'attestation de conformité 2+ (majoritairement choisi par la profession), un audit initial de la centrale d'enrobage est réalisé par un organisme notifié à l'issue duquel il délivre le certificat permettant d'attester la conformité des produits enrobés fabriqués par le poste d'enrobage. Des audits de surveillance (tous les ans) et de renouvellement de certificat (tous les 3 ans) sont ensuite réalisés.

À la suite de la délivrance du certificat par l'organisme notifié, le producteur effectue sa déclaration de conformité et appose l'étiquette marquage CE sur chaque produit enrobé à chaud fabriqué, préalablement à leur commercialisation. Un enrobé à chaud non marqué CE ne peut pas être commercialisé.

LR

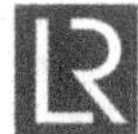

CERTIFICAT DE CONFORMITE
DE CONTROLE DE LA PRODUCTION EN USINE

Ce certificat est émis à :

Fabricant :

WIAME VRD
ZAC du Hainault – Sept-Sorts
77260 LA FERTE SOUS JARRE, France
Et la centrale Mobile Ermont RF 400M n°Série 68387

En conformité avec le Règlement 305/2011/UE du parlement et du conseil Européen du 9 Mars 2011(Règlement Produit de Construction ou RPC), ce certificat s'applique au produit de construction suivant :

Bitumes modifiés par des polymères

Ce certificat atteste que toutes les dispositions concernant l'évaluation et la vérification de la constance des performances, ainsi que les performances décrites dans l'annexe ZA du(des) standard(s)

NF EN 13108-1 : 2007 Mélanges bitumineux - Spécifications des matériaux - Partie 1 : enrobés bitumineux
NF EN 13108-2 : 2006 Mélanges bitumineux - Spécifications des matériaux - Partie 2 : béton bitumineux très minces
NF EN 13108-7 : 2006 Mélanges bitumineux - Spécification des matériaux - Partie 7 : bétons bitumineux drainants

Sous le système 2+ sont appliquées, et que le produit satisfait à toutes les exigences prescrites ci-dessus.

L'annexe jointe, à la même date, décrit le lieu de fabrication, la norme harmonisée, ainsi que les paramètres du produit, et fait partie intégrante de ce certificat.

Ce certificat reste valide, aussi longtemps que les méthodes de test et/ou les exigences de contrôle de production en usine inclues dans la norme harmonisée, et utilisées pour évaluer la performance des caractéristiques déclarées , ne changent pas , et que le produit, ainsi que les conditions de fabrication en usine ne sont pas modifiées de façon significative.

Certificat No: 0038/CPR/ FQA0352562/B

Approbation Initiale: 18 FEVRIER 2008
Certificat en Cours: 24 Août 2015
Date d'Expiration: 23 AOUT 2018

Numéro d'Organisme Notifié LRV 0038

JP Debarnot pour Lloyd's Register Verification

Lloyd's Register Verification Limited (Reg. no. 4929226) is a limited company registered in England and Wales. Registered office: 71 Fenchurch Street, London, EC3M 4BS, UK. A subsidiary of Lloyd's Register Group Limited.

Lloyd's Register Group Limited, its affiliates and subsidiaries and their respective officers, employees or agents are, individually and collectively, referred to in this clause as the 'Lloyd's Register'. Lloyd's Register assumes no responsibility and shall not be liable to any person for any loss, damage or expense caused by reliance on the information or advice in this document or howsoever provided, unless that person has signed a contract with the relevant Lloyd's Register entity for the provision of this information or advice and in that case any responsibility or liability is exclusively on the terms and conditions set out in that contract.

Figure 49. Exemple de certificat de conformité

Niveau 0[1]	Définition des proportions pondérales des constituants (composition ou formule de l'enrobé), détermination de la courbe granulométrique de l'enrobé (par recomposition à partir des courbes granulométriques des granulats) et de la teneur en liant.
Niveau 1	Niveau 0 + essai PCG + essai sensibilité à l'eau (Duriez)
Niveau 2	Niveau 1 + essai d'orniérage
Niveau 3	Niveau 2 + essai de module de rigidité
Niveau 4	Niveau 3 + essai de fatigue

Dans les CCTP des marchés, une épreuve de formulation de niveau 2 sera généralement exigée pour les enrobés utilisés en couche de roulement afin de pouvoir disposer du résultat de l'essai d'orniérage, dont on rappelle que celui-ci permet de définir la classe de performance de l'enrobé (par exemple, BBSG de classe 3).

Concernant les enrobés utilisés en couches d'assise, le niveau d'étude requis dépendra du type de chantier. Dans le cadre de travaux de construction d'une chaussée neuve qui a fait l'objet d'un calcul de dimensionnement, une épreuve de formulation de niveau 4 sera exigée afin de vérifier que les valeurs du module de rigidité E (15 °C,10 Hz) et de fatigue ε_6 (10 °C, 25Hz) obtenues lors de l'étude du produit considéré sont conformes aux valeurs normalisées retenues pour le dimensionnement. C'est notamment le cas lorsque dans le cadre d'un marché ouvert à variante l'entreprise propose une structure de chaussée recalculée avec des matériaux plus performants. Dans ce cas, le maître d'ouvrage doit impérativement exiger une étude de niveau 4.

Dans le cadre de travaux d'entretien, de réparation ou même de renforcement de chaussées donnant lieu à un rechargement en grave-bitume de classe 3, le cas échéant, après rabotage partiel de la chaussée, une épreuve de niveau 2 peut être suffisante, surtout si l'on dispose d'une bonne expérience de ce type de chantier et que la technique est éprouvée.

Enfin, pour les BBME, EME et GB4, qui se distinguent des autres enrobés, notamment par leur performance en termes de module, il conviendra de spécifier une étude de niveau 3 ou 4.

Il convient de préciser que la réalisation d'une épreuve de formulation spécifique à chaque chantier n'est absolument pas obligatoire. Lorsque le chantier est réalisé avec un enrobé provenant d'une centrale d'enrobage fixe (cas le plus fréquent) qui dispose d'un catalogue de formules pour les différents produits couramment utilisés, les résultats d'études antérieurs suffisent dès lors que ceux-ci datent de moins 5 ans (exigence de la norme européenne NF EN 13108-20, reprise par la norme NF P98 150-1).

Par contre, dans le cadre d'un chantier qui, de par son importance, nécessite l'installation d'une centrale mobile (cas le moins fréquent), les différents produits devront faire l'objet d'une épreuve de formulation spécifique avec les granulats, les agrégats d'enrobés et les bitumes utilisés pour le chantier.

---

1 Le niveau 0 constitue plus une étape dans la mise au point de la formule de l'enrobé plutôt qu'un élément de l'épreuve de formulation. À ce stade, l'essai PCG est utilisé pour la mise au point de la formule en permettant d'optimiser la composition de l'enrobé.

3.2.2. La fabrication des enrobés

Concernant la fabrication des enrobés en centrale d'enrobage, la norme distingue deux types de centrales, les centrales d'enrobage en mode continu (appelées « centrales continues ») et les centrales d'enrobage en mode discontinu (appelées « centrales discontinues »). Ces deux types de centrales sont décrits par la norme NF P98-701 *Centrales de traitement de matériaux.*

Dans les centrales continues, les opérations d'introduction des constituants, de séchage des granulats, de malaxage (enrobage) sont réalisées en continu. Les centrales les plus couramment utilisées sont munies d'un tambour sécheur enrobeur (TSE) qui permet à la fois de sécher les granulats et de réaliser leur enrobage par le liant hydrocarboné.

On distingue deux familles de TSE, ceux de type « équicourant » et ceux de type « contre-courant ».

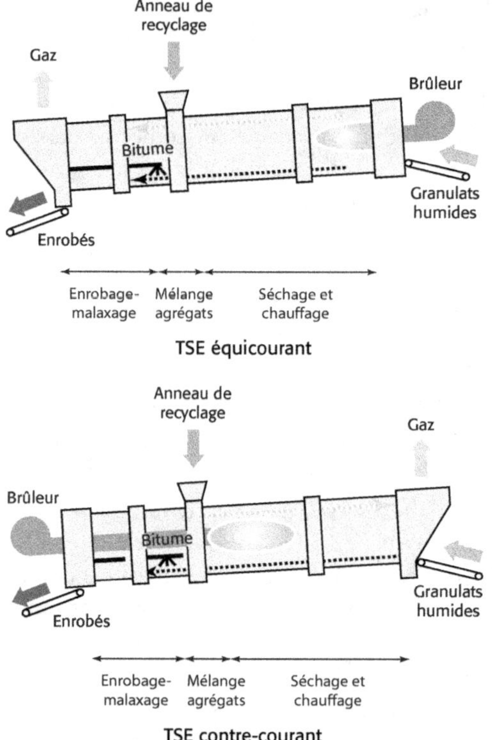

Le tambour sécheur à contre-courant permet l'obtention de taux de recyclage plus élevés (environ 40 à 60 %) comparé au TSE équicourant, qui permet d'obtenir des taux de recyclage d'environ 30 à 40 % maximum. Le taux de recyclage se définit par le pourcentage en masse d'agrégats introduits dans le mélange.

La note d'information IDRRIM n° 26 de juin 2013, *Matériels pour le recyclage en installations de production d'enrobés,* dresse un état des lieux des différents types de centrales d'enrobage en France et donne des éléments de comparaison concernant leurs capacités de recycler des agrégats d'enrobés.

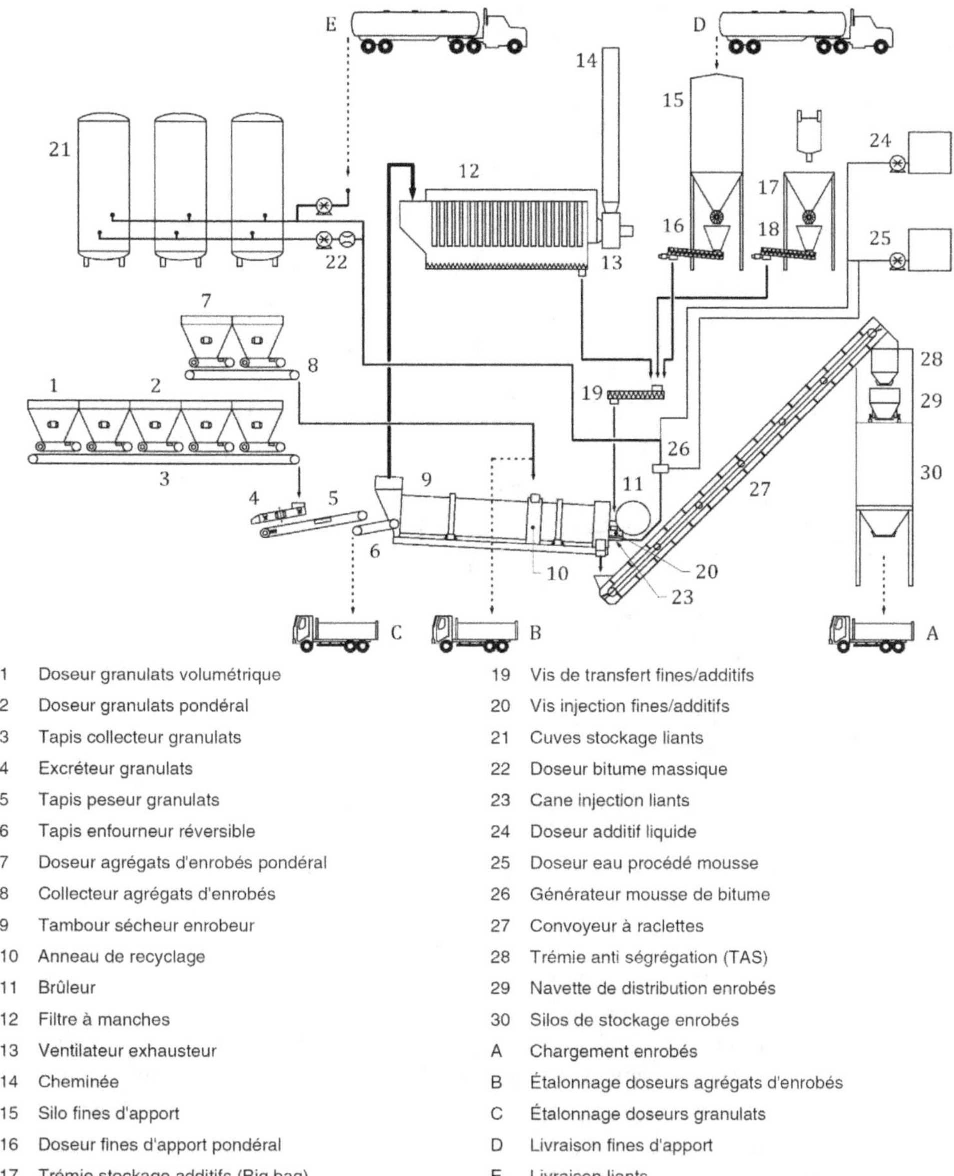

1	Doseur granulats volumétrique		19	Vis de transfert fines/additifs
2	Doseur granulats pondéral		20	Vis injection fines/additifs
3	Tapis collecteur granulats		21	Cuves stockage liants
4	Excréteur granulats		22	Doseur bitume massique
5	Tapis peseur granulats		23	Cane injection liants
6	Tapis enfourneur réversible		24	Doseur additif liquide
7	Doseur agrégats d'enrobés pondéral		25	Doseur eau procédé mousse
8	Collecteur agrégats d'enrobés		26	Générateur mousse de bitume
9	Tambour sécheur enrobeur		27	Convoyeur à raclettes
10	Anneau de recyclage		28	Trémie anti ségrégation (TAS)
11	Brûleur		29	Navette de distribution enrobés
12	Filtre à manches		30	Silos de stockage enrobés
13	Ventilateur exhausteur		A	Chargement enrobés
14	Cheminée		B	Étalonnage doseurs agrégats d'enrobés
15	Silo fines d'apport		C	Étalonnage doseurs granulats
16	Doseur fines d'apport pondéral		D	Livraison fines d'apport
17	Trémie stockage additifs (Big bag)		E	Livraison liants
18	Doseur additifs pondéral			

Figure 51. Extrait de la norme NF P98-728-1 *Installation type centrale continue avec TSE à contre-courant*

Dans les centrales discontinues, les opérations d'introduction des constituants, de séchage des granulats, de malaxage et d'enrobage sont réalisées par cycles ou gâchées.

Dans un premier temps, les granulats sont séchés et chauffés en passant dans un tambour sécheur. Les granulats chauds passent ensuite à travers une série de cribles (tamis) permettant de reconstituer les différentes classes granulaires (coupures) et de les stocker dans des trémies calorifugées.

Une gâchée d'enrobé est alors obtenue en introduisant dans le malaxeur le poids de granulats et de bitume correspondant à la formule à fabriquer. Dans ce cas, le malaxeur est généralement composé de deux arbres munis de palettes et sa capacité peut varier de 1 à 5 tonnes selon la capacité de la centrale d'enrobage.

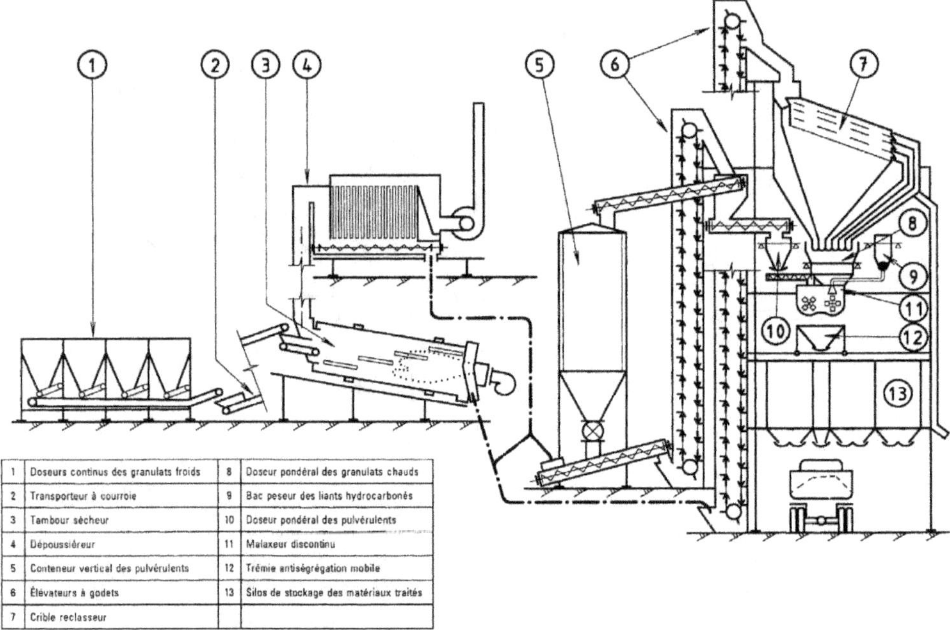

#		#	
1	Doseurs continus des granulats froids	8	Doseur pondéral des granulats chauds
2	Transporteur à courroie	9	Bac peseur des liants hydrocarbonés
3	Tambour sécheur	10	Doseur pondéral des pulvérulents
4	Dépoussiéreur	11	Malaxeur discontinu
5	Conteneur vertical des pulvérulents	12	Trémie antiségrégation mobile
6	Élévateurs à godets	13	Silos de stockage des matériaux traités
7	Crible reclasseur		

Figure 52. Extrait de la norme NF P98 701 *Installation type centrale discontinue*

Concernant les réglages de fabrication, la norme NF P98-150-1 renvoie aux normes NF P98-728-1 et NF P98-728-2, qui traitent respectivement des vérifications et réglages à réaliser sur les postes en mode continu et les postes en mode discontinu.

Les centrales discontinues sont adaptées à la fabrication de plusieurs formules d'enrobés pour des clients multiples dans une même journée de production et pour des tonnages produits par type d'enrobés pouvant aller de faibles à élevés[1]. Le principe de fabrication par gâchées offre en effet une grande flexibilité dans la production puisque l'opérateur peut changer de formule d'enrobés entre chaque gâchée.

Les centrales continues sont, quant à elles, adaptées à l'approvisionnement de chantiers plus importants utilisant une même formule d'enrobé[2]. Ceci s'explique par le mode de production, qui rend plus difficile le changement de formule. À la différence des centrales discontinues, pour lesquelles le changement de formule est immédiat (entre deux gâchées), le changement de formule dans les centrales continues est plus délicat car il passe obligatoire-

---

1 Dans le jargon routier, on emploie d'ailleurs le terme « d'épicerie » pour qualifier ce mode de production.

2 Les centrales continues de type TSE ont été conçues au départ comme des postes mobiles pouvant être déplacés sur les lieux des grands chantiers (programme des autoroutes, renforcements des routes nationales, etc.). Puis, certaines d'entre elles se sont « sédentarisées » et sont devenues des postes fixes au fur et à mesure que les grands chantiers se sont faits plus rares.

ment par une phase transitoire entre le moment où l'opérateur commande l'arrêt de fabrication de la formule en cours et démarre la fabrication de la nouvelle formule.

Par ailleurs, lorsque la centrale est mise à l'arrêt entre deux séquences de production, il est nécessaire, au démarrage, d'attendre un délai suffisant afin que la centrale atteigne son régime permanent et que la composition de l'enrobé soit conforme, notamment du point de vue de la teneur en liant. Ce délai souvent très court durant lequel l'enrobé présente une teneur en liant faible correspond à la production de ce que l'on nomme les « blancs de poste ». Ceux-ci doivent bien évidemment être écartés de la production.

Le guide technique CFTR *Fabrication des enrobés à chaud en continu. L'expérience française* de mars 2006 permet d'apporter des compléments utiles sur les centrales d'enrobés en mode continu de type TSE.

3.2.3. Le transport des enrobés

L'article 7 de la norme NF P98 150-1 apporte des précisions concernant les conditions de transport des enrobés. Afin de maintenir les enrobés en température, les bennes de camions doivent être systématiquement bâchées dès la fin du chargement, durant le transport et jusqu'à la fin du déchargement. Ceci est d'autant plus important sur les chantiers éloignés de la centrale d'enrobés ou les chantiers pour lesquels il peut y avoir des délais d'attente des camions pour décharger l'enrobé dans le finisseur. On considère que ce délai ne doit pas raisonnablement dépasser deux heures, car au-delà, même si la température moyenne dans la masse de l'enrobé ne baissera que très faiblement, en surface, des croûtes d'enrobés peuvent se former au contact des surfaces métalliques de la benne. Par ailleurs, il est reconnu qu'un stockage prolongé de l'enrobé peut entraîner une dégradation du bitume (vieillissement prématuré).

Figure 53. Camion muni d'une bâche étanche et hermétique effectuant la vidange de la benne dans la trémie du finisseur

La flotte de camion (nombre de camion et capacité des bennes de camions) permettant d'alimenter le finisseur doit être optimisée afin de permettre l'alimentation en continu du finisseur (les arrêts prolongés du finisseur peuvent engendrer notamment des défauts d'uni). Le dimensionnement doit tenir compte du temps de trajet aller-retour (temps au tour) séparant la centrale d'enrobage et le chantier.

3.2.4. Les spécifications à la mise en œuvre des enrobés

La norme fixe ensuite un certain nombre de spécifications liées à la mise en œuvre des enrobés qui sont indiquées dans les deux tableaux suivants. Certaines recommandations figurant dans ces tableaux sont issues de guides techniques.

	Épaisseur moyenne d'utilisation (cm)	Épaisseur nominale (cm)	Épaisseur minimale en tous points (cm)	Déformation maximale du support (cm)	Déflexion caractéristique maximale admise (1/100 mm) pour mise en œuvre sur une ancienne chaussée comportant 10 cm d'enrobés (GANE)[1]				Dosage couche d'accrochage (g/m² de bitume résiduel)[2]	Pourcentage de vides moyen visé à la mise en œuvre	Niveau de macrotexture minimal visé après mise en œuvre (PMT en mm)
					≤ T3	T2	T1	≥ T0			
Enrobés pour couches de roulement											
BBUM	1 à 2	1,5	1	≤ 1	-	-	-	-	300³	-	-
BBTM 0/6	2 à 3	2,5	1,5	≤ 1	100	80	65	50	300³	-	0,7
BBTM 0/10	2 à 3	2,5	1,5	≤ 1	100	80	65	50	300³	-	0,9
Enrobés pour couche de roulement et de liaison											
BBM 0/10	3 à 4	4	2,5	≤ 1,5	105	80	65	50	250	Type A : 5 % ≤ V % ≤ 10 % Type B et C : 7 % ≤ V % ≤ 12 %	Type A : 0,7 Type B et C : 0,5
BBM 0/14	3,5 à 5	4	3	≤ 1,5	105	80	65	50	250	Type A : 5 % ≤ V % ≤ 10 % Type B : 7 % ≤ V % ≤ 12 %	Type A et B : 0,7
BBSG et BBME 0/10	5 à 7	6	4	≤ 2	125	95	75	55	250	4 % ≤ V % ≤ 8 %	0,4
BBSG et BBME 0/14	6 à 9	7,5	5	≤ 2	150	115	90	65	250	4 % ≤ V % ≤ 8 %	0,5

---

1 La norme NF P98-150-1 spécifie pour le support avant mise en œuvre de l'enrobé une valeur de déflexion ≤ 200 1/100 mm (ou de module ≥ 50 MPa). Cette valeur est issue du guide technique *Réalisation des remblais et des couches de forme* (GTR) et s'applique uniquement au cas de la réalisation de la couche de fondation de chaussée sur une couche de forme en matériau non traité. On considère en effet que, pour que l'enrobé mis en œuvre en couche de fondation soit correctement compacté, la plate-forme support de chaussée doit présenter une portance minimale de module 50 MPa (niveau de portance PF2), ce qui équivaut, dans le cas d'une plate-forme constituée de matériaux non traités, à une valeur maximale de déflexion 200 1/100 mm. D'autres valeurs de déflexions s'appliquent au cas des couches de forme en matériaux traités à la chaux ou liants hydrauliques. L'ensemble de ces valeurs figurent au paragraphe 3 de la notice d'utilisation du *Catalogue des structures type de chaussées neuves* du réseau routier national.

2 Le dosage en émulsion est calculé à partir du dosage à obtenir en bitume résiduel et de la teneur en bitume de l'émulsion. Par exemple, pour obtenir une couche d'accrochage à 250 g/m² avec une émulsion à 65 % de bitume (C65B2), il faudra épandre l'émulsion avec un dosage égal à 250/0,65 soit environ 380 g/m² d'émulsion.

3 Couche d'accrochage à base d'émulsion de bitume modifié recommandée.

Tableau 15. Déformabilité pouvant être exigée au moment de la mise en œuvre des chaussées

Couche de forme non traitée

Classe de plate-forme visée	Module de déformabilité en MPa (plaque ou dynaplaque)	Déflexion maximale en mm mesurée au déflectographe Lacroix ou à la poutre Benkelman sous essieu de 130 KN
PF2	50	2,0
PF3	120	0,9
PF4	200	0,5

Source : Tableau 3 du catalogue des structures types de chaussées neuves (SETRA-LCPC, 1998)

Couche de forme en sols argileux ou limoneux traités en place

Classe de plate-forme visée	Déflexion maximale en mm mesurée au déflectographe Lacroix ou à la poutre Benkelman sous essieu de 130 KN	
	Traitement à la chaux seule	Traitement à la chaux + ciment
PF2	1,20	0,80
PF3	0,80	0,60
PF4		0,50

Source : Tableau 3 du catalogue des structures types de chaussées neuves (SETRA-LCPC, 1998)

Ces spécifications ne s'appliquent que dans le cas de travaux d'entretien ou de renforcement pour lesquels on réalise le rechargement de la chaussée existante par la mise en œuvre d'une nouvelle couche de roulement. Ainsi, il nous est apparu intéressant de faire figurer dans ce tableau les valeurs de déflexion tirées de l'ancien *Guide d'application des normes pour le réseau routier national* (GANE), qui, dès lors que l'on dispose de mesures de déflexions, permettent d'orienter le choix du maître d'ouvrage vers la technique la plus adaptée.

Figure 54. Répandage de la couche d'accrochage

	Épaisseur moyenne d'utilisation (cm)	Épaisseur usuelle[1] (expérience) en (cm)	Épaisseur minimale en tous points (cm)	Déformation maximale du support (cm)	Déflexion caractéristique maximale du support pour une mise en œuvre en couche de fondation	Dosage couche d'accrochage (g/m² de bitume résiduel)[2]	Pourcentage de vides moyen visé à la mise en œuvre
GB 0/14	8 à 14	8 à 12[3]	6	≤ 2 si e ≤ 10 cm ≤ 3 si e > 10 cm	Se reporter aux valeurs du tableau ci-dessus	250	Cl. 2 : V % ≤ 11 % Cl. 3 : V % ≤ 9 %
GB 0/20	10 à 16	10 à 14[4]	8	≤ 3			Cl. 4 : V % ≤ 8 %
EME 0/10	6 à 8	7[5]	5	≤ 2			Cl. 1 : V % ≤ 10 %
EME 0/14	7 à 13	8 à 12	6	≤ 2 si e ≤ 10 cm ≤ 3 si e > 10 cm			Cl. 2 : V % ≤ 6 %
EME 0/20	9 à 15	12 à 14[4]	8	≤ 3			

1 L'épaisseur usuelle est l'épaisseur retenue par le dimensionnement de chaussée pour une construction de chaussée neuve ou par l'étude de renforcement de chaussée pour une chaussée existante.

2 Dans le cas de la réalisation d'une chaussée neuve, l'application de l'enrobé en couche de fondation est généralement réalisée après mise en œuvre sur la couche de forme d'une protection superficielle obtenue par épandage d'une émulsion suivi d'un gravillonnage (guide technique *Traitement des sols à la chaux et/ou aux liants hydrauliques. Application à la réalisation des remblais et de couches de forme*, partie C2 « Techniques et matériels d'exécution »).

3 Au-delà de 12 cm et compte tenu des variations d'épaisseur dues aux déformations du support, il convient d'employer plutôt la GB 0/20.

4 En raison des difficultés de compactage, il est très rarement mis en œuvre en une seule passe des épaisseurs de GB ou d'EME supérieures à 14 cm.

5 Au-delà de 7 cm et compte tenu des variations d'épaisseurs dues aux déformations du support, il convient d'employer plutôt l'EME 0/14.

3.2.4.1. Spécificités des enrobés mis en œuvre en reprofilage

Dès lors que les déformations relevées sur le support sont supérieures aux valeurs spécifiées par la norme, des travaux préparatoires de reprofilage doivent être réalisés préalablement à la mise en œuvre de l'enrobé. Le reprofilage peut être réalisé soit par application d'un enrobé (rechargement), soit par rabotage de la chaussée, soit une combinaison des deux techniques. Dans le cas du reprofilage par application d'un enrobé, ces travaux peuvent entraîner des variations considérables d'épaisseurs. Par conséquent, la formule de l'enrobé devra être adaptée afin de pouvoir être mise en œuvre sur une large gamme d'épaisseurs pouvant aller de 0 à 10 cm. En effet, l'enrobé utilisé en reprofilage doit pouvoir être appliqué avec des passages éventuels à zéro, sans que cela soit préjudiciable à la tenue de la chaussée.

Le passage à zéro signifie que l'on diminue progressivement l'épaisseur de l'enrobé pour permettre son raccordement quasiment au même niveau que la chaussée existante. La différence de niveau au point de raccordement est due à « l'épaisseur du caillou », c'est-à-dire au granulat D de l'enrobé (par exemple, 10 mm pour un enrobé 0/10.).

Les produits enrobés à chaud normalisés ont été mis au point et optimisés pour une utilisation dans des gammes restreintes d'épaisseurs. Par conséquent, ils ne sont pas adaptés pour être mis en œuvre en reprofilage sur des chaussées très déformées.

Par exemple, une GB 0/14 ne peut pas être utilisée en reprofilage dès lors que les épaisseurs mises en œuvre varient entre 0 et 10 cm.

Ainsi, si dans le domaine des enrobés à froid la norme NF P98-121 prévoit un usage des graves-émulsion en reprofilage (GE R), il n'en est pas de même dans le domaine des enrobés à chaud, pour lequel il n'existe pas de produits normalisés destinés au reprofilage. Ainsi, pour répondre à la demande des maîtres d'ouvrages, les entreprises ont été amenées à développer des enrobés à chaud spécifiques pour les travaux de reprofilage.

Ces produits sont nommés micrograve-bitume, grave-bitume de reprofilage ou grave-bitume 0/10, car leur formule a été mise au point en adaptant la formule de la grave-bitume normalisée afin d'obtenir un produit qui présente une faible granulométrie pour permettre une mise en œuvre en très faible épaisseur, une bonne maniabilité pour obtenir une bonne compacité malgré les faibles épaisseurs de mise en œuvre et une bonne souplesse (ou une faible rigidité) pour s'adapter aux chaussées peu structurées avec des valeurs de déflexion élevées (> 150 1/100 de mm).

Ces adaptations sont les suivantes :

– réduction du D_{max} de 14 mm exigée pour une grave-bitume normalisée à 10 mm avec conservation d'une courbe granulométrique continue,

– utilisation d'un bitume de grade plus mou (50/70, 70/100),

– augmentation de la teneur en liant.

Bien qu'étant non normalisés, ces produits peuvent être utilisés dans les marchés publics de travaux. Il convient alors de préciser les spécifications dans le CCTP. Une étude de niveau 0 (composition, courbe granulométrique) ou niveau 1 (essai PCG, essai de sensibilité à l'eau) peut être exigée. Dans le cas où l'étude de niveau 1 est spécifiée, on peut utiliser les mêmes spécifications que pour la GB 0/14 de classe 3 (PCG : V % ≤ 10 à 100 girations, sensibilité à l'eau : i/C = 70 %).

Tableau 16. Caractéristiques de composition type d'une grave-bitume de reprofilage

% passant à 6,3 mm	55 à 60 %
% passant à 2 mm	30 à 35 %
% passant à 0,063 mm	6 à 8 %
Teneur en liant	4,8 à 5,2 %

L'utilisation d'un enrobé de reprofilage doit être limitée aux travaux d'entretien ou de renforcement de chaussées à faible trafic (limite usuelle fixée à T3, soit moins de 150 PL/jour). Cette technique convient parfaitement aux chaussées souples, qui sont très souvent des chaussées anciennes n'ayant pas fait l'objet de travaux de renforcement de structure, et étroites.

Mais il arrive parfois que, lors de travaux de modernisation du réseau (calibrage, rectifications de virages, aménagement de carrefours, etc.) sur des chaussées supportant des trafics plus importants, le projet prévoit l'utilisation d'enrobés de reprofilage, notamment pour permettre des raccordements de profil en long ou de profils en travers entre la chaussée créée et la chaussée existante. Or, il convient de préciser qu'un enrobé de reprofilage ne permet pas un apport structurel du fait des faibles épaisseurs et de sa faible rigidité. De plus, les parties réalisées en faibles épaisseurs présenteront les plus forts pourcentages de vide en raison des difficultés de compactage et constitueront des points faibles sous la future chaussée.

Par conséquent, pour ce type de travaux, il est préférable autant que possible de prévoir du reprofilage par rabotage suivi de la mise en œuvre des enrobés en respectant les épaisseurs normalisées.

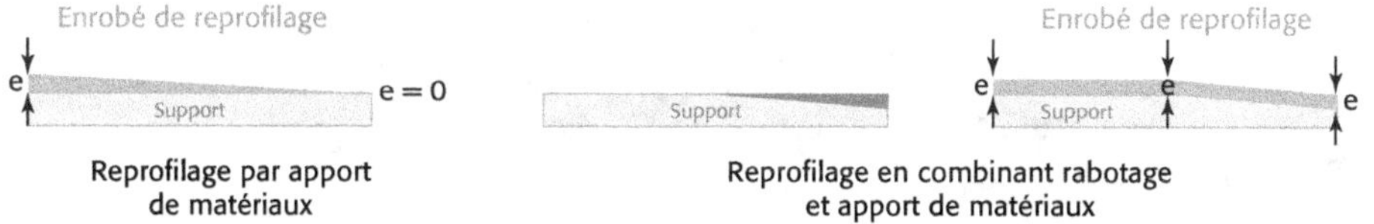

3.2.5. Le répandage des enrobés

Depuis juillet 1946, date à laquelle le premier chantier routier a été réalisé en France en utilisant une machine de répandage des enrobés importée des États-Unis (« *finisher* » de marque Barber-Greene), la mise en œuvre des enrobés à chaud est couramment réalisée au moyen d'un finisseur, car celui-ci permet à la fois de répandre l'enrobé sur le support, de régler les épaisseurs de la couche d'enrobé et d'assurer un précompactage de l'enrobé.

Le précompactage des enrobés est obtenu grâce aux dameurs et vibreurs qui équipent la table. La compacité obtenue au répandage, c'est-à-dire avant le compactage des enrobés, se situe entre 75 et 90 % de la compacité finale de l'enrobé obtenue à la fin du compactage. Cette valeur dépend du pouvoir de compactage de la table (les tables dites à haut pouvoir de compactage – HPC – permettent d'atteindre des valeurs entre 80 et 90 %), mais également du type de formule d'enrobé et des conditions de mise en œuvre (épaisseur, température, météo, etc.).

On définit ainsi le taux de précompactage Tc : $Tc = \dfrac{Cr}{Cc}$

Avec Cr : compacité après répandage et Cc : compacité après compactage.

La valeur du taux de précompactage permet de définir l'épaisseur d'enrobé à répandre e_r en fonction de l'épaisseur visée en fin de compactage e_c :

$$e_r = \frac{e_c}{Tc}$$

On observe généralement sur les chantiers un tassement dû au compactage de l'ordre de 10 à 20 %. À titre d'exemple, pour obtenir une couche de grave-bitume d'épaisseur 10 cm en fin de compactage, avec un taux de précompactage de 0,85, l'épaisseur à répandre devra se situer autour de 12 cm. Dans ce cas, le tassement dû au compactage est d'environ 2 cm et représente 20 % de l'épaisseur répandue.

Figure 55. Principaux éléments d'un finisseur

Les finisseurs font l'objet de la norme française NF P98-702-1 ainsi que d'un guide technique LCPC *L'emploi des finisseurs pour le répandage des matériaux de couches de chaussées*. Le choix du mode de guidage du finisseur influence directement la qualité de l'uni longitudinal. Par conséquent, celui-ci doit être adapté de manière à ce que l'uni longitudinal obtenu sur la couche mise en œuvre soit meilleur que l'uni longitudinal existant (support ou couche sous-jacente). De manière générale, sur les chantiers de chaussées neuves, on peut utiliser le mode de guidage :

– par référence spatiale (laser, fils tendus sur potences) pour la mise en œuvre de la couche de fondation (amélioration de l'uni grandes ondes),

– par référence au support en prenant appui sur l'ouvrage existant par l'intermédiaire de doubles poutres enjambeuses pour la mise en œuvre de la couche de base et de la couche de liaison (amélioration de l'uni moyennes ondes).

Le mode vis calée (absence de guidage et mise en œuvre à épaisseur constante) s'utilise quant à lui pour la mise en œuvre de la couche de roulement (amélioration de l'uni petites ondes) et, dans le cas de la mise en œuvre d'enrobés en agglomération, le mode de guidage prenant référence sur les bordures de trottoirs est le plus couramment utilisé.

La norme NF P98-150-1 autorise l'emploi d'une niveleuse. Néanmoins, il est recommandé de réserver son utilisation pour la mise en œuvre d'enrobés à froid tels que les graves-émulsion. En effet, la technique de mise en œuvre à la niveleuse s'effectue en deux temps. Tout d'abord, les enrobés sont déposés en cordon sur la chaussée à l'avant de la niveleuse, puis celle-ci réalise en plusieurs passes le régalage et le réglage longitudinal et transversal des enrobés. Cette opération peut nécessiter des délais de mise en œuvre plus longs que dans le cas de l'utilisation d'un finisseur et peut par conséquent conduire au refroidissement des enrobés en deçà des températures minimales de répandage spécifiées par la norme.

Enfin, dans les cas de chantiers pour lesquels la mise en œuvre par des moyens mécaniques n'est pas possible, par exemple la réfection de tranchées, le répandage et le réglage peuvent être réalisés manuellement.

Répandage des enrobés dans une tranchée au moyen d'une benne de camion munie d'une trappe d'ouverture

Réglage manuel des enrobés au moyen de râteaux

3.2.6. La température de l'enrobé

La température de l'enrobé revêt une importance à chaque étape, depuis la fabrication jusqu'à la mise en œuvre. Celle-ci ne doit pas être trop basse à la fabrication pour permettre le bon enrobage des granulats, mais pas trop élevée non plus afin d'éviter la surchauffe du bitume et son vieillissement accéléré. De plus, malgré le délai lié au temps de transport depuis la centrale, mais aussi au temps d'attente éventuel sur le chantier, la température de l'enrobé devra être suffisamment élevée au moment de sa mise en œuvre pour permettre un bon répandage et un bon compactage.

Par conséquent, les normes européennes de la série NF EN 13108 (normes produits) et la norme NF P98-150-1 ont fixé des spécifications correspondant à la fabrication et au répandage.

Spécifications de températures à la fabrication

La norme européenne NF EN 13108-1 spécifie les températures limites de fabrication de l'enrobé. La norme NF P98-150-1 spécifie un intervalle de températures usuelles et une température maximale de fabrication. Cette température dépend du type du bitume et de son grade (ou classe de pénétrabilité).

Grade de bitume	NF EN 13108-1	NF P98-150-1	
	Intervalle de température de fabrication (°C)	Température usuelle de fabrication (°C)	Température maximale (°C)
10/20-15/25	-	160-180	190
20/30	160 à 200	160-180	190
35/50	150 à 190	150-170	190
70/100-50/70	140 à 180	140-160	180

À noter que la norme NF EN 13108-1 ne spécifie pas les températures de fabrication dans le cas des bitumes durs 10/20 et 15/25, qui peuvent être utilisés pour la fabrication des BBME et des EME.

À noter également que dans le cas du bitume 20/30, la température maximale spécifiée par les deux normes diffère (190 °C pour la norme NF F P98-150-1 et 200 °C pour la norme NF EN 13108-1)

Spécifications de températures à la mise en œuvre

Seule la norme NFP98-150-1 spécifie pour chaque grade de bitume entrant dans la composition de l'enrobé les températures minimales qu'il convient de respecter lors de la mise en œuvre des enrobés.

Grade de bitume	Température minimale de répandage (°C)
10/20-15/25	145
20/30	140
35/50	130
50/70	125

Comme spécifié par la norme européenne NF EN 12697-13, la température des enrobés est mesurée avec un thermomètre à sonde[1], soit dans la benne du camion avant son déchargement, soit dans la couche répandue à l'arrière du finisseur[2].

Il est important de noter que les températures de fabrication et de répandage qui sont spécifiées par les normes ne s'appliquent pas aux procédés de fabrication qui permettent d'abaisser la température de fabrication des enrobés. Les enrobés fabriqués selon ces procédés sont regroupés sous l'appellation « enrobés tièdes ».

Le guide technique IDRRIM *Abaissement de température des mélanges bitumineux. État de l'art et recommandations* d'octobre 2015 dresse un état des lieux des différents procédés utilisés pour abaisser la température de fabrication et fournit des éléments de retour d'expérience sur des chantiers réalisés avec des enrobés tièdes. Les enrobés tièdes sont classés selon leurs températures de fabrication en deux catégories, les enrobés « tièdes » fabriqués au-dessus de 100 °C et les enrobés « semi-tièdes » fabriqués entre 85 et 100 °C. La limite entre les enrobés tièdes et les enrobés à chaud s'apprécie en fonction du grade de bitume utilisé.

---

1 Bien que ceux-ci soient très souvent utilisés, les thermomètres sans contact ne sont pas normalisés pour la mesure des températures.
2 Mesure impossible dans le cas de couches minces (≤ 4 cm).

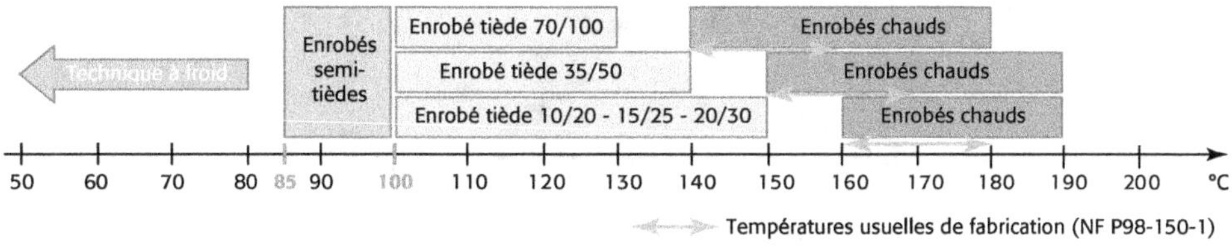

Figure 56. Schéma donnant les seuils de températures de fabrication
pour les enrobés à chaud, tièdes et semi-tièdes

Dans le cas d'un chantier réalisé avec des enrobés tièdes, le producteur doit préciser l'intervalle des températures de fabrication ainsi que les températures minimales de répandage.

3.2.7. Le compactage des enrobés

Les spécifications de la norme NF P98-150-1 concernant le compactage des enrobés peuvent être utilement complétées par le guide technique LCPC *Compactage des enrobés hydrocarbonés à chaud* de juin 2003, auquel il est intéressant de se référer car il aborde de manière très complète tous les points techniques liés au compactage.

Parmi ces points, on peut citer la température de compactage.

Les normes ne fixent pas de spécifications concernant la plage de températures à laquelle le compactage des enrobés doit être réalisé.

En revanche, le guide technique LCPC donne pour chaque grade de bitume utilisé la valeur de température minimale qui correspond à la fin du compactage. Cette valeur est estimée de manière empirique en ajoutant 50 °C à la valeur maximale spécifiée pour le point de ramollissement (TBA) du bitume considéré.

Par exemple, pour un bitume de grade 35/50, dont la valeur maximale de TBA spécifiée est 58 °C, la température minimale de fin de compactage se situe autour de 110 °C.

Tableau 17. Extrait du guide technique LCPC

Grade de bitume	Température minimale de compactage (°C)
20/30	115
35/50	110
50/70	105

Il convient par ailleurs de savoir que le pourcentage de vides obtenu à la fin du compactage de la couche d'enrobé n'est pas homogène sur l'ensemble de son épaisseur. Les nombreuses mesures réalisées sur des carottes d'enrobés à différentes profondeurs mettent en évidence l'existence d'un gradient de compacité, c'est-à-dire une variation des pourcentages de vides en fonction de la profondeur de mesure suivant une courbe de forme parabolique.

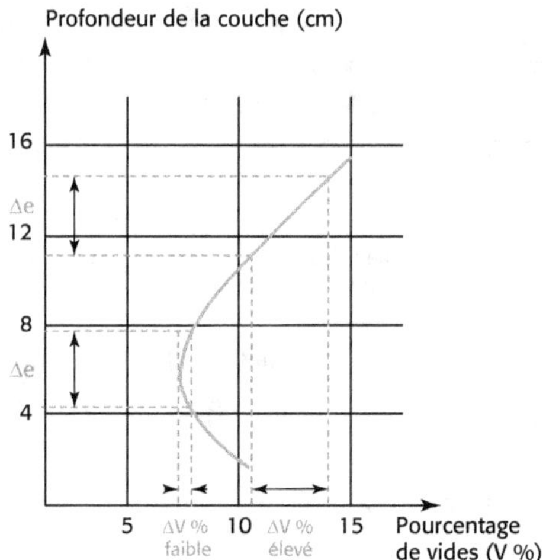

Figure 57. Courbe de distribution des pourcentages de vides au sein d'une couche d'enrobé

On observe généralement pour des couches mises en œuvre en faible épaisseur (4 à 8 cm) que le pourcentage de vides varie très peu en fonction de la profondeur (faible gradient de compacité), tandis que pour des couches d'épaisseurs plus importantes (au-delà de 8 à 10 cm), comme c'est le cas lors de la mise en œuvre des couches d'assise, le pourcentage de vides peut varier considérablement avec la profondeur (fort gradient de compacité). Dans ce cas, il peut y avoir un écart important entre le pourcentage de vides moyen (valeur spécifiée par la norme NF P98-150-1) et le pourcentage de vides obtenu en fond de couche.

Le guide technique considère que, pour être acceptable, cet écart doit être inférieur à 1,5 %.

Concernant le compactage des couches de roulement, le pourcentage de vides obtenu après compactage influence directement la macrotexture du revêtement. En règle générale, plus le pourcentage de vides est faible (compacité élevée) et plus le niveau de macrotexture du revêtement mesuré par l'essai de profondeur moyenne de texture (PMT) sera faible. C'est notamment pour cette raison que les spécifications de pourcentages de vides pour les enrobés utilisés en couche de roulement comportent une valeur minimale de pourcentage de vides.

Le guide technique souligne également l'importance des conditions météorologiques lors la mise en œuvre. La température et le vent sont les deux principaux facteurs météorologiques qui ont une incidence sur la vitesse de refroidissement des enrobés et, par voie de conséquence, sur le délai dont on dispose pour réaliser le compactage, sachant que celui-ci doit impérativement être terminé avant que la température de l'enrobé atteigne la température minimale de compactage. Par ailleurs, la vitesse de refroidissement d'un enrobé dépend de son épaisseur de mise en œuvre. Ainsi, à conditions météorologiques équivalentes, la vitesse de refroidissement d'un BBTM mis en œuvre en 2,5 cm est bien plus élevée que celle d'un BBSG mis en œuvre en 6 cm. Par conséquent, le délai pour compacter le BBTM (entre 10 et 15 minutes selon les conditions météorologiques) sera beaucoup plus court que dans le cas du BBSG (entre 20 et 30 minutes selon les conditions métérologiques)

De même, pour une formule d'enrobé donnée appliquée dans des conditions équivalentes (météo, atelier de compactage) mais avec des épaisseurs variables (par exemple dans le cas du reprofilage), le délai nécessaire au compactage diminuera avec l'épaisseur mise en œuvre. Ainsi, même si cela peut paraître paradoxal, la compacité moyenne de l'enrobé dans les zones de faibles épaisseurs pourra être plus faible que la compacité de l'enrobé dans les zones de forte épaisseur. De part leur plus faible compacité, les performances mécaniques des enrobés seront moins bonnes.

La pluie contribue également au refroidissement des enrobés selon l'intensité des précipitations. Une pluie fine continue est moins préjudiciable qu'une averse orageuse ponctuelle. Elle compromet également le collage des couches d'enrobés dès lors que le support est mouillé (risque de dilution de l'émulsion de la couche d'accrochage si sa rupture n'est pas complète au moment de la pluie).

La norme NF P98-150-1 n'impose pas de spécifications concernant les conditions météorologiques, néanmoins, les règles usuelles suivantes peuvent s'appliquer et faire l'objet de spécifications au CCTP du marché :

Vent Température	Vent faible (< 20 km/h)	Vent modéré (20 à 50 km/h)	Vent fort (> 50 km/h)
Inférieure à 5 °C	Possible sous certaines conditions[1]	Non	Non
Entre 5 et 10 °C	Oui	Possible sous certaines conditions[2]	Non
Au-dessus de 10 °C	Oui	Oui	Possible sous certaines conditions[3]

S'agissant de la pluie, la mise en œuvre ne doit pas être réalisée ou doit être interrompue lors de précipitations intenses (pluies fortes continues ou averses orageuses) et, par voie de conséquence, lorsque la présence d'eau à la surface du support ne permet pas de répandre l'émulsion pour couche d'accrochage.

Dans le cas d'une pluie fine, même continue, le maître d'ouvrage peut autoriser le démarrage ou la poursuite de la mise en œuvre à condition que le répandage de l'émulsion pour couche d'accrochage ait été réalisé suffisamment à l'avance pour que sa rupture soit complète avant l'apparition de la pluie (cas de chantiers neufs ou hors circulation permettant la mise en œuvre anticipée de la couche d'accrochage), que l'enrobé utilisé soit un enrobé épais mis en œuvre en couche d'assise et que les vapeurs dégagées (vaporisation de l'eau au contact des enrobés chauds) ne représentent pas un risque pour la circulation (chantiers hors circulation).

Parmi l'ensemble des matériels existant pour le compactage, ceux utilisés pour la mise en œuvre des enrobés sont principalement les compacteurs à pneus et les compacteurs munis de deux cylindres à jantes lisses appelés cylindres « vibrants tandem ».

Ces matériels font l'objet de deux normes, la norme NF P98-705, qui définit les différents types de compacteurs, et la norme NF P98-736, qui donne pour chaque type de compacteur une classification en fonction de ses caractéristiques et de ses performances.

---

1   Le maître d'ouvrage peut exceptionnellement autoriser la mise en œuvre d'un enrobé en forte épaisseur (grave-bitume) dès lors que les températures sont positives (0 à 5 °C).

2   Dans le cas des BBTM, BBDr et à fortiori des BBUM, la mise en œuvre n'est pas autorisée au-delà de 30 km/h de vent (spécification issue des anciennes normes produits). De manière générale, il n'est pas recommandé d'appliquer des couches d'enrobés minces et très minces (BBM, BBTM, BBUM) pour des températures inférieures à 10 °C.

3   Comme indiqué dans la norme NF P98-150-1, un vent fort est plus préjudiciable que des basses températures ; néanmoins, le maître d'ouvrage peut autoriser la mise en œuvre d'un enrobé en forte épaisseur.

Figure 58. Chantier hors circulation de grave-bitume réalisé par temps de pluie

3.2.7.1. Types et classes des compacteurs couramment utilisés sur les chantiers d'enrobés

Compacteurs à pneus de classe P1 ou de classe P2.

La classe du compacteur dépend de la charge par roue. En général, les compacteurs P1 sont lestés à 3 tonnes par roue et les compacteurs P2 sont lestés à 5 tonnes par roue. Ces compacteurs sont impérativement munis de jupes à l'avant et à l'arrière permettant de maintenir la température des pneus.

Compacteurs vibrants tandem de largeur de cylindre supérieure à 1,3 mètre
de classe VT0 à VT2.

Ces compacteurs sont munis d'un réservoir d'eau et d'un système d'aspersion des cylindres. La classe du compacteur dépend de la masse M1 appliquée par le cylindre, de la largeur L du cylindre et de l'amplitude nominale de vibration (A0). À noter qu'un même compacteur vibrant tandem peut être utilisé avec différentes amplitudes de vibration (au moins deux amplitudes pour les compacteurs courants) et peut par conséquent être différemment classé selon son utilisation.

L'atelier de compactage peut être constitué d'un compacteur unique ou de deux compacteurs de types différents. Dans le cas de l'utilisation de deux compacteurs, l'atelier couramment utilisé consiste en l'association d'un compacteur à pneu et d'un compacteur à cylindres vibrants tandem.

Figure 59. Compacteur à pneus P1 muni de jupes et d'un « panier » de protection

Figure 60. Compacteur cylindres vibrants tandem VT2

Ces deux types de compacteurs ont un rôle complémentaire : le compacteur à pneus assure un compactage par la pression des pneus exercée sur l'enrobé et un « pétrissage » de la surface de l'enrobé, le compacteur à cylindres vibrants tandem assure un compactage par la vibration verticale exercée sur l'enrobé et un lissage de la surface de l'enrobé.

Parmi les diverses possibilités, les ateliers de compactage suivants sont les plus fréquemment utilisés :

Type d'enrobé	Atelier de compactage
BBUM, BBTM, BBDr, BBM	Cylindre vibrant tandem[1] classe VT0 à VT2[2]
BBSG et BBME 0/10, 0/14	Pneu classe P1 + cylindre vibrant tandem classe VT1 à VT2[2]
GB 0/14, 0/20 – EME 0/10, 0/14, 0/20	Pneu[3] classe P1 à P2 + cylindre vibrant tandem classe VT2[2] à VT3

À noter que dans le cas d'un atelier pneu + cylindre, le compacteur à pneus est le plus souvent placé en tête, c'est-à-dire au plus près du finisseur.

Lorsque les enrobés sont répandus en grande largeur (finisseur équipé d'une grande table), le compactage est assuré par deux ateliers évoluant en parallèle et composés obligatoirement du même nombre et du même type de compacteurs.

Pour les chantiers courants, le choix de l'atelier et le nombre de passes (un aller-retour dans les mêmes traces constitue deux passes) de compacteurs à réaliser pour permettre le compactage de l'enrobé est le plus souvent défini en se basant sur l'expérience de chantiers antérieurs identiques. Si l'entreprise le juge nécessaire, soit parce que les conditions météorologiques ne sont pas optimales, soit parce qu'un nouveau matériel de compactage est utilisé, elle peut faire intervenir son laboratoire de contrôle le premier jour de mise en œuvre afin de réaliser des mesures de compacité après chaque passe de compacteur et de définir le nombre de passes nécessaires pour atteindre les objectifs de compacité.

Le guide technique fournit les éléments de calculs permettant de dimensionner l'atelier de compactage.

Tableau 18. Exemple de dimensionnement d'atelier de compactage pour la mise en œuvre d'un BBSG 0/10

Enrobé	Épaisseur	Atelier de compactage	Nombre de passes
BBSG 0/10	6 cm	P1 + VT2	8 à 10 passes de P1 4 à 6 passes de VT2

3.2.8. Les contrôles

Les articles 11 et 12 de la norme NF P98-150-1 sont consacrés aux contrôles qu'il convient de réaliser lors de la fabrication et la mise en œuvre des enrobés.

Ces contrôles s'inscrivent dans un cadre plus large, qui est celui de la gestion de l'assurance qualité (ou management de la qualité) des chantiers routiers.

Le cahier des clauses techniques générales applicables aux marchés publics de travaux de génie civil (CCTG) et ses différents fascicules définit et décrit le contenu de la démarche qualité. Parmi ces fascicules, on peut citer les suivants, qui concernent plus particulièrement les travaux de chaussées :

---

1 Utilisé en mode lisse dans le cas des BBUM, BBTM et BBDr. Utilisé en mode vibrant et lisse dans le cas des BBM.

2 Le cylindre vibrant tandem de classe VT2 est le matériel le plus employé car il est adapté pour le compactage de l'ensemble des enrobés.

3 Le compacteur à pneu de classe P2 (5 T/roue) est préférentiellement utilisé pour les épaisseurs de mise en œuvre les plus importantes.

Fascicule 2	Terrassements généraux	2003
Fascicule 23	Fournitures de granulats employés à la construction et à l'entretien des chaussées	2007
Fascicule 24	Fourniture de liants bitumineux pour la construction et l'entretien des chaussées	2005
Fascicule 25	Exécution des corps de chaussées	2018
Fascicule 26	Exécution des enduits superficiels d'usure	2018
Fascicule 27	Fabrication et mise en œuvre des enrobés hydrocarbonés	2018
Fascicule 28	Exécution des chaussées en béton	2003
Fascicule 29	Exécution des revêtements de voiries et espaces publics en produits modulaires	2006

Les textes des nouveaux fascicules 25, 26 et 27 sont disponibles sur le site de l'IDRRIM.

3.2.8.1. Le schéma organisationnel du plan d'assurance qualité (SOPAQ) et le plan d'assurance qualité (PAQ)

Dans le cadre de la passation d'un marché public, le SOPAQ se situe au niveau de la remise de l'offre par l'entreprise. Partie intégrante du mémoire technique, ou mémoire justificatif, le SOPAQ est le document par lequel l'entreprise indique au maître d'ouvrage l'organisation qui sera mise en place durant les différentes phases de chantier, les moyens en personnel et en matériel, la provenance des matériaux, ainsi que le plan de contrôle prévu.

Dès que l'entreprise a été retenue par le maître d'ouvrage, le plan d'assurance qualité est élaboré généralement pendant la période de préparation du chantier.

Plus précis que le SOPAQ, le plan d'assurance qualité indique les noms des différents responsables de l'entreprise (le responsable des travaux, le responsable du contrôle interne et, le cas échéant, le responsable du contrôle externe), les procédures qui seront appliquées pour la mise en œuvre, le suivi ainsi que les contrôles de fabrication et de mise en œuvre des matériaux. Il précise pour chaque phase de chantier et pour les différents matériaux les fréquences de contrôle et d'essai (identification des constituants et des produits et critères de conformité).

Le PAQ comprend notamment les fiches techniques produits (FTP) des principaux matériaux qui seront utilisés.

Le PAQ doit être soumis à l'approbation du maître d'œuvre qui doit veiller à ce que ce document respecte en tous points le cahier des clauses techniques particulières (CCTP) du marché de travaux.

3.2.8.2. Contrôle interne, contrôle externe et contrôle extérieur

Le contrôle qualité des travaux comprend trois niveaux : le contrôle interne, le contrôle externe et le contrôle extérieur. Le contrôle interne ainsi que le contrôle externe sont organisés par l'entreprise.

Le contrôle interne est organisé sous l'autorité du responsable de l'entreprise chargé de l'exécution des travaux ; cela signifie que celui-ci est exercé par des responsables de la chaîne de production (chef de chantier, chef application, conducteur de travaux, directeur de travaux).

Le responsable du contrôle interne s'assure du respect des procédures de réalisation, du respect des méthodes d'exécution, du respect des opérations de contrôle et de réglages (par exemple, étalonnage préalable d'un épandeur à émulsion) et procède à des vérifications simples des produits fabriqués (par exemple, respect de l'épaisseur de mise en œuvre d'un enrobé).

Le contrôle externe, bien qu'organisé et mandaté par l'entreprise, est réalisé sous l'autorité d'un responsable indépendant de la chaîne de production. Ce contrôle est en général exercé par le laboratoire de l'entreprise lorsque celle-ci en dispose (cas des grandes entreprises de travaux publics), mais il peut être exercé par un laboratoire privé avec lequel l'entreprise a passé un contrat.

Le rôle du contrôle externe est double. Il consiste d'une part en la « surveillance » du contrôle interne et concerne la vérification du respect des procédures et consignes mentionnées au PAQ. D'autre part, le contrôle externe doit réaliser les essais et mesures prévus au PAQ dans le cadre du contrôle de conformité des différentes parties de l'ouvrage. La conformité étant appréciée au regard des spécifications du CCTP. Le PAQ précise les normes d'essai utilisées par le laboratoire, les fréquences d'essais, les procédures d'étalonnage et de réglage des matériels d'essais, les modalités d'enregistrement des contrôles et essais, les procédures à suivre en cas de résultat non conforme.

Il est à noter que le contrôle externe n'est pas systématique pour l'ensemble des chantiers. Celui-ci doit être prescrit par le maître d'ouvrage au moment de la passation du marché de travaux. La prescription d'un contrôle externe peut être justifiée soit par l'importance du chantier, soit par la mise en œuvre de technique non courantes ou innovantes, ou bien par la réalisation d'une variante proposée par l'entreprise et qui nécessite un suivi particulier.

Le contrôle interne et le contrôle externe font partie du contrôle intérieur, qui est réalisé par ou pour le compte de l'entreprise.

Par opposition, **le contrôle extérieur** est réalisé à l'initiative et sous l'autorité du maître d'ouvrage. Celui-ci est exercé par un laboratoire indépendant avec lequel le maître d'ouvrage a passé un contrat. Le maître d'œuvre est chargé d'organiser les essais et contrôles qui incombent au contrôle extérieur.

Le rôle du contrôle extérieur est de vérifier que l'entreprise applique bien son PAQ et que les contrôles interne et externe qu'elle a mis en place sont suffisants et efficaces. Plus précisément, la mission du laboratoire de contrôle extérieur est de valider les résultats et les conclusions obtenus par le laboratoire de contrôle externe.

Les fascicules du CCTG détaillent les différentes missions du contrôle extérieur.

Le contrôle externe et le contrôle extérieur ne sont pas soumis aux mêmes obligations, notamment en ce qui concerne les fréquences d'essais et de contrôle. Généralement, le laboratoire du contrôle externe est amené à réaliser les essais à des fréquences bien plus élevées que le laboratoire du contrôle extérieur. Le laboratoire de contrôle extérieur intervient pour réaliser la surveillance du laboratoire de contrôle externe et, à ce titre, vérifie le respect de l'application du PAQ et valide les résultats obtenus par le laboratoire de contrôle externe. Le laboratoire de contrôle extérieur exécute les essais nécessaires lorsque le marché prévoit la réalisation d'épreuves de convenances (fabrication, mise en œuvre) ainsi que les essais spécifiques permettant au maître d'ouvrage de conclure à la conformité des ouvrages et de prononcer la réception. Enfin, dans les cas où le marché ne prévoit pas de contrôle externe, le laboratoire de contrôle extérieur peut être mandaté par le maître d'ouvrage pour réaliser les essais courants de vérification et de contrôle de conformité des constituants (contrôle des granulats, des liants, des agrégats d'enrobés).

Le guide technique SÉTRA *Moyens et critères de réception des matériaux mis en œuvre en chaussée* d'octobre 2004 précise pour chaque phase de travaux la répartition des différents contrôles réalisés par l'entreprise et par le maître d'ouvrage.

4. Les liants hydrauliques

Par Jean BARILLOT

4.1. Historique

Les premiers liants hydrauliques ont été mis en œuvre par les Romains, qui ont découvert les qualités d'un mélange constitué de chaux grasse, de pouzzolanes et de tuileaux broyés.

Cet état des connaissances perdurera jusqu'à la révolution industrielle, où les qualités des chaux maigres et hydrauliques seront reconnues. Simultanément, la découverte de la fabrication de pouzzolanes artificielles et celle de nouveaux mélanges d'argiles et de calcaires portés à haute température ouvrirent la voie à l'éclosion du ciment.

L'usage de la terminologie « hydraulique », illustrant la propriété de prise par un apport hydrique, a pour origine Louis Vicat, qui expérimente les ciments et chaux hydrauliques à partir de 1815. Lui-même a néanmoins précisé que le terme « hydrolithe » aurait été plus approprié (hydro = eau / lithos = pierre), illustrant mieux la caractéristique de ces chaux à devenir « pierre sous l'eau ».

Globalement supplantés par les liants hydrocarbonés dans l'industrie routière, les liants hydrauliques offrent en réalité des alternatives intéressantes pour le traitement d'espaces particuliers. Ils se sont surtout développés lors des périodes de crise énergétique, étant donné l'augmentation rapide et importante des prix du baril de pétrole. Ils ont alors amené les différents acteurs de la construction et de l'entretien routier à rechercher des produits et procédés nouveaux permettant de réaliser des économies substantielles en bitume.

Les liants hydrauliques sont utilisés principalement dans le domaine de la construction neuve pour :

— les travaux de terrassements (amélioration et/ou stabilisation des sols naturels),

— l'assise de chaussée,

— les revêtements de chaussées (couche de base-roulement en béton de ciment),

— les équipements de la route, à travers les dispositifs de retenue et les ouvrages d'assainissement.

Ils sont également utilisés dans le domaine de l'entretien routier ou du renforcement de chaussées (recyclage des chaussées en place aux liants hydrauliques...).

4.2. Les matériaux traités aux liants hydrauliques

4.2.1. Définitions

Le matériau traité au liant hydraulique est constitué d'un mélange, réalisé en centrale de malaxage, de granulats, ou grave, d'un ou plusieurs liants à caractère hydraulique ou pouzzolanique (ciment, cendres volantes, laitier) et d'eau, dans des proportions définies telles que :

— il puisse être mis en œuvre dans les conditions optimales de compactage, prise et séchage, avant une finition de surface éventuelle ;

— ses caractéristiques mécaniques atteignent les valeurs attendues.

Les matériaux traités aux liants hydrauliques sont utilisés en technique routière principalement pour réaliser les couches de base et de fondation. Ils offrent de bonnes caractéristiques techniques de résistance et sont particulièrement appréciés pour les chaussées fortement circulées ou les sols industriels. Ils sont également de plus en plus utilisés dans les aménagements urbains, grâce aux multiples combinaisons de teintes et de finitions de surfaces possibles. Ils présentent un possible avantage en termes de coût selon les robustesses attendues, moyennant des contraintes d'entretien plus complexes.

4.2.2. Les constituants

4.2.2.1. Les liants hydrauliques

Les matériaux traités aux liants hydrauliques dans l'industrie routière regroupent quatre types de produits, dont les spécifications sont précisées dans la norme NF EN 14227 :

– les mélanges granulaires liés au ciment pour assise de chaussées,

– les mélanges traités au laitier,

– les mélanges traités à la cendre volante,

– les mélanges traités au liant hydraulique routier.

Mélange granulaire traité au ciment (norme NF-EN 14 227-1)

L'industrie cimentière met à disposition de ses clients un grand nombre de ciments qui présentent chacun des caractéristiques propres à chaque usage, selon des domaines d'emplois diversifiés.

La gamme étendue de résistance, de nature ou de vitesse de prise et de durcissement répond aux usages très divers du béton sur chantier ou en usine, dans le bâtiment ou les travaux publics.

Les impératifs climatiques ou la résistance à des agents agressifs, sels de mer ou forte chaleur, sont des paramètres à prendre en compte pour le choix du ciment le plus approprié, pour lequel il est indispensable de connaître les caractéristiques spécifiques des différentes catégories de ciment prévues par la normalisation.

Seuls les produits employés en industrie routière seront développés ci-après.

Les ciments Portland CEM I (norme NF-EN 197-1)

Ils résultent du broyage de clinker et de sulfate de calcium pour régulariser la prise, et éventuellement de constituants secondaires en faible quantité. La teneur en clinker est au minimum de 95 %. Les classes de résistance (32,5 à 52,5 R) s'échelonnent entre 30 et 50 MPa à 28 jours.

Ce type de liant est employé pour des travaux de toute nature, en béton armé ou en béton précontraint (ouvrage d'art). Par contre, ses caractéristiques n'en justifient généralement pas l'emploi pour des travaux de maçonnerie courante et les bétons en grande masse ou faiblement armés. À noter que les CEM I 52,5 ou 52,5 R conviennent pour des travaux pour lesquels une résistance exceptionnelle est recherchée.

Les ciments Portland CEM II A ou B (norme NF-EN 197-1)

Ils résultent du mélange du clinker à hauteur de 65 % a minima et d'autres constituants, tels que laitiers, cendres volantes, pouzzolanes, fumée de silice, dont le total ne dépasse pas 35 %. Les classes de résistance sont identiques à celles du CEM I (32,5 à 52,5 R) et s'échelonnent entre 30 et 50 MPa à 28 j.

Les CEM II 32,5 conviennent bien pour les travaux de maçonnerie et les bétons peu sollicités. Ils conviennent également, tout comme les CEM 42,5, pour les travaux en béton ou béton précontraint. Ils sont de manière générale bien adaptés pour les travaux massifs exigeant une élévation de température modérée, les routes et le béton manufacturé.

Les ciments CEM IV A et B (norme NF-EN 197-1)

Non fabriqués en France, ces ciments de type pouzzolaniques sont constitués de 45 à 89 % de clinker et de 11 à 55 % d'autres constituants comme le laitier de haut-fourneau, « la fumée de silice », le schiste calciné, la pouzzolane naturelle, les cendres volantes, les calcaires, etc.

Les ciments au laitier (norme NF-EN 197-4)

Deux types de ciments comportent des pourcentages de laitiers assez importants. Il s'agit du ciment de haut-fourneau CEM III/A ou B et CEM III/C et du ciment au laitier et aux cendres CEM V/A.

Ces ciments sont bien adaptés aux travaux hydrauliques, de fondations, aux injections et aux travaux souterrains. Ils sont également employés en travaux en eaux agressives ainsi que pour les ouvrages massifs (fondations, pile d'ouvrage d'art, mur de soutènement et barrages).

Ces ciments sont sensibles à la dessiccation. Il faut donc les maintenir humides pendant le durcissement et pour cela protéger au besoin leur surface à l'aide d'un produit de cure.

Mélange granulaire traité au laitier (norme NF EN 14 227-2)

Le laitier de haut-fourneau est un sous-produit de l'industrie sidérurgique issu de la fabrication de la fonte dans les hauts-fourneaux. Il est formé de constituants non ferreux, de fondants et de cendres de coke. Sa composition en acide et sa structure vitreuse obtenue par trempe à l'eau lui confèrent des propriétés hydrauliques latentes, ce qui permet d'envisager son utilisation en tant que liant ou ajout dans les ciments.

La norme NF EN 14-227-2 décrit les mélanges usuels suivants :

- les graves laitiers, qui correspondent aux mélanges granulaires traités au laitier 0/20, 0/14 ou 0/10 ;
- les sables laitiers 0/D (D max égal à 6,3).

Les éventuels activants de prise doivent être conformes à la norme NF-P98-107.

Les laitiers volumiquement stables issus des hauts-fourneaux sont bien connus pour de nombreuses applications en industrie routière. D'autres types de laitiers, issus des aciéries, présentent un potentiel exploitable, mais ils contiennent de la chaux libre non hydratée en quantité variable, susceptible de provoquer leur expansion. Des études sont en cours aux États-Unis visant à élaborer des critères susceptibles de servir d'indicateurs pour l'utilisation de ces laitiers en tant que matériaux granulaires.

Mélange granulaire traité à la cendre volante (norme NF EN 14 227-3)

Les cendres volantes sont les particules non combustibles entraînées par les fumées lors de la combustion du charbon pulvérisé dans les chaudières des centrales thermiques.

Pour réduire la pollution atmosphérique, les cheminées de ces centrales sont équipées de dépoussiéreurs qui captent les cendres pour éviter leur dispersion dans l'atmosphère.

Les cendres volantes sont un déchet. Dans la liste des déchets de l'Union européenne (décret n° 2002-540 du 18 avril 2002 relatif à la classification des déchets), les cendres volantes sont un résidu de procédé thermique (RPT).

Toutefois, en tant que matériau de construction, les cendres volantes sont un matériau normalisé, décrit par la norme NF EN 450-1 d'octobre 2012. Cette norme définit les exigences relatives aux propriétés chimiques et physiques ainsi qu'aux modes opératoires de contrôles pour la qualité des cendres volantes siliceuses.

Pour cette norme, une cendre volante est une poudre fine constituée de particules vitreuses de forme sphérique, issues de la combustion de charbon pulvérisé en présence ou non de co-combustibles, ayant des propriétés pouzzolaniques. Sa composition est essentiellement SiO_2 et Al_2O_3. Elle est obtenue par précipitation électrostatique ou mécanique de particules pulvérulentes contenues dans les fumées de centrales électriques, pouvant être préparées, par exemple, par classification, sélection, tamisage, séchage, mélange, broyage ou réduction par le carbone, ou par combinaison de ces procédés, dans des sites de production adéquats. Un assemblage de cendres d'origines différentes est possible.

La norme précise que les cendres volantes provenant de l'incinération d'ordures ménagères et de déchets industriels ne se conforment pas à la définition donnée par cette norme.

Du point de vue de la norme, les cendres volantes sont une addition au béton de type II, c'est-à-dire un matériau finement divisé à caractère inorganique, pouzzolanique ou hydraulique latent qui peut être incorporé au béton afin d'en améliorer certaines propriétés ou pour obtenir des propriétés spéciales.

La valorisation des cendres de charbon en matériaux de technique routière est encadrée par le guide technique *Applicabilité de matériaux alternatifs en technique routière* (2011).

Ce guide définit les conditions d'utilisation des cendres volantes. Elles sont de deux types :

– les cendres doivent entrer dans le cadre d'un usage normalisé pour garantir les performances mécaniques du matériau final ;

– elles doivent faire la preuve de leur acceptabilité environnementale au regard des sites d'implantation de l'ouvrage final.

Les spécifications de produit et de performances dépendent de l'usage prévu des cendres dans l'ouvrage routier : remblais, couche de base, couche de forme, liant routier…

Les cendres volantes sont mécaniquement sensibles à l'action de l'eau. Leur utilisation en technique routière dépend donc de la maîtrise du contact avec l'eau :

– l'ajout de chaux ou de ciment permet la prise hydraulique des cendres, qui deviennent alors insensibles à l'eau ;

– l'isolation de l'ouvrage constitué de cendres seules doit les protéger du contact avec l'eau, qu'elle soit souterraine ou météorique.

En ce point, les préoccupations de performances mécaniques servent également celles de l'environnement. La limitation du contact avec l'eau (nappes ou eaux superficielles) permet d'éviter toute éventuelle dissémination de polluants. Leurs principales utilisations sont donc les suivantes :

- **En couche de forme**, à envisager soit avec un traitement aux liants hydrauliques, soit avec une activation calcique.

- **En couche de fondation ou en couche de base**, les cendres sont activées par de la chaux. Il s'agit alors de graves-cendres volantes-chaux conformes à la norme NF EN 14227-3.

- **En couche de fondation**, les cendres sont traitées à la chaux et au gypse. Le guide d'application SÉTRA-LCPC de 1998 impose alors des proportions de mélange qui visent à éviter les gonflements liés à la formation d'ettringite.

- Du fait de leur hydraulicité, les cendres volantes calciques sont employées comme **constituant d'un liant** pour le traitement de sol ou de graves. S'il s'agit d'un ciment, ce sera conformément à la norme NF EN 197-1, et s'il s'agit d'un liant, conformément à la norme NF P15-108 (décembre 2000) *Liants hydrauliques – Liants hydrauliques routiers – Composition, spécifications et critères de conformité.*

Mélange granulaire traité au liant hydraulique routier (norme NF EN 14 227-5)

La norme NF EN 14-227-5 spécifie les mélanges granulaires traités au liant hydraulique routier pour les routes, les aéroports et autres zones de circulation, et précise les exigences relatives à leurs constituants, à leur composition et à leur classification selon les performances mesurées en laboratoire.

Les liants hydrauliques routiers (LHR) sont fabriqués en cimenterie et sont issus du broyage ou du mélange de matériaux tels que le clinker de ciment, le laitier de haut-fourneau ou de cendres volantes et d'un activant de prise.

Au contact de l'eau, les liants hydrauliques s'hydratent et donnent naissance à des espèces cristallines non solubles qui rassemblent et maintiennent les éléments granulaires du sol : c'est la prise hydraulique. Cette réaction entraîne une augmentation de la cohésion du sol. Cette augmentation va dépendre de la nature des matériaux, du type de liant, de la quantité de liant mise en place, de la compacité du sol.

Les liants hydrauliques routiers ont été spécialement formulés pour permettre une facilité d'usage (délai de maniabilité) et améliorer le niveau de performances du mélange final. Les LHR s'adaptent à un cas de chantier particulier car ils peuvent être fabriqués pour des matériaux spéciaux, suivant les contraintes d'organisation de chantier ou pour atteindre des objectifs de performances sur le court terme (liant à portance rapide).

La variété des liants hydrauliques routiers permet leur utilisation dans de nombreux traitements de sol, tel que le traitement des sols fins, matériaux argileux, traitement pour les travaux en arrière-saison.

Les liants hydrauliques routiers sont économiquement attractifs notamment par rapport aux ciments car leur composition est en forte proportion à base de matériaux qui ne nécessitent pas de cuisson.

Les liants hydrauliques routiers font l'objet de deux normes européennes :

- NF EN 13282-1 *Liants hydrauliques routiers à durcissement rapide – Composition, spécification et critères de conformité,*

- NF EN 13282-2 *Liants hydrauliques routiers à durcissement normal – Composition, spécification et critères de conformité* (en cours d'élaboration). Dans l'attente de la norme européenne, les liants hydrauliques routiers doivent être conformes à la norme française NF P 15 108.

4.2.2.2. Les adjuvants

Le rôle des adjuvants est d'améliorer les propriétés des bétons. Les premières recherches portent sur les temps de prise, les caractéristiques mécaniques et de mise en œuvre, ainsi que l'étanchéité.

Le contrôle des adjuvants est vite devenu une nécessité face au développement du béton manufacturé et du béton prêt à l'emploi. Le développement des normes d'adjuvants à partir de 1972 a abouti en 1984 à la mise en place d'une certification par la marque NF Adjuvants. La liste des adjuvants bénéficiant de la marque NF est régulièrement publiée par l'Afnor.

Le rôle des adjuvants

La norme NF-EN 934-2 +A1 (août 2012) définit un adjuvant comme un produit dont l'incorporation à faible dose (inférieur à 5 % de la masse de ciment) aux bétons, mortiers ou coulis lors du malaxage ou avant leur mise en œuvre provoque les modifications recherchées de leurs propriétés à l'état frais ou durci.

Elle exclut donc du domaine des adjuvants les produits ajoutés au moment du broyage du clinker ou les produits dont les dosages dépasseraient 5 % de ciment.

L'emploi d'un adjuvant ne peut entraîner une diminution de certaines caractéristiques du béton que dans la limite de la norme. Il ne doit pas altérer les caractéristiques des armatures du béton ou aciers de précontraintes.

Chaque adjuvant est défini par une caractéristique principale et une seule. Son efficacité est bien entendu liée à son dosage. Un adjuvant possède également une ou plusieurs fonctions secondaires souvent indépendantes de la fonction principale. Son emploi peut donc générer des effets secondaires non recherchés. À titre d'exemple, un adjuvant réducteur d'eau peut avoir une fonction secondaire de retardateur de prise.

La classification

La norme NF EN 934-2 +A1 classe les adjuvants pour bétons, mortiers et coulis selon leurs fonctions principales :

– modification de l'ouvrabilité du béton : plastifiants-réducteurs d'eau, super-plastifiants ;

– modification de la prise et du durcissement : accélérateurs de prise, de durcissements, retardateurs de prise ;

– modification de certaines propriétés particulières : entraîneurs d'air, générateurs de gaz, hydrofuges de masse, colorants.

Il faut y ajouter les produits de cure, qui ne sont pas des adjuvants, mais dont la fonction est de protéger le béton durant son durcissement.

Les adjuvants modifiant l'ouvrabilité

Ces adjuvants modifient les caractéristiques des bétons, mortiers et coulis à l'état frais avant le début de prise. Ils abaissent le seuil de cisaillement de la pâte et en modifient la viscosité.

La frontière entre les différents types d'adjuvants de cette famille n'est pas toujours très claire, les effets recherchés sont très proches et les différences obtenues sont souvent une question de nuances.

– *Les plastifiants réducteurs d'eau*

Ils sont à base de lignosulfonates, de sels d'acides organiques, de mélamines sulfonates, de naphtalènes sulfonates et dérivés de mélamines et sulfonates.

Ils ont pour fonctions principales de conduire à une augmentation des résistances mécaniques par la réduction de la teneur en eau. Cette diminution, de 10 à 35 litres d'eau par mètre cube de béton, entraîne une augmentation de sa compacité, donc de sa durabilité. Cette amélioration des caractéristiques résulte de la diminution des vides dus à l'excès d'eau.

– *Les superplastifiants*

Ce sont en général des produits de synthèse organiques. Les plus utilisés sont les dérivés à base de mélamine ou de naphtalène. Ils peuvent être aussi fabriqués à partir de sous-produits de l'industrie du bois purifiés ou traités (lignosulfonates).

Ils ont pour principale fonction de provoquer un accroissement de l'ouvrabilité du mélange. La durée de ces effets est fonction de la teneur en eau, de la température et du dosage en ciment. Il n'y a ni ségrégation ni ressuage. Notons enfin que si des précautions sont prises à la mise en œuvre, la cohésion du béton reste très bonne.

Leurs principaux domaines d'emploi dans l'industrie routière sont les bétons à hautes performances et les fondations d'ouvrages d'art.

Les adjuvants modifiant la prise et le durcissement

Ces adjuvants sont des produits chimiques qui modifient les solubilités des différents constituants des ciments et surtout leur vitesse de dissolution. Physiquement, cela se traduit par l'évolution du seuil de cisaillement dans le temps.

– *Les accélérateurs de prise et de durcissement*

L'accélérateur de prise a pour but principal de diminuer les temps de début et de fin de prise du ciment dans les bétons, mortiers ou coulis.

L'accélérateur de durcissement a pour fonction principale d'accélérer le développement des résistances initiales des bétons, mortiers et coulis.

Les deux fonctions sont liées et chacune est souvent l'effet secondaire de l'autre. En effet, un béton fortement accéléré est susceptible d'avoir une résistance mécanique légèrement diminuée.

Les constituants sont souvent des dérivés de soude, potasse ou ammoniaque. Ils sont à recommander pour le bétonnage par temps froid, les travaux subaquatiques, les travaux en galerie.

– *Les retardateurs de prise*

Ils ont pour principale fonction d'augmenter le temps de début de prise et le temps de fin de prise des bétons, mortiers et coulis.

Ils sont constitués de lignosulfonates, d'hydrates de carbone et d'oxyde de zinc ou de plomb. Ils agissent en freinant la diffusion de la chaux libérée par l'hydratation du béton et retardent de ce fait la cristallisation.

Les adjuvants modifiant les propriétés des bétons

– *Les entraîneurs d'air*

L'utilisation des entraîneurs d'air pour les bétons routiers est obligatoire en France.

Leur fonction est de générer dans le béton, le mortier ou le coulis la formation de micro-bulles d'air uniformément réparties dans la masse.

En effet, le béton durci contient naturellement une certaine quantité d'air (20 l/m^3, soit environ 2 %). Il est réparti de manière aléatoire et certains vides peuvent nuire aux résistances du béton. L'entraîneur d'air permet d'en mobiliser un volume supérieur et de le répartir uniformément. La résistance au gel du béton durci, ainsi que sa résistance au sel de déverglaçage et aux eaux agressives sont considérablement améliorées.

Il est recommandé de coupler l'utilisation d'un plastifiant à tout emploi d'entraîneur d'air.

– *Les hydrofuges de masse*

Leur fonction est de diminuer l'absorption capillaire des bétons, mortiers ou coulis.

Cette diminution provoque une bonne étanchéité du béton, qui peut néanmoins se modifier au bout de quelques années ; ils sont à base d'acides gras ou de leurs dérivés. Ils peuvent également comporter des matières fines, types bentonite, ainsi que des agents fluidifiants.

Leur action est très variable suivant leur composition, leur dosage et les types de bétons auxquels ils sont incorporés. Les temps de prise peuvent être augmentés. Leur efficacité dépend de la nature du ciment. En tout état de cause, ils ne rendront pas étanche un béton de mauvaise qualité.

– *Les rétenteurs d'eau (NF-EN 934-2)*

Leur fonction est de réguler l'évaporation de l'eau et d'augmenter ainsi l'homogénéité et la stabilité du mélange.

Le ressuage est alors réduit de 50 %. Toutefois, la résistance à 28 jours s'en trouve diminuée de l'ordre de 20 %.

Ces produits, qui sont entre autres des agents colloïdaux ou des dérivés de la cellulose, sont utilisés pour l'exécution de mélanges retardés ou de mélanges à couler sous l'eau sans délavage.

Les produits de cure

Les produits de cure ont pour rôle de protéger les bétons frais pendant un certain temps après leur mise en œuvre, en évitant leur dessiccation par évaporation trop rapide de l'eau. Celle-ci entraînerait une baisse des résistances mécaniques, la formation de fissures profondes de retrait avant prise et un déchaussement des granulats.

Ces produits sont à base de résines, cires ou paraffines en émulsion aqueuse, de résines naturelles ou synthétiques, de cires ou de paraffines dissoutes dans un solvant pétrolier.

Mis en œuvre par pulvérisation sur du béton frais, ils forment un film continu imperméable qu'il faudra retirer par brossage si un nouveau revêtement doit être appliqué.

Ils sont particulièrement recommandés pour les bétonnages de pistes, de routes, d'espaces urbains et plus généralement sur tous les ouvrages présentant un rapport surface d'évaporation/épaisseur élevé.

4.2.2.3. Les fibres pour bétons

Les fibres naturelles ont été utilisées depuis très longtemps pour renforcer les matériaux les plus divers. L'association avec les bétons, mortiers ou coulis est relativement récente.

Le brevet sur l'amiante ciment date de 1902, les premiers emplois de fibres d'acier de 1932. Les fibres de verre, bien que connues depuis le début du siècle, n'ont fait l'objet d'essais d'incorporation au béton qu'à partir de 1950.

Le terme « fibre » est réservé à des matériaux d'une longueur d'environ 60 mm, par opposition aux armatures du béton armé. Leur rôle est de renforcer l'action des armatures traditionnelles en s'opposant à la propagation des microfissures. Selon les fibres utilisées et les ouvrages auxquels elles sont incorporées, elles permettent d'apporter des améliorations en termes de :

– cohésion du béton frais,

– déformabilité avant rupture,

– résistance au choc,

– résistance à la fatigue et à l'usure,

– résistance mécanique à l'usure,

– réduction des conséquences du retrait.

Les différentes fibres peuvent être classées selon leur origine en :

– fibres naturelles minérales et végétales (amiante, cellulose) ;

– fibres synthétiques d'origine minérale : verre, carbone, fibres métalliques ;

– fibres synthétiques organiques (polyamides, polypropylène, acrylique, kevlar, aramide).

Les principaux emplois des matériaux hydrauliques fibrés dans l'industrie routière sont les suivants :

– fibres de verre : éléments préfabriqués de mobilier urbain et produits d'assainissements (tuyaux, caniveaux…) ;

– fibres métalliques : dallage, parkings pistes, bétons projetés, éléments préfabriqués et pieux de fondation des ouvrages d'art ;

– fibres de polypropylène : dallages industriels et chaussées, éléments réalisés avec des coffrages glissants.

4.3. Le traitement de sol (plate-forme support de chaussée – couche de forme et/ou sol support) à la chaux et/ou aux liants hydrauliques

Cette technique complexe ne peut s'envisager sans une analyse préalable approfondie de l'environnement hydrologique et des conditions climatiques du site. Une analyse laboratoire adossée à la norme NF P 94-100 d'août 2015 *Sols : reconnaissance et essais – Matériaux traités à la chaux et/ou aux liants hydrauliques – Essais d'évaluation de l'aptitude d'un sol au traitement* permettra notamment de vérifier son efficacité vis-à-vis du gonflement volumique et du comportement mécanique.

Les études préalables doivent permettre de s'assurer que le sol est apte au traitement avec les liants envisagés. Un échantillonnage selon une trame relativement précise doit être effectué pour réaliser l'ensemble des tests nécessaires à une analyse détaillée des composantes chimiques, particulièrement la recherche de sulfates et de soufre. En effet, certains liants ne sont pas compatibles avec des sols comportant plus de 1 % d'ions sulfates.

À titre d'exemple, un chantier de terrassement autoroutier a dû procéder à la substitution de 6 km de couche traitée par suite d'une perte de portance constatée deux semaines après la mise en œuvre du traitement, dégradation qui s'est poursuivie durant plus de deux mois. Le recours à de forts dosages en liants sur des matériaux de qualité médiocre a rendu les marnes traitées particulièrement sensibles au risque de gonflement de minéraux secondaires gonflants, dû à la présence de composés soufrés.

4.3.1. Intérêts de la technique

Le traitement d'un sol a pour objectif de le rendre utilisable à des fins de support de trafic, bien qu'il n'en présente pas initialement les caractéristiques adaptées. Cette technique permet d'éviter les substitutions de matériaux, coûteuses en transport et en frais de décharge ou dépôt, et génératrice de transport sur des réseaux pas toujours adaptés au trafic lourd.

Apparue aux États-Unis au début du siècle, elle est utilisée en France depuis les années 1970. Elle correspond fortement aux objectifs de certains maîtres d'ouvrage de réduire au mieux l'impact environnemental de leurs projets d'infrastructures.

Elle permet :

– l'assèchement des sols pour les rendre praticables à la circulation durant la phase de chantier ;

– de renforcer durablement les caractéristiques géotechniques du sol support.

4.3.2. La portance d'un sol

La portance d'un sol est sa capacité à supporter les charges qui lui sont appliquées. Elle dépend de sa nature, de sa teneur en eau et de son compactage.

Les sols naturels présentent une grande variété de caractéristiques. Toutefois, leur résistance mécanique s'accroît avec leur densité. Pour accroître leur résistance, il faut donc augmenter leur compacité par des opérations de compactage. L'efficacité de ce dernier dépend bien entendu du type de matériel et du nombre de passages, qu'il faut calculer en fonction des caractéristiques du sol.

Deux essais de comportement permettent de connaître les caractéristiques d'un sol, indispensables pour établir sa capacité à subir efficacement un traitement :

– L'essai Proctor (norme NF-P 94-093, octobre 2014) pour la portance et le degré d'humidification. Il consiste à déterminer la teneur en eau qui, pour une énergie de compactage donnée, fournit la compacité maximale du sol. Il s'effectue sur plusieurs mesures de densité sèche sur des sols présentant une teneur en eau croissante. La courbe joignant les points obtenus passe par un maximum qui correspond à l'optimum Proctor.

Portance	Types de sols	Examen visuel (essai 13 t)
AR0	Argiles fines saturées, sols tourbeux, faible densité sèche, sols contenant des matières organiques…	Circulation impossible, sol inapte très déformable
AR0	Limons plastiques, argileux et argilo-plastique, argiles à silex, alluvions grossières…	Ornières derrière l'essieu de 13 t déformable

Portance	Types de sols	Examen visuel (essai 13 t)
AR1	Sables alluvionnaires argileux ou fins limoneux, grave argileuse, sols marneux contenant moins de 35 % de fines	Pas d'ornières Sol déformable
AR2	Sables alluvionnaires propres avec fines < 5 %, graves argileuses ou limoneuses avec fines < 12 %	Pas d'ornières Sol peu déformable
AR3	Matériaux insensibles à l'eau, sables et graves propres, matériaux rocheux sains…	Pas d'ornières Sol très peu déformable
AR4	Graves propres et compactées e > 30 cm ou chaussées anciennes	Pas d'ornières Très peu ou pas déformable.

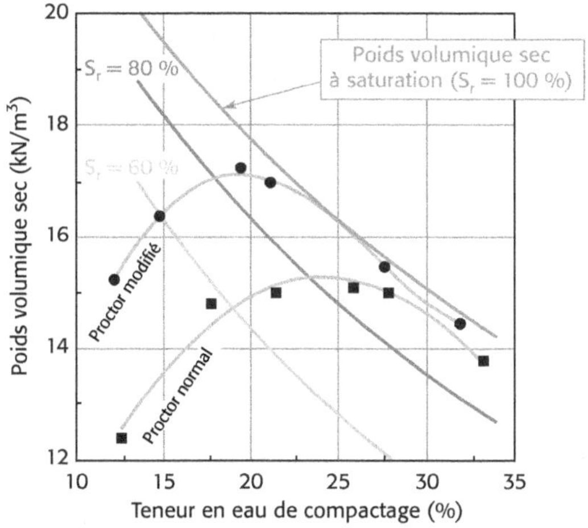

Figure 61. Courbes de compactage des essais Proctor normal
et modifié pour le limon argileux de Xeuilley (Daoud, 1996)

La forme plus ou moins aplatie de la courbe caractérise sa sensibilité à l'eau. Ainsi, les argiles présentent une sensibilité à l'eau que le traitement à la chaux permet de limiter.

– L'essai CBR pour la résistance au poinçonnement (norme NF-P 94-078, mai 1997), mesurée sur un sol présentant la teneur en eau de l'optimum Proctor. Plus cet indice est élevé, meilleure est la portance du sol.

Portance P	AR0	AR0	AR1	AR2	AR3	AR4
Indice CBR	< 3	3 à 6	6 à 10	10 à 20	20 à 50	> 50

La nature du sol joue un rôle primordial dans sa portance, nature intimement liée à son argilosité et donc à sa sensibilité à l'eau, comme le résume le tableau suivant :

Portance	Type de sol	Examen visuel (essieu de 13 t)
AR0	Argiles fines, faible densité sèche, sols à forte teneur en matière organique	Circulation impossible car sol très déformable
AR0	Limons plastiques et argileux, alluvions grossières… très sensibles à l'eau	Orniérage significatif
AR1	Sables ou graves argileuses, sols marneux à teneur en fines < 35 %	Déformable mais absence d'ornière

Portance	Type de sol	Examen visuel (essieu de 13 t)
AR2	Sables alluvionnaires propres, graves argileuses avec fines < 12 %	Peu déformable / absence d'ornière
AR3	Matériaux insensibles à l'eau, sables et graves propres	Très peu déformable / pas d'ornière
AR4	Graves propres et compactés, chaussées anciennes, roches	Pas déformable / pas d'ornières

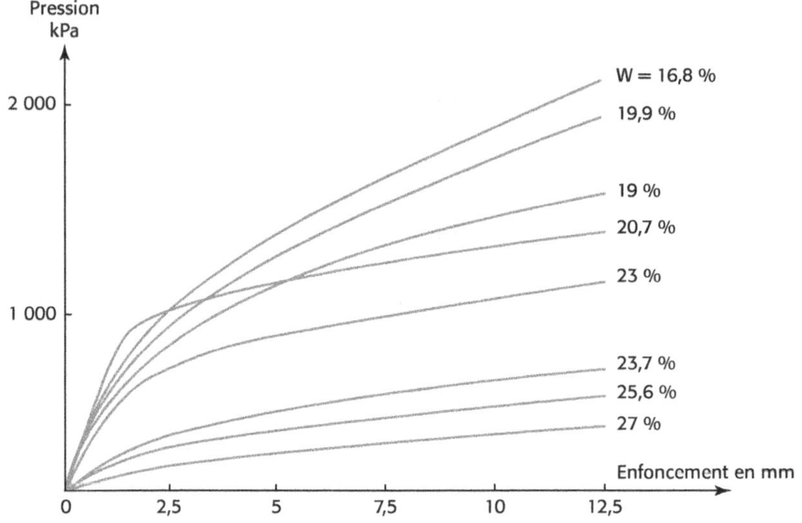

Source : Résultats d'essais de poinçonnement CBR sur un matériau marneux du Keuper à différentes teneurs en eau (Tisot, 1974).

Figure 62. Exemple : série d'essais réalisée sur un même matériau à différentes teneurs en eau.

Le traitement à la chaux et/ou au liant hydraulique permet de gagner en moyenne deux classes de portance. L'indice CBR augmente alors très rapidement, selon le traitement mis en œuvre.

4.3.2.1. Le traitement à la chaux

La chaux présente des avantages particuliers pour les traitements de sols, notamment la régulation de son état hydrique, mais également sa faculté à être mélangé avec un liant hydraulique. L'ajout de chaux permet de baisser sa teneur en eau, de faciliter son compactage et d'améliorer fortement ses propriétés mécaniques de résistance.

En effet, parmi ses principales caractéristiques, le dégagement de chaleur générée par son extinction (la chaux vive étant très avide en eau) permet d'assécher les sols très imprégnés d'eau. Par ailleurs, son intégration dans un liquide engendre l'agglomération et la précipitation rapide des matières organiques dispersées dans l'eau, modifiant ainsi la consistance du milieu. Il passe ainsi d'un état plastique à une structure grumeleuse stable.

La chaux modifie donc sensiblement, grâce à ces propriétés, les caractéristiques des sols fins argileux ou limoneux :

– Le phénomène d'extinction de la chaux au contact d'un milieu humide, en l'occurrence un sol, provoque un fort dégagement de chaleur. Cela engendre d'une part l'absorption de l'eau et d'autre part sa vaporisation :

- en moyenne, la diminution de la teneur en eau d'un sol traité à la chaux est de l'ordre de 1 à 1,5 % pour 1 % de chaux ;
- ainsi, pour un sol argileux gorgé d'eau, l'optimum de compactage est obtenu en abaissant son taux d'humidité de l'ordre de 5 %. Il suffit donc d'un apport de 3 à 5 % de chaux pour y parvenir.

– Sa capacité à floculer les éléments fins d'un sol, donc particulièrement les argiles et les limons, permet d'améliorer durablement sa consistance, facilitant ou permettant les opérations de compactage.

L'épaisseur de mise en œuvre de la chaux est variable et doit faire l'objet d'une note de calcul en fonction des caractéristiques du sol (identification des constituants notamment). Son dosage dépend particulièrement de la teneur en eau, variable fréquemment de 10 à 25 %, ce qui conduit à recourir à un dosage de 3 à 5 % de chaux rapporté au sol sec. Soit environ 15 à 35 kg/m^2 pour une épaisseur de 30 cm.

Les principes de mise en œuvre consistent en :

– l'ouverture du sol au rippeur ou au scarificateur ;

– l'épandage de la chaux (grasse pour les sols argileux, vive pour les sols gorgés d'eau) ;

– le malaxage, selon des modalités à définir sur chantier (nombre de passes) ;

– le compactage du matériau obtenu avant un séchage (si recours à la chaux grasse de 24 à 48 h).

Figure 63. Chantier de répandage de chaux (répandeur autonome et malaxeur)

4.3.2.2. Le traitement au liant hydraulique

L'incorporation de liant hydraulique dans un sol va permettre de liaisonner les éléments le constituant. La réaction du liant au contact de ces matériaux va permettre d'accroître rapidement leurs caractéristiques mécaniques.

L'apport du liant est particulièrement adapté aux sols peu plastiques à faible teneur en argile, afin d'accroître leur cohésion, leurs résistances mécanique et au gel.

Le traitement à la chaux puis au liant hydraulique est recommandé pour un sol argileux. Le premier traitement, à la chaux, permet d'une part de réduire sa cohésion pour rendre efficace le traitement au liant et d'autre part d'abaisser sa teneur en eau lorsque celle-ci est trop élevée.

Le second traitement, au liant hydraulique, permet ensuite de répondre aux exigences attendues en termes de résistance et de cohésion.

Selon la nature du sol et les caractéristiques finales attendues, le dosage en liant est en général de l'ordre de 4 à 8 % du poids de sol sec, soit environ 20 à 50 kg/m^2 pour une épaisseur de 25 à 30 cm.

Les principes de mise en œuvre consistent en :

– l'ouverture du sol au rippeur ou au scarificateur ;

Si la teneur en eau est supérieure à l'optimum Proctor (OP) :

– malaxage de l'épaisseur de la couche de sol à stabiliser ;

– séchage du sol durant la journée puis fermeture ;

– réouverture du sol au malaxeur puis mesure de la teneur en eau.

Si besoin, selon les résultats, reprise de l'opération malaxage + séchage ;

– épandage du liant, selon les dosages fournis par le laboratoire ;

– malaxage du ciment pour incorporation au sol, le nombre de passes étant à définir sur le chantier puis réglage à la niveleuse ;

– compactage selon un nombre de passages à déterminer pour atteindre les 95 % de l'OP ;

– réglage à la niveleuse du sol malaxé et compacté ;

– mise en œuvre d'un produit de cure.

Figure 64. Malaxeur en action sur un chantier de retraitement en place au liant hydraulique d'une chaussée

4.3.3. Les domaines d'utilisation

Le traitement à la chaux et/ou aux liants hydrauliques, pour la partie supérieure des terrassements, couche de forme, les remblais et les assises de chaussée, est une technique éprouvée qui connaît un fort développement.

Elle présente des avantages *économiques* (technique à froid peu gourmande en énergie, qui évite à la fois la mise en décharge de déblais et l'apport de matériaux nobles), *écologiques* (préservant les ressources naturelles en granulats nobles) et *opérationnels* (permettent d'obtenir des structures homogènes, durables et stables).

La réussite d'un projet de traitement de sols repose particulièrement sur les études préalables, notamment la pertinence des questions qu'il convient de formuler à chaque stade d'avancement de l'opération, depuis les premières étapes de conception jusqu'à la réalisation des travaux. À ce titre, deux guides techniques sont disponibles pour les maîtres d'ouvrage, détaillant à la fois les exigences en matière de dispositions particulières et de savoir-faire spécifique, en complément des règles de l'art habituelles :

– SÉTRA-LCPC, janvier 2000 : guide technique *Traitement des sols à la chaux et/ou aux liants hydrauliques. Application à la réalisation des remblais et des couches de forme* ;

– SÉTRA-CFTR, septembre 2007 : guide technique *Traitement des sols à la chaux et/ou aux liants hydrauliques. Application à la réalisation des assises de chaussées.*

4.4. Les routes et voiries en béton

Les bétons routiers répondent aux exigences de la norme NF EN 206/CN de décembre 2014 *Béton – Spécification, performance, production et conformité – complément national à la norme NF EN 206* de novembre 2014.

Elle permet de garantir la qualité et la durabilité des produits. Elle s'applique à tous les bétons de structures, qu'ils soient des bétons prêts à l'emploi (BPE), des bétons réalisés sur chantiers ou des bétons destinés à la préfabrication des produits en béton.

À noter que cette norme reproduit sur fond blanc le texte européen EN 206 de 2013 et sur fond gris les dispositions complémentaires à respecter en France.

4.4.1. L'intérêt de recourir au béton pour les routes

Les principaux atouts du recours en voirie routière de la chaussée en béton sont les suivants :

- un niveau de service élevé pour l'usager, associé à un bon niveau de sécurité : adhérence par tout temps, absence d'orniérage, visibilité due à une bonne réflexion de la lumière ;
- un bilan économique intéressant grâce à la longévité de la chaussée et à son entretien limité ;
- une bonne durabilité grâce à une forte résistance aux conditions climatiques (chaud comme froid) et à sa solidité (résistance aux charges, à l'érosion et aux agressions chimiques) ;
- une intégration à l'environnement facilitée en employant des granulats, colorants ou autres traitements de surface permettant de nombreuses solutions décoratives ;
- une vraie simplicité de mise en œuvre.

Néanmoins, le béton pose des problématiques particulières en termes d'entretien (qui seront développées dans le paragraphe 4.7), possible frein au développement de son usage dans les domaines routiers.

Une chaussée est, comme nous l'avons déjà vu, constituée de différentes couches. Elle doit avoir une épaisseur suffisante pour que la pression verticale transmise au sol soit la plus faible possible, afin que celui-ci puisse la supporter sans dégradation, le plus longtemps possible.

Pour rappel, la chaussée qui repose sur la plate-forme support de chaussée est constituée de la superposition des couches d'assise (couche de fondation éventuelle et couche de base) et de surface (couche de liaison éventuelle et couche de roulement).

L'avantage apporté par le béton est le remplacement possible, selon les besoins structurels, des couches de base et de roulement par une dalle monolithique qui remplit l'ensemble de leurs fonctions propres : c'est le principe de la chaussée rigide.

4.4.2. Les différents bétons routiers

À partir des différents types de ciments, il est possible d'obtenir une grande variété de bétons aux caractéristiques appropriées. En fonction de la nature des granulats, des adjuvants, des colorants, le béton propose de multiples solutions :

- Le béton pervibré : béton réalisé avec du ciment et des granulats usuels (dosage de 300 à 350 kg/m^3), dont la mise en œuvre se fait avec vibration soit à l'aiguille soit avec des machines plus élaborées allant de la poutre vibrante au finisseur ou encore avec des machines à coffrage glissant.
- Le béton fluide : béton classique auquel est ajouté un fluidifiant qui facilite sa mise en œuvre sans réduire sa résistance. La fluidification augmente sa maniabilité, qui, mesurée au cône d'affaissement, passe de 5 à 20 cm. Ces bétons ne sont pas vibrés car il y a un risque de ségrégation.
- Le béton compacté : il s'agit d'un mélange de grave, de sable, de liants, d'eau et d'adjuvants selon des caractéristiques et proportions bien définies. La granulométrie est particulièrement bien étudiée pour assurer une stabilité naturelle et permettre une ouverture à la circulation très rapide, après compactage et couche de protection.

4.4.2.2. Les routes à moyens et forts trafics

Il s'agit des voiries supportant un TMJA supérieur à 150 poids lourds par jour et par sens sur la voie la plus chargée à la date de la mise en service. La résistance du béton de ciment en fait un atout particulier pour ce type de chaussée. L'objectif est d'alors d'exploiter au mieux l'excellent module du béton en s'affranchissant de son point faible principal : la fissuration liée au phénomène de retrait.

Tableau 19. Résumé des différentes techniques possibles

Solutions techniques	Usage le plus adapté
Dalles courtes non armées à joints goujonnés ou non	Tout type de routes
Béton armé continu (BAC)	Routes à fort trafic

– Les dalles courtes non armées :

  – Le principe consiste en la mise en œuvre de dalles courtes de longueur comprise entre 3,50 et 5,00 m. Le principal défaut de cette technique est l'évolution dans le temps des conditions d'appui au niveau des joints par l'apparition d'un phénomène de pompage, puis de décalage et de fracturation des dalles, pouvant engendrer rapidement la destruction de la chaussée. Ce phénomène apparaît sous l'effet d'un trafic cumulé important.

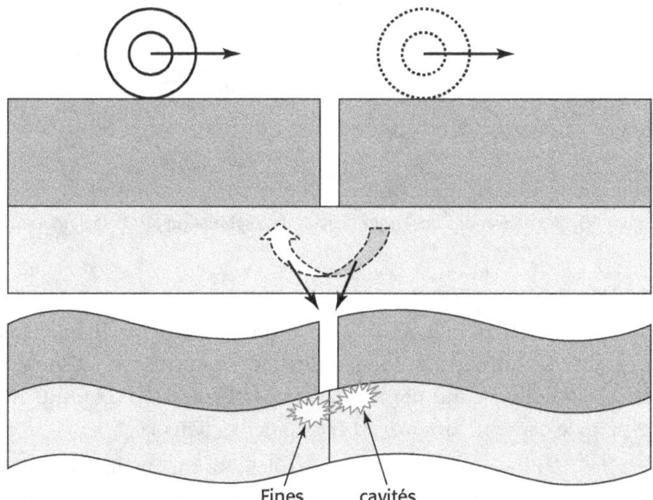

  – Plusieurs techniques sont possibles pour limiter au mieux l'apparition de ce phénomène :

    – la mise en œuvre de dispositifs drainants longitudinaux en bord de dalle ;

    – l'emploi de matériaux d'appui peu érodables au niveau de l'interface fondation/revêtement, afin d'éviter l'apparition de cavités au niveau des joints, cavités générées par la circulation de l'eau ;

    – le traitement soigné des joints : une amorce de fissuration sur une profondeur variable entre 1/3 et 1/4 de l'épaisseur de la dalle sera réalisée par sciage ou moulage. Pour les joints sciés, un garnissage des joints est conseillé pour les routes à moyen et fort trafic afin d'éviter les arrivées d'eau dans la structure ;

- pour les chaussées à fort trafic (TMJA supérieur à 300 poids lourds par jour et par sens sur la voie la plus chargée à la date de la mise en service), la mise en œuvre d'une liaison entre dalles par des goujons en acier de 60 cm de long et 20 à 30 mm de diamètre, disposés tous les 30 cm, est préconisée.

- L'épaisseur d'une chaussée béton est variable selon les conditions de trafic attendues et la durée de vie de l'ouvrage choisie par le maître d'ouvrage. Elle est généralement comprise entre 20 et 30 cm.

Figure 66. Illustration des conséquences de la dégradation au droit d'un joint

- Le béton armé continu :
  - Le principe consiste en la mise en œuvre d'un revêtement de chaussée en béton de ciment intégrant des armatures longitudinales, continues et disposées en nappe, à mi-épaisseur de la dalle, ce qui permet d'éviter la réalisation de joints de retraits transversaux, principale cause de désordre à terme de la chaussée.

  - L'armature ainsi déployée permet de contrôler au mieux la fissuration et donc de préserver la qualité du revêtement. Ces armatures sont calculées afin de répartir le retrait et donc les fissurations, qui seront de taille suffisamment limitée (environ 0,5 mm). À noter que le pourcentage d'acier est relativement réduit : 0,67 % pour les aciers haute adhérence de type Fe500. Soulignons par ailleurs le développement des chaussées composites BAC/GB3 et BCg/GB3 décrites dans le chapitre 4, « Le rôle d'une chaussée », paragraphe 4.6.

  - Le drainage de l'interface dalle-couche de fondation est assuré par un béton porteur, tandis que la fondation est constituée d'un matériau non érodable.

  - L'épaisseur couramment utilisée, selon les conditions de trafic et la durée de vie, est comprise entre 16 et 22 cm.

4.5. Les bétons pour dallage et aménagements urbains

L'amélioration du cadre de vie, particulièrement en zone urbaine, et l'intérêt croissant pour le partage de la voirie conduisent à rechercher des solutions visant à différencier les espaces. Les objectifs sont nombreux : meilleure lisibilité, identification des zones mixtes pour mieux alerter le conducteur, cohabitation de différents modes de transports (tramways, bus…).

Le sol n'est plus un espace banalisé support de diverses circulations, mais un espace qui doit répondre à des objectifs esthétiques et fonctionnels, tout en assurant pérennité, entretien facilité et sécurité.

Le béton permet d'offrir différents types de solutions adaptées au trafic supporté. La multiplicité des formules et la possibilité d'inclure différents types d'agrégats, associés à différentes finitions, permettent de proposer des espaces en béton désactivé, hydrosablé ou bouchardé. Une palette relativement large peut donc répondre aux attentes des urbanistes.

Ce type d'aménagement exige toutefois une préparation et une anticipation minutieuses ; en effet, il est impossible, sans créer de forts dommages à l'ensemble, d'envisager une quelconque intervention ultérieure (réseau, réparation ponctuelle, malfaçon…).

Figure 67. Exemple d'un espace piétonnier en béton désactivé

4.6. Le recyclage des chaussées en place aux liants hydrauliques : réduire l'impact environnemental

La lutte contre le réchauffement climatique est une priorité politique. La prise en compte des objectifs de la « loi de transition énergétique pour la croissance verte » fait partie des préoccupations majeures de l'industrie du béton. Les bétons « bas carbone » ont vu le jour, dont la terminologie est aujourd'hui béton « à faible impact » ou « à faible empreinte environnementale ». Même si actuellement aucune règlementation ou norme ne permet de qualifier précisément ces matériaux.

La filière de fabrication du béton est particulièrement émettrice de gaz à effet de serre, en particulier de dioxyde de carbone. Chaque kilogramme de ciment produit émet entre 0,3 et 0,7 kg (en fonction du type de ciment) de CO_2 dans l'atmosphère. Les pistes de recherches pour réduire cette empreinte sont d'une part le recours à la valorisation des déchets en guise de source d'énergie et d'autre part la modification des formulations des ciments pour réduire la teneur en clinker. L'objectif affiché par la filière est de réduire à l'horizon 2030 de 40 % les émissions de CO_2 par rapport à 1990.

Le recours à diverses additions minérales de type laitiers de hauts-fourneaux, silice ou calcaire finement broyés, cendres volantes… a déjà été éprouvé, permettant de réduire jusqu'à 30 % la quantité de clinker des ciments. Les recherches actuelles s'orientent vers des liants innovants à base d'oxyde de magnésium ainsi que vers le recours aux géopolymères, ou liants alcali-activés, nettement moins consommateurs ou émetteurs de CO_2.

Le ciment n'est toutefois pas le seul constituant sous surveillance. Pourquoi ne pas remplacer les autres constituants que sont les granulats et les adjuvants, dont la production est également émettrice de gaz à effet de serre ? Des recherches sont en cours en ce sens. Néanmoins, le meilleur béton « écologique » reste celui qui n'est pas produit. Le recyclage du béton est donc une priorité. Il est garant d'une vraie réduction des émissions de CO_2 et de la quantité de déchets, et il préserve les ressources naturelles. Particulièrement dans les territoires pauvres en gisement, qui disposent dès lors de leurs propres ressources sur place. Le projet national RECYBETON a rendu ses conclusions. Les bétons sont recyclables ou multi-recyclables. La norme NF EN 206/CN autorise d'ores et déjà l'introduction d'un pourcentage de granulats béton recyclé dans un nouveau béton (20 %).

4.6.1. Capturer le dioxyde de carbone

La production de ciment est responsable d'environ 5 % des émissions de CO_2 mondiales. Outre les recherches en cours pour réduire cet impact, comme exposé ci-dessus, une autre piste de travail est de capturer et piéger le dioxyde de carbone produit par les usines dans des éléments de béton préfabriqués.

Ce procédé, breveté, repose sur le principe de remplacer lors de la fabrication du béton l'eau par du gaz carbonique. Le CO_2 réagit avec un ciment particulier qui présente la propriété de durcir sous l'effet de l'injection et de l'absorption du CO_2. Le béton ainsi produit atteint sa résistance maximale au terme de 16 heures contre 28 jours pour un béton Portland ordinaire.

Selon la société porteuse du projet, actuellement en phase expérimentale, le bilan carbone global diminuerait de 70 %, eu égard aux différentes économies réalisées dans le processus de fabrication.

4.6.2. Recourir à des adjuvants naturels

Les adjuvants ont pour intérêt de réduire la réactivité du ciment. Ils sont donc un de ses composants essentiels. En permettant la défloculation des grains de ciment tout en réduisant la consommation d'eau, ils sont garants de l'ouvrabilité du béton.

Toutefois, issus de l'industrie pétrochimique, ils présentent le défaut d'être dépendants du pétrole. Les chimistes recherchent donc des adjuvants dont le principe actif est constitué de polymères biosourcés (déchets végétaux…).

Sachant que les adjuvants permettent de diminuer la quantité de ciment employée pour la fabrication du béton, ils contribuent directement à la réduction de la consommation d'énergie et donc de l'empreinte carbone.

4.6.3. Recourir à des matériaux agrosourcés

La production des granulats, composants du béton, n'est pas neutre en termes d'empreinte carbone. Des recherches sont en cours pour remplacer une partie de ces traditionnels granulats minéraux, par définition non renouvelables, par des matériaux alternatifs agrosourcés ou biosourcés renouvelables, dont la composante végétale (bois, chanvre, lin…) aura été en amont contributrice à la fixation et au stockage du CO_2 atmosphérique.

De plus, les bétons élaborés à base de ces matériaux sont thermiquement plus performants et peuvent donc contribuer à l'efficacité énergétique des bâtiments.

Enfin, l'incorporation de béton de déconstruction concassé dans la formulation des nouveaux bétons est un vrai défi industriel. Environ trois cents millions de tonnes de déchets de chantiers sont produites chaque année en France.

4.6.4. La possibilité d'utiliser le gisement de matériau des chaussées : le retraitement en place

Depuis quelques années, le réseau routier français est soumis à des difficultés d'entretien, eu égard à la raréfaction des moyens.

Face à ce manque, les maîtres d'ouvrages sont à la recherche de solutions économes et si possible à moindre impact sur l'environnement, conformément à l'exigence sociétale actuelle. Le retraitement en place, technique datant des années 1960-1970, relativement sous-utilisée, apporte une réponse intéressante à cette double exigence.

Cette technique évite de déconstruire la voirie existante et d'évacuer, en décharge ou vers des plates-formes de recyclage, les matériaux la composant. Le retraitement en place exploite ce gisement de granulats en le valorisant, réduisant ainsi fortement les transports divers. Seule la couche de roulement représentera un apport réel de matériaux.

Le procédé de retraitement en place consiste à fragmenter le revêtement bitumineux, soit seul en veillant à respecter au mieux l'épaisseur du matériau en place, soit en même temps que tout ou partie des couches sous-jacentes. La valorisation du matériau ainsi foisonné et homogénéisé s'effectue ensuite par les opérations successives suivantes :

- correction éventuelle du matériau recyclé par apport de granulats ayant les caractéristiques correctrices requises ;
- reprofilage transversal (et parfois longitudinal) par apport de matériau ou reprofilage du matériau en place fragmenté ;
- valorisation du matériau de l'ancienne chaussée en ajoutant un liant (selon les besoins, il sera hydrocarboné sous forme d'émulsion de bitume, hydraulique ou composé) ;
- mise en œuvre de la couche retraitée (épandage, réglage, compactage) ;
- mise en œuvre d'éventuelles couches de base ou de liaison ;
- mise en œuvre de la couche de roulement.

La classification des retraitements (classe I à classe V) s'établit notamment en fonction des objectifs recherchés (réhabilitation des couches de surface ou renforcement structurel) et du liant utilisé (une émulsion de bitume, un ciment ou un liant hydraulique routier ou un mixte[1]).

Les principaux avantages du retraitement sont :

– environnementaux : économie des ressources naturelles / réduction de la circulation poids lourds / économie d'énergie, particulièrement si recours au liant hydraulique ou au ciment ;

– techniques : homogénéisation des matériaux et suppression des fissures / correction des profils transversaux et longitudinaux / amélioration du profil ;

– économiques : rapidité d'exécution donc moindre gêne à l'usager / moindre impact sur les infrastructures d'approche car moins de transport / réduction des coûts indirects (décharge…).

Toutefois, cette technique possède plusieurs limites. On retiendra principalement :

– les phénomènes de retrait (détaillés au paragraphe 4.7.1.1), dont l'impact est non négligeable sur la durée de vie de la structure ;

– l'encombrement des machines utilisées, qui ne facilite pas l'intervention dans des milieux denses urbains, caractérisés de plus par la présence de réseaux (bouches à clé, regards, tampons…) ou de pavés en chaussée, qui endommagent les rotors des matériels utilisés (la dimension maximale D du plus gros élément doit être inférieure à 63 mm) ;

– la durée des études relatives au support existant, afin de mettre en œuvre la technique la plus adaptée et le bon dosage de liants, constitue également un frein au recours à cette technique.

À ce titre, un guide est disponible pour les maîtres d'ouvrage souhaitant s'engager dans la mise en œuvre du retraitement : CFTR, juillet 2003 : guide technique *Retraitement en place à froid des anciennes chaussées.*

Figure 68. Atelier de retraitement en place d'une chaussée (malaxeur, niveleuse, compacteur)

---

1 Mélange d'un ciment ou d'un liant hydraulique routier avec une émulsion de bitume.

4.7.   Les principaux freins du recours aux structures béton

4.7.1.   L'entretien ultérieur : l'apparition des fissures

Les fissures sont des lignes de rupture apparaissant dans le béton à différentes périodes de sa prise. Les bétons routiers ont pour spécificité leur plasticité et leur mouillabilité, qui leur permettent d'épouser toutes les formes requises tout en s'acquittant des contraintes de seuils ou d'altimétrie avec un haut niveau de finition.

Par rapport aux bétons utilisés traditionnellement en bâtiment, les bétons routiers et d'aménagement possèdent les particularités suivantes :

— ils sont coulés à plat et adhèrent au support ;

— ils reçoivent des sollicitations directes (piétons, deux-roues, poids lourds, bus…) qui peuvent être extrêmement agressives autant structurellement que sur les caractéristiques superficielles ;

— ils sont particulièrement exposés aux conditions climatiques, telles les variations de température, le gel, les sels de déverglaçage, la pluie, le vent, les embruns salés…

4.7.1.1. Les sollicitations propres au béton

Avant sa prise, le béton est le siège d'un premier départ d'eau soit par évaporation, soit par percolation dans le support, générant donc un premier retrait dit retrait hygrométrique. Lequel sera d'autant plus important selon la teneur en eau du béton et les conditions climatiques (température élevée, vent…). En l'absence de dispositions constructives, il peut alors entraîner l'apparition de fissures dites de retrait plastique, se manifestant dès les premières heures sous forme de fissures courtes, obliques et assez profondes, qui n'évolueront pas.

Pendant sa prise, le béton est le siège d'un double phénomène :

— le ciment prélève une partie de l'eau pour s'hydrater, avec pour conséquence une diminution de volume. Le béton se contracte : c'est le retrait d'hydratation ;

— le béton est par ailleurs le siège de sollicitations thermiques provoquées par les variations journalières de températures : c'est le retrait thermique.

Ces deux retraits provoquent des contractions qui se manifestent au sein du revêtement béton, tout en étant empêchées ou freinées par l'adhérence ou le frottement du béton sur le support, développant ainsi une contrainte dans le revêtement. Si cette contrainte est supérieure à la résistance à la traction du béton, il se fissure.

Une fois durci, le béton est le siège de sollicitations dues :

— *aux retraits hygrométrique et thermique* : le béton poursuit sa contraction, qui entraîne l'ouverture des joints, générant des infiltrations d'eau, l'introduction de matériaux divers ;

— *à la dilatation thermique* : la dilatation d'une dalle en béton sous l'effet d'une augmentation de la température ambiante est freinée par le frottement du béton sur son support. Ce qui provoque l'apparition de contraintes de compression que le béton supporte bien, sauf aux points particuliers où se trouvent des émergences ou obstacles dans le revêtement ;

— *au gradient de température* : la différence de température entre les faces inférieures et supérieures du revêtement va avoir tendance à déformer les dalles, déformations contrecarrées par le poids propre du béton. Il en résulte des contraintes proportionnelles à l'importance du gradient et à l'épaisseur, la largeur ou la longueur de la dalle.

4.7.1.2. Sollicitations dues au trafic

Elles sont de deux types :

– structurelles : charges et répétition de charges prises en compte dans le dimensionnement;
– superficielles : usures de surface prises en compte dans la formulation du béton.

Les précautions à respecter sont les suivantes :

– choix d'un traitement de surface adapté au trafic ;
– choix d'un gravillon peu polissable, en particulier pour les bétons désactivés ;
– mise en œuvre soignée de la protection du béton frais.

4.7.1.3. Sollicitations particulières

Par leur configuration et leur situation (grande surface posée à même le sol), les revêtements routiers en béton sont particulièrement exposés aux effets du gel et des sels de déverglaçage.

En l'absence de dispositions constructives et d'une formulation adaptée du béton, les conséquences peuvent être une dégradation prématurée de la surface du revêtement (écaillage, départ de matériaux…).

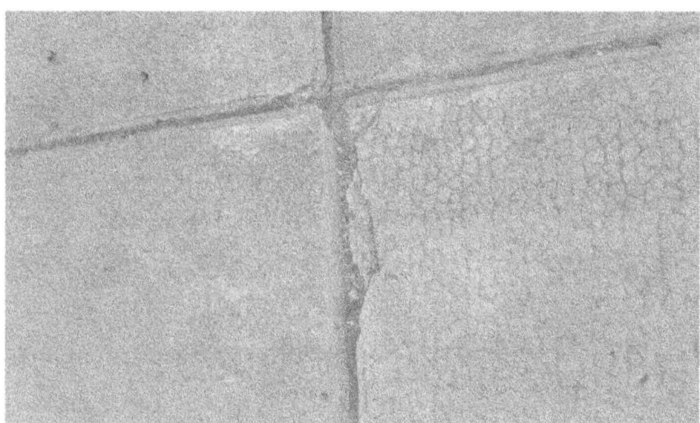

Figure 69. Dégradation au droit de la pré-fissuration sur trottoir en béton

Faute de dispositions préventives, la plupart des fissures proviennent donc :
– d'un mauvais calepinage des joints,
– d'un trop grand espacement des joints de retrait par rapport à l'épaisseur de la dalle,
– d'un excès d'eau dans le béton,
– d'une mauvaise cure du béton frais,
– d'un sciage de retrait tardif ou inexistant,
– d'une augmentation imprévue des trafics,
– d'un sous dimensionnement des sous-couches ou d'un dimensionnement inadapté de la couche de roulement.

Quel que soit le type de fissures rencontrées, celui-ci doit être identifié par :
– une définition qui le caractérise,
– des éléments probants sur son origine, ses évolutions et ses conséquences possibles,
– son étendue, sa gravité et son mode de fonctionnement.

Les principales modalités d'entretien de ce type de pathologie sont les suivantes :

– en l'absence d'épaufrure : colmatage superficiel avec de la résine (époxy, polyuréthane, méthacrylate) ou scellement par pontage superficiel (polyuréthane souple, bitume élastomère…) ;

– si épaufrure : réparation de celle-ci puis scellement par injection sous pression de résine ou scellement par ouverture et colmatage superficiel ;

– en cas de fissures très étendues, la création d'un joint transversal est recommandée ;

– en cas de battement de dalles, recourir au post-goujonnage.

> *Résumé des dispositions constructives*
>
> Avant la prise du béton :
>
> – Limiter la teneur en eau du béton.
>
> – Protéger le béton frais pour réduire l'évaporation, surtout si forte chaleur.
>
> – Arroser le support avant le bétonnage, surtout si forte chaleur.
>
> Pendant la prise du béton :
>
> – Faire au mieux pour réduire l'amplitude des retraits, à savoir :
>
>   – retrait thermique : recourir aux granulats calcaires plutôt que siliceux ;
>
>   – mise en œuvre évitant la superposition du retrait thermique et du retrait d'hydratation.
>
> – Limiter le frottement entre le revêtement et le support.
>
> – Maîtriser le retrait en le concentrant dans les joints.
>
> – Réduire la longueur entre les deux joints successifs.
>
> Après durcissement du béton :
>
> – Maintenir la protection du béton pendant plusieurs jours (produit de cure).
>
> – Mettre en œuvre les joints de dilatation en des points identifiés (autour des émergences, obstacles fixes, carrefours, etc.).
>
> – Réduire les contraintes dues au gradient thermique par un juste dimensionnement des dalles (maxi 25 fois l'épaisseur en longueur et largeur).
>
> – Être vigilant sur les phénomènes de gel (proscrire les gravillons gélifs / mettre en œuvre un adjuvant entraîneur d'air / couvrir le béton frais si la température est inférieure à 0 °C).

4.7.2. Le temps de prise avant mise en service

Une question revient régulièrement dans le choix des structures de chaussées : pour circuler sur du béton, faut-il attendre 28 jours ? La réponse est non.

En effet, cela ne s'évalue pas en jours, mais en niveau de résistance atteint par le béton, cette résistance en place dépendant de la formulation et de la maturité du béton (température). On peut rétablir une circulation de véhicules lourds lorsque le béton a atteint 90 % de sa résistance caractéristique. Dans des conditions de températures normales, cela correspond à :

– environ 3 à 4 jours pour les bétons traditionnels,

– environ 12 heures pour les bétons accélérés.

Pour les véhicules légers, la circulation peut être respectivement rétablie après 24 heures et 6 heures.

Avec des bétons spéciaux (à base de ciment alumineux ou à base de ciment prompt), la circulation globale peut être rétablie au bout de 2 heures.

Enfin, les bétons secs compactés, du fait de leur stabilité immédiate, peuvent être remis en circulation dès la fin du compactage.

4.8. Exemple d'une technique innovante : le béton de ciment alumineux fondu

Le béton de ciment alumineux fondu est une excellente réponse technique aux contraintes de délai et de remise en circulation rapide.

Ainsi, pour réfectionner certaines dalles californiennes en béton sur 63 km de voies de l'autoroute A26, s'étalant de la hauteur de Châlons-en-Champagne jusqu'aux environs de Troyes, la solution retenue a été celle d'un béton de ciment alumineux fondu.

Ce choix est parfaitement justifié. D'abord, cette solution a permis de répondre aux exigences de l'exploitant, dont le cahier des charges imposait, pour la remise en service, une résistance minimale à la compression de 20 MPa à 4 heures. Le béton de ciment alumineux fondu apporte, en effet, une réponse technique aux contraintes de délai et permet un durcissement rapide, l'obtention de résistances élevées au jeune âge et un séchage rapide avec un matériau durable. Ensuite, cette solution apporte une grande souplesse d'utilisation, par sa rapidité de mise en œuvre grâce à l'ouvrabilité du matériau, par l'obtention d'une bonne planéité par un lissage à la règle vibrante et par le pompage possible du matériau.

Ainsi, les travaux ont pu être réalisés de jour, la circulation étant détournée sur la voie opposée. Ils ont consisté à décaisser les dalles démolies, préparer le support, couler le béton de ciment alumineux fondu, mettre à niveau à la règle vibrante et balayer la couche de surface. Pour des raisons de sécurité, chaque soir avant 20 heures, la voie était ensuite rendue à la circulation.

- les enrobés à chaud avec notamment le béton bitumineux très mince (BBTM) et le béton bitumineux ultra mince (BBUM).
  - Avec apport structurel plus ou moins important :
    - les enrobés à chaud avec notamment le béton bitumineux à module élevé (BBME), le béton bitumineux semi-grenu (BBSG), le béton bitumineux drainant (BBDr) et le béton bitumineux mince (BBM).
- Les couches de roulement non bitumineuses :
  - les bétons de ciment[1].

---

1 Dans les structures en béton de ciment, les couches de base et de roulement peuvent former une seule et même couche appelée couche de base-roulement.

1.1.1. Les critères de choix[1]

Tableau 20. Liste non exhaustive

	ESU [1]	ECF [1]	BBTM	BBM	BBDr [2]	BBSG	BBME
Trafic	≤T1 [5]	≤T1 [5]	Tout type	Tout type	≥T3 [6]	Tout type	Tout type
Support [3]	Peu déformé et bon état	Peu déformé et bon état	Peu déformé et bon état	Bon état	Peu déformé et bon état	Déformé	Déformé
Structure	Sans apport	Sans apport	Sans apport	Faible apport	Faible apport	Apport	Apport
Épaisseur	0,5 à 1,5 cm	1 à 1,5 cm	2 à 3 cm	3 à 5 cm [7]	3 à 5 cm [8]	5 à 9 cm [9]	5 à 9 cm [9]
Résistance aux efforts de cisaillement [4]	– –	–	–	–/+ [15]	– –	+	+
Résistance à l'orniérage	– –	– –	– –	–/+ [10]	++	+/++ [10]	++ [10]
Imperméabilisation [17]	++ [11]	+	– – [12]	–/+ [10-15]	– – [12]	+/++	+/++
Réduction du bruit de roulement	– – / – [13]	–/+ [13]	–/++ [13]	–	+/++ [13-14]	–	–
Adhérence	+/++ [13]	+	+/++ [13]	–/+ [15]	+/++ [13-16]	–	–
Réduction des projections d'eau	+	–	–/+	–	++	– –	– –
Aptitude à améliorer l'uni (PO)	– –	– –	–/+	+	+	+	+
Aptitude à limiter la remontée des fissures	– –	– –	– –	–	– –	+	– [18]
Prix (m²) [19]	2 €	3 €	5 €	6 €	7 €	11 €	12 €

++ Très bon, + Bon, – Moyen, – – Inadapté

---

1 Ces informations ne sont données qu'à titre indicatif

(1) Granularité 2/4, 4/6, 6/10, 10/14 pour les enduits superficiels d'usure (ESU) et 0/4, 0/6, 0/8, 0/10 pour les enrobés coulés à froid (ECF).

(2) Dispositions particulières pour l'entretien (décolmatage) et l'exploitation (viabilité hivernale).

(3) En entretien ou réhabilitation.

(4) Zones de freinage, virages, giratoires.

(5) En technique d'entretien, le guide *Aide au choix des techniques d'entretien des couches de surface des chaussées* (SÉTRA, 2003) préconise une classe de trafic ≤ T1 (TMJA ≤ 750 PL/jour/sens). Les guides techniques ESU et MBCF (CEREMA-IDRRIM, 2017 indiquent que le trafic peut aller jusqu'à T1 voire T0 (TMJA ≤ 2 000 PL/jour/sens), dans des conditions d'environnement et de profils favorables, pour de l'entretien préventif, et jusqu'à T2 (TMJA ≤ 300 PL/jour/sens) pour de l'entretien curatif. Privilégier une émulsion de bitume modifié par ajouts de polymères (norme NF EN 14023 de juin 2010) sur les routes à fort trafic. Pour les ESU, la structure monocouche double gravillonnage (MDG) est bien adaptée aux trafics intenses, rapides et lourds. À noter que pour les ESU et ECF, la classe A offre les meilleures performances (voir tableau 1 des normes NF EN 12271 de juillet 2007 et NF EN 12273 d'octobre 2008). En construction, les ESU et ECF sont plutôt destinés aux chaussées de trafic faible à moyen.

(6) Le guide *Aide au choix des techniques d'entretien des couches de surface des chaussées* (SÉTRA, 2003) préconise une classe de trafic ≥ T3 (TMJA > 50 PL/jour/sens). Problème de colmatage dans les zones non ou peu circulées et soumises à risques de pollution. Le BBDr est fréquemment utilisé sur les routes à circulation rapide (autoroute de liaison, voies structurantes d'agglomération - VSA limitées à 90 km/h et 110 km/h). À noter que le guide *VSA, Conception des voies à 90 et 110 km/h* (CEREMA, 2015) remplace les recommandations relatives aux voies rapides urbaines (VRU) de type A définies dans l'instruction sur les conditions techniques d'aménagement des voies rapides urbaines (ICTAVRU-CETUR, 1990 ; réédition CERTU, 2009).

(7) 3 à 4 cm pour les BBM 0/10 et 3,5 à 5 cm pour les BBM 0/14.

(8) 3 à 4 cm pour les BBDr 0/6 et 4 à 5 cm pour les BBDr 0/10.

(9) 5 à 7 cm pour les BBSG et BBME 0/10 et 6 à 9 cm pour les BBSG et BBME 0/14.

(10) Selon la classe. À noter que la résistance à l'orniérage augmente avec la classe de performance (classe 1, 2 ou 3).

(11) Imperméabilisation importante du support avec le bicouche.

(12) Le pourcentage de vides augmente avec la classe de performance (classe 1 ou 2). À noter que le pourcentage de vides du BBDr est supérieur ou égal à 20 % en classe 1 et que sa teneur en vide maximale est de 30 % en classe 2 (voir norme NF EN 13108-7 de décembre 2006 *Mélanges bitumineux – Spécification des matériaux – Partie 7 : Bétons bitumineux drainants*).

(13) Selon la granularité.

(14) Très bonne au jeune âge.

(15) Bonne pour type A et moyenne pour type B et C. 0/10 et 0/14 type A (discontinuité 2/6) ; 0/10 et 0/14 type B (discontinuité 4/6) et 0/10 type C (courbe continue).

(16) Très bonne à vitesse élevée.

(17) Produit seul (sans couche d'accrochage sous l'enrobé).

(18) À basse température, le bitume pur a une plus faible résistance à la fissuration.

(19) Les prix au m² facilitent la comparaison des produits. À noter que, pour chaque produit, le prix diffère en fonction des performances du bitume (pur, modifié, multi-grade…).

Remarques :

Le béton bitumineux semi-grenu et le béton bitumineux à module élevé (norme européenne NF EN 13108-1) sont formulés de façon à présenter certaines caractéristiques de compacité, tenue à l'eau et résistance à l'orniérage. Leur utilisation avec une épaisseur inférieure à la recommandation de l'annexe A de la norme NF P98-150-1 de juin 2010 risque de conduire, par une difficulté de mise en place du squelette granulaire, à la non-obtention des performances recherchées[1].

Le béton bitumineux à module élevé se caractérise par son module. Ce dernier est très nettement supérieur à celui du béton bitumineux semi-grenu[2]. À noter que le liant dur du BBME peut conduire à une faible résistance à la fissuration et qu'il est plus difficilement recyclable.

Plus la couche de roulement est mince et moins elle intervient dans la structure de la chaussée. C'est le cas par exemple du béton bitumineux très mince (norme européenne NF EN 13108-2), dont l'apport structurel est négligeable et qui n'est employé que pour améliorer la sécurité (adhérence, drainabilité…) et le confort des usagers (réduction significative du bruit de roulement avec le BBTM 0/6 vu sa faible granulométrie qui lui confère des qualités phoniques[3]). Du fait de leur formulation, les BBTM sont des enrobés dits à macrotexture « ouverte » car ils présentent un pourcentage de vides[4] bien plus important que les BBSG ou les BBME. La macrotexture jouant un rôle important dans l'adhérence, notamment par temps de pluie, ils sont donc bien plus efficaces que les BBSG ou les BBME pour diminuer les risques d'aquaplanage et pour améliorer les conditions de circulation (réduction des projections d'eau). Pour éviter une décroissance rapide de ses caractéristiques mécaniques, le BBTM doit être fabriqué avec un bitume modifié par des polymères. Pour améliorer le collage du BBTM sur le support, la couche d'accrochage devra être une émulsion à base de bitume modifié.

Le principal inconvénient du BBTM par rapport au BBSG ou au BBME est sa faible épaisseur de mise en œuvre (2 à 3 cm), qui exige un support quasi parfait du point de vue des déformations. Par ailleurs, à la différence du BBSG ou du BBME, la faible épaisseur du BBTM ne conduit pas à « renforcer » la structure existante, par conséquent celui-ci devra être réservé aux travaux neufs ou aux travaux d'entretien de chaussées bien structurées. Un bon compromis entre les deux peut être un béton bitumineux mince (norme européenne NF EN 13108-1), mis en œuvre entre 3 et 5 cm selon la granulométrie utilisée (et donc sur un support pouvant être un peu plus déformé qu'avec le BBTM). Il permet un « renforcement » un peu plus conséquent tout en offrant également de meilleures caractéristiques d'adhérence[5] qu'avec un BBSG ou un BBME.

Cas particulier des giratoires

Dans les giratoires, la diminution de la vitesse entraîne un temps d'application de la charge plus long qu'en section courante, ce qui augmente les contraintes dans la structure de chaussée et les risques d'orniérage. La norme NF P98-086 de mai 2019 – *Dimensionnement structurel des chaussées routières – Application aux chaussées neuves* introduit une augmentation des épais-

---

1   À noter que pour tous les enrobés, l'obtention des performances recherchées est liée au respect de l'épaisseur d'utilisation par couche.

2   Voir l'extrait de la norme NF EN 13108-1 de février 2007 *Mélanges bitumineux – Spécifications des matériaux – Partie 1 : enrobés bitumineux* dans le chapitre 3, paragraphe 3.1.3, sur les enrobés à chaud.

3   L'absorption acoustique est également due à sa texture « ouverte ». Il est à noter que plus le calibre des granulats est grand plus le niveau de bruit est élevé.

4   BBTM classe 1 : 12 à 19 % de vides pour les 0/6 et 10 à 17 % pour les 0/10 ; classe 2 : 20 à 25 % de vides pour les 0/6 et 18 à 25 % pour les 0/10 (voir norme NF EN 13108-2 de décembre 2006 *Mélanges bitumineux – Spécifications des matériaux – Partie 2 : Bétons bitumineux très minces*).

5   L'annexe B de la norme NF P98-150-1 de juin 2010 donne par type de produit le niveau de macrotexture minimal exigé après mise en œuvre. Pour les BBM A 0/10, 0/14 et BBM B 0/14, (0,7 mm pour 90 % des points contrôlés), le niveau exigé est supérieur à celui du BBSG et BBME 0/10 (0,4 mm pour 90 % des points contrôlés), 0/14 (0,5 mm pour 90 % des points contrôlés). Pour les BBM B 0/10 et BBM C 0/10 (0,5 mm pour 90 % des points contrôlés), il est identique à celui du BBSG et BBME 0/14.

seurs pour le dimensionnement des giratoires (urbains et interurbains) qui tient compte de la nature des matériaux d'assise[1].

Par ailleurs, les véhicules longs développent pour les couches de roulement des efforts tangentiels élevés[2]. Il est donc recommandé d'employer un BBSG 0/10[3] sur une épaisseur de 6 cm. Les enrobés en couche mince (épaisseur inférieure ou égale à 4 cm) et à texture ouverte (BBDr…) sont à proscrire. Les vides diminuent la densité des points de contact, ce qui a pour conséquence d'augmenter les efforts de cisaillement.

1.2. La couche de liaison

Lorsqu'une couche de liaison est prévue, elle est interposée entre les couches d'assise et la couche de roulement.

Selon la nature de la couche de roulement et l'importance du trafic, la nature de la couche de base et les exigences sur le niveau d'uni, une couche de liaison peut être nécessaire afin d'assurer les rôles suivants[4] :

– imperméabilisation,

– résistance à l'orniérage,

– amélioration de l'uni,

– retarder la remontée des fissures.

Les produits utilisables en couche de liaison appartiennent aux familles suivantes[4] :

– Techniques à chaud :

  – le béton bitumineux semi-grenu (BBSG),

  – le béton bitumineux à module élevé (BBME),

  – le béton bitumineux mince (BBM).

– Techniques à froid :

  – grave-émulsion (GE)[5].

---

1 Majoration de 15 % des couches d'assise pour les matériaux bitumineux ainsi que pour les sols et sables traités aux liants hydrauliques. Majoration de 10 % des couches d'assise pour les graves traitées aux liants hydrauliques et les bétons. Pour information, le guide technique *Carrefours giratoires en béton* (IDRRIM, 2015) propose une majoration systématique de 10% des épaisseurs pour chaque structure sur la couche de béton de roulement. À noter que le guide *Conception structurelle d'un giratoire en milieu urbain* (CERTU, 2000) dans lequel les épaisseurs d'assise calculées sont majorées de 15 % pour le tracé des abaques n'est plus en conformité avec la norme révisée.

2 Les contraintes tangentielles de cisaillement à la surface du revêtement sont encore plus élevées dans les petits giratoires (rayon extérieur de 12 à 15 m) et les mini-giratoires à terre-plein central franchissable.

3 Compte tenu des contraintes spécifiques dans les carrefours giratoires, il peut être recommandé d'utiliser un BBSG avec un bitume modifié ou un bitume permettant de renforcer le caractère anti-orniérant (bitume multigrade).

4 Liste non exhaustive

5 Conformément à la norme NF P98-121 d'octobre 2014 *Assises de chaussées – Grave-émulsion – Définition – Classification – Caractéristiques – Fabrication – Mise en œuvre*, la grave-émulsion est destinée soit aux reprofilages et aux réparations localisées (type R), soit à la réalisation de couches d'assise structurantes (type S). Néanmoins, il peut être judicieux de l'utiliser en couche de liaison, notamment dans le cas d'une structure semi-rigide (couches de surface bitumineuse sur une assise en matériaux traités aux liants hydrauliques). En effet, la GE en couche de liaison permet de retarder la remontée des fissures de retrait vers la surface.

On notera que sur les voies du réseau structurant (VRS), ainsi que sur les voies du réseau non structurant (VRNS) dont la classe de trafic est supérieure à TC5 20[1], le *Catalogue des structures types de chaussées neuves* (SÉTRA-LCPC, 1998) impose une dissociation des fonctions des couches de roulement et de liaison. Ainsi, la couche de roulement a pour fonction d'offrir des caractéristiques d'usage (adhérence, bruit…), alors que la couche de liaison protège l'assise des agressions directes du trafic et des agents atmosphériques.

2. Les couches d'assise

L'assise de la chaussée peut être constituée d'une couche appelée couche d'assise ou de plusieurs couches appelées couche(s) de base et couche de fondation.

Elles assurent les rôles suivants[2] :

– répartir les charges sur la plate-forme : elles permettent de répartir les pressions sur le support de chaussée afin que la déformation reste dans les limites admissibles ;

– présenter de bonnes performances mécaniques : elles apportent à la chaussée une résistance mécanique vis-à-vis des charges induites par le trafic ;

– assurer une bonne protection thermique.

Les différents produits utilisables en couches d'assise appartiennent aux familles suivantes[2] :

– Les couches d'assise bitumineuses :

  – Techniques à chaud :

    – la grave-bitume (GB),

    – l'enrobé à module élevé (EME)[3].

  – Techniques à froid :

    – la grave-émulsion (GE).

– Les couches d'assise non bitumineuses :

  – les bétons de ciment,

  – les graves non traitées (GNT),

  – les matériaux traités aux liants hydrauliques (MTLH),

  – les traitements de sol en place[4].

---

1 Pour la classe de trafic TC5 20, cette disposition est conseillée.

2 Liste non exhaustive

3 Il s'agit de l'EME de classe 2. L'EME de classe 1 ne résiste pas à la fissuration, il n'est pas utilisé. Pour mémoire, sa tenue en fatigue ($\varepsilon_6 \geq 100$ µdef) est inférieure à celle des EME de classe 2 ($\varepsilon_6 \geq 130$ µdef). Voir l'extrait de la norme NF EN 13108-1 de février 2007 *Mélanges bitumineux – Spécifications des matériaux – Partie 1 : enrobés bitumineux* dans le chapitre 3, paragraphe 3.1.3, sur les enrobés à chaud.

4 Préalablement à l'utilisation d'un sol traité en assise, il convient d'effectuer une étude en laboratoire suivant la norme NF P98-114-3 de mai 2009 *Assises de chaussées – Méthodologie d'étude en laboratoire des matériaux traités aux liants hydrauliques – Partie 3 : Sols traités aux liants hydrauliques éventuellement associés à la chaux.* Cette norme définit une méthode d'étude pour déterminer la composition pondérale de la formule de base du mélange. À noter que le guide technique *Traitement des sols à la chaux et/ou aux liants hydrauliques. Application à la réalisation des assises de chaussées* (SETRA-CFTR, 2007) traite notamment des types de sols concernés, du dimensionnement et de la conception des assises de chaussées en sols traités ainsi que des conditions de réalisation des travaux et de contrôle des matériaux.

Pour les travaux routiers, *les chaussées constituent un des enjeux majeurs du développement durable*. La convention d'engagement volontaire nationale fixe des objectifs pour le recyclage des matériaux bitumineux issus de la déconstruction routière et la réduction des émissions de gaz à effet de serre. Cela se traduit techniquement par l'utilisation d'agrégats d'enrobés et l'abaissement des températures de fabrication et de mise en œuvre des enrobés (enrobés dits tièdes). L'ouverture aux variantes techniques et environnementales dans les marchés peut créer une véritable compétitivité écologique. Le guide technique *Construction des chaussées neuves sur le réseau routier national. Spécifications des variantes* (SÉTRA, 2003) autorise les variantes sur les couches de surface (nature des matériaux et/ou épaisseurs), les couches d'assise (nature des matériaux ou type de structure) et sur la couche de forme (nature et épaisseur). La variante proposée peut concerner tout ou partie de ces éléments. Les matériaux non normalisés sont acceptés sous réserve d'un avis technique délivré par l'Institut des routes, des rues et des infrastructures pour la mobilité (IDRRIM)[1] ou dans le cadre de l'appel à projets d'innovation « Routes et rues »[2].

3.   Les couches d'accrochage

Selon le type de structure de chaussée[3], les différentes couches doivent être parfaitement collées pour qu'il y ait transmission des contraintes. En revanche, s'il y a un décollement, toutes les couches travaillent en traction, ce qui réduit considérablement la « durée de vie » théorique de la chaussée.

Lors de la mise en œuvre des enrobés, l'utilisation de couches d'accrochage aux interfaces permet de faciliter le collage des couches de la chaussée. Elle permet à la structure de chaussée de travailler comme un seul bloc. La résistance globale augmente et les contraintes de déformation diminuent.

Lorsqu'il y a une absence ou une insuffisance du collage aux interfaces des couches, chaque couche travaille de manière indépendante. La résistance globale baisse et les contraintes de déformation augmentent. Ainsi, la détérioration de la chaussée est accélérée (dégradation par fatigue).

La couche d'accrochage est à prévoir entre le blanc (matériaux traités[4] ou non) et le noir ou entre deux couches de noir. Il s'agit d'une émulsion de bitume pur ou modifié.

Lorsqu'une couche d'accrochage concerne l'interface entre des matériaux granulaires non traités et le noir, on parle de couche d'imprégnation[5]. En effet, le matériau est imprégné en surface, après compactage, d'une couche d'émulsion de bitume et recouvert de gravillons.

---

1   L'IDRRIM a été créé en 2010 à partir de la transformation du CFTR (Comité français pour les techniques routières). Le comité Avis de l'IDRRIM élabore notamment des avis techniques sur l'aptitude à l'emploi de produits, procédés ou matériels non normalisés ou normalisés avec des propriétés spécifiques non normalisées.

2   L'appel à projets d'innovation « Routes et rues » a été créé en 2007, il est le successeur de la charte « Innovation routière ».

3   Dans la modélisation, la structure de chaussée est représentée par un massif multicouches élastique, les interfaces entre les couches sont supposées collées, semi-collées ou glissantes.

4   Sur des matériaux traités à la chaux et/ou aux liants hydrauliques, on applique un enduit de cure. Dans le cas de la mise en œuvre d'une couche d'enrobé sur un béton de ciment, l'interface est collée. L'adhésivité est assurée par une couche d'accrochage.

5   La couche d'imprégnation unit les matériaux granulaires non traités à la couche en enrobés. A noter que l'imprégnation pénètre dans la surface granulaire et lie les matériaux entre eux. Elle apporte de la cohésion de surface et de l'imperméabilisation.

Ainsi, la couche d'imprégnation peut être mise en œuvre sur une couche de forme ou d'assise (cas des structures souples, inverses ou bitumineuses avec une couche de fondation en grave non traitée).

Lorsque la couche d'accrochage concerne deux couches d'assise traitées avec un liant hydrocarboné (par exemple GB/GB), le dosage minimal en liant résiduel[1] est de 250 g/m². Le dosage est identique entre une couche de base et une couche de roulement à texture fermée (par exemple, BBSG, BBME..).

Par contre, le dosage doit être majoré entre une couche de base traitée avec un liant hydrocarboné et une couche de roulement à texture ouverte (BBTM, BBDr...). Conformément à la norme NF P98-150-1 de 2010, le dosage minimal en liant résiduel est de 300 g/m² pour le BBTM et de 350 g/m² pour le BBDr. En effet, la couche d'accrochage sert aussi à imperméabiliser la chaussée lorsque des enrobés contenant un pourcentage de vide élevé sont utilisés.

Pour les bétons bitumineux mis en œuvre sur de faibles épaisseurs, l'interface est davantage sollicitée en cisaillement. Le parfait collage est primordial pour éviter l'apparition précoce de fissures. L'utilisation d'une couche d'accrochage à l'émulsion de bitume modifié[2] est vivement conseillée. Elle est également à privilégier pour les trafics forts afin d'assurer un collage optimum.

Ainsi, *la couche d'accrochage est un élément essentiel de la structure de chaussée*. Elle assure sa pérennité pour un coût très faible (environ 1 €/m²). En fonction du type d'enrobé[3], il est important d'adapter le dosage[4].

4. Les structures de chaussées

La norme NF P98-086 de mai 2019 classe les chaussées ou structures de chaussées en six familles. Les définitions évoluent quelquefois d'un guide à l'autre. La terminologie décrite dans la norme fait référence. Pour mémoire, les couches de surface (couche de roulement et éventuellement une couche de liaison) et d'assise[5] (une ou plusieurs couches) constituent la structure de chaussée.

4.1. Les structures souples

Dans ce type de structure, l'épaisseur totale de la couverture bitumineuse est inférieure ou égale à 12 cm, elle repose sur une assise constituée d'une ou plusieurs couches de grave non traitée d'épaisseur totale supérieure ou égale à 15 cm.

---

1   Il s'agit du bitume restant à l'interface après évacuation de l'eau. Le dosage minimal requis à l'application est obtenu en divisant le dosage minimal en liant résiduel par la teneur en bitume de l'émulsion (en pourcentage).

2   À noter que la nature du bitume de la couche d'accrochage se choisit également en fonction du type de liant du matériau à coller (exemple couche d'accrochage en émulsion de bitume modifié si l'enrobé est formulé avec un liant modifié).

3   La réalisation d'une couche d'accrochage n'est pas d'usage systématique sous les enrobés à froid à l'émulsion (*cf.* norme NF P98-150-2).

4   Les dosages sont également à adapter à l'état du support.

5   Les illustrations présentent l'assise de la chaussée constituée de deux couches à savoir la couche de fondation surmontée de la couche de base. À noter que les structures souples, bitumineuses, semi-rigides et rigides peuvent ne comporter qu'une seule couche d'assise.

Les structures comportant des matériaux d'assise constitués de matériaux traités aux liants hydrauliques, bitumineux ou en béton ne rentrent pas dans le champ de cette définition.

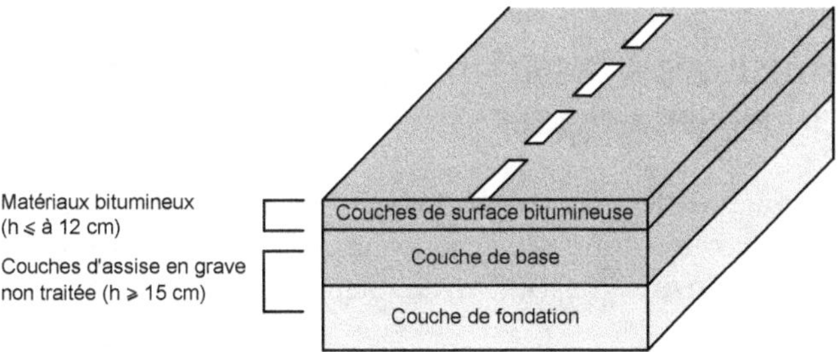

Mode de fonctionnement

Comme la couverture bitumineuse est relativement mince (≤ 12 cm), elle assure peu la diffusion des contraintes verticales induites par le trafic et subit à sa base des efforts répétés de traction par flexion[1], ce qui entraîne une fatigue de celle-ci. Ainsi, les contraintes verticales dues au trafic sont transmises à travers les couches granulaires jusqu'au sol support avec une faible diffusion latérale. La répétition des contraintes verticales entraîne des déformations plastiques[2] qui se répercutent en déformations permanentes à la surface de la chaussée.

4.2. Les structures bitumineuses

Dans ce type de structure, les couches de surface et de base sont en matériaux bitumineux. La couche de fondation éventuelle peut être en matériaux bitumineux ou en grave non traitée[3].

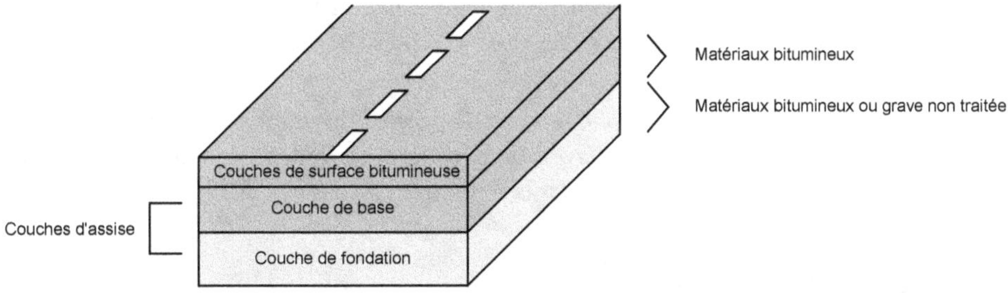

Mode de fonctionnement

La rigidité des couches en matériaux bitumineux permet de diffuser en les atténuant fortement les contraintes verticales transmises au support de chaussée.

Les contraintes verticales dues au trafic sont reprises en traction-flexion par les couches bitumineuses. Les efforts de traction maximaux se produisent à la base de la couche bitumineuse la plus profonde, lorsque les interfaces des différentes couches sont collées. Par contre, lorsque

---

1   La flexion implique la coexistence d'efforts de compression au droit de la charge et de traction à la base des couches d'enrobés.
2   Déformations irréversibles.
3   Lorsqu'une grave non traitée est prévue en couche de fondation, il convient de respecter les épaisseurs minimales suivantes : 0,45 m sur PF1, 0,25 m sur PF2, 0,20 m sur PF2qs et 0,15 m sur PF3.

les couches sont décollées, chacune d'elles se trouve sollicitée en traction avec une plus grande amplitude et peut rompre prématurément par fatigue.

4.3. Les structures à assises traitées aux liants hydrauliques – structures semi-rigides

Dans ce type de structure, les couches de surface[1] (couche de roulement et éventuellement une couche de liaison) sont constituées de matériaux bitumineux, elles reposent sur une assise constituée de matériaux traités aux liants hydrauliques (MTLH).

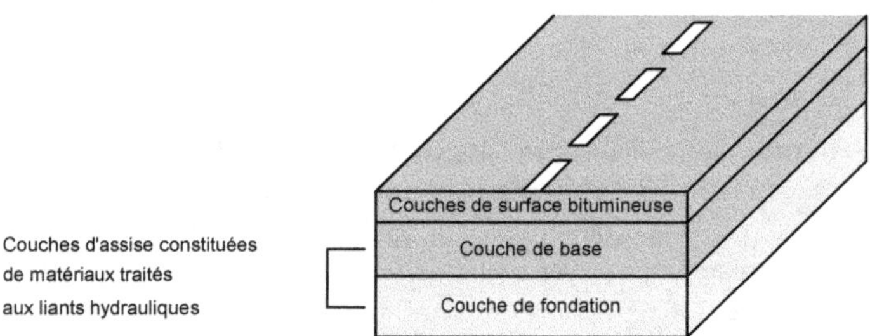

Mode de fonctionnement

La grande rigidité des matériaux traités aux liants hydrauliques permet d'atténuer fortement les contraintes verticales transmises au support de chaussée.

L'assise traitée subit des contraintes de traction-flexion élevées. Dans le cas d'une assise réalisée en deux couches, les efforts de traction maximaux se produisent à la base de la couche la plus profonde, lorsque l'interface entre la couche de base et la couche de fondation est collée. Si cette interface est décollée ou glissante[2], les deux couches sont sollicitées en traction à leur base.

Ces assises sont sujettes aux retraits (phénomène de prise et thermique), qui provoquent une fissuration transversale remontant au travers de la couche de roulement. Lorsqu'une couche de liaison est prévue, elle permet de retarder la remontée des fissures de retrait vers la surface.

4.4. Les structures mixtes

Dans ce type de structure, les couches d'assise sont constituées de deux matériaux différents. La couche de base est en matériaux bitumineux à l'exclusion des enrobés à module élevé et la couche de fondation est en matériaux traités aux liants hydrauliques (MTLH). Le rapport de

---

1 Pour les chaussées semi-rigides, l'épaisseur minimale des couches de surface est de 6 centimètres. À noter que la norme NF P98-086 de mai 2019 intègre les sols traités en assise. Dans le cas d'une couche de base en sol traité aux liants hydrauliques, cette épaisseur totale minimale peut être supérieure à 6 centimètres. En effet, elle est fonction de la nature du sol (fins, sableux, graveleux) et de la classe de trafic (T5 à T3) et peut atteindre 12 centimètres dans la situation la plus défavorable (sols fins et T3).

2 Les couches sont supposées glissantes (contraintes de cisaillement horizontales nulles) avec une grave-cendres-volantes-chaux (GCV) ou une grave-ciment de classe 4 (GC4) et collées avec la grave-laitier (GL). Pour les autres matériaux traités aux liants hydrauliques, les couches sont supposées semi-collées.

l'épaisseur de matériaux bitumineux (couches de surface + couche de base) à l'épaisseur totale de la structure de chaussée est compris entre 0,45 et 0,60.

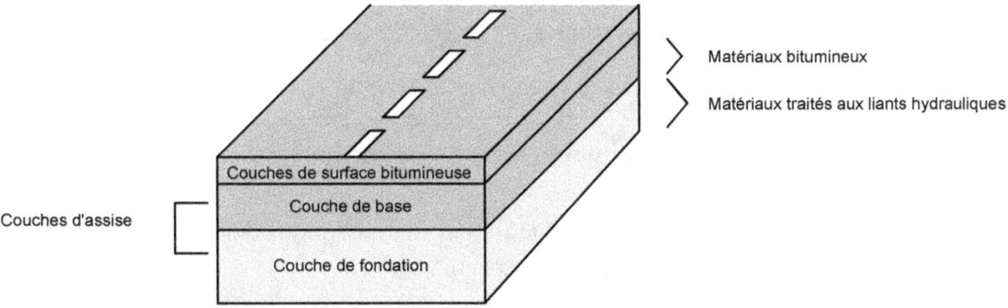

Mode de fonctionnement

La grande rigidité des matériaux traités aux liants hydrauliques permet de diffuser et d'atténuer les contraintes transmises au support de chaussée. Les couches bitumineuses ralentissent la remontée des fissures transversales de la couche de fondation.

4.5.   Les structures inverses

Dans ce type de structure, les couches d'assise sont constituées d'une couche de base en matériaux bitumineux qui repose sur une couche intermédiaire en grave non traitée (GNT) de type B[1] d'épaisseur comprise entre 10 et 12 cm reposant elle-même sur une couche de fondation en matériaux traités aux liants hydrauliques.

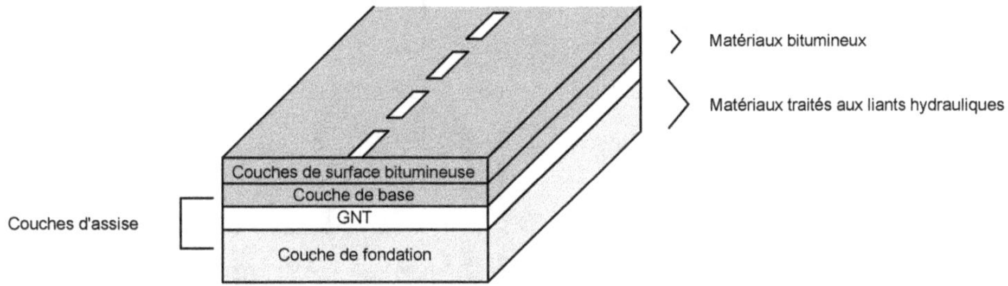

Mode de fonctionnement

La rigidité élevée des matériaux traités aux liants hydrauliques permet d'atténuer fortement les contraintes verticales dues au trafic, qui sont transmises au support de chaussée.

La grave non traitée (GNT) permet de ralentir la remontée des fissures de retrait des matériaux traités aux liants hydrauliques.

La rigidité des couches bitumineuses permet de diffuser en les atténuant les contraintes verticales transmises à la couche intermédiaire en grave non traitée. Les couches bitumineuses permettent également de retarder la remontée des fissures transversales.

---

1   L'avant-propos national de la norme NF EN 13285 de décembre 2010 recommande de conserver la distinction des types de GNT de la norme NF P98-129 de novembre 1994 annulée le 20/05/2004. À noter que l'annexe F de la norme NF P98-086 de mai 2019 privilégie l'emploi des GNT de type B.

4.6.   Les structures en béton de ciment – structures rigides

Ces structures comportent une couche en béton de ciment d'au moins 12 cm. Les couches de base et de roulement peuvent former une seule et même couche appelée couche de base - roulement[1].

La norme NF P98-086 de mai 2019 les classe en trois catégories :

– béton de ciment sur matériaux bitumineux comprenant les structures BAC[2] sur GB3, BAC sur BBSG et BCg[3] sur GB3,

– béton de ciment (BC, BAC et BCg) sur matériau hydraulique (béton maigre, matériaux traités aux liants hydrauliques ou béton compacté routier[4]),

– béton de ciment (non armé et non goujonné) sur couche de forme (CF) ou couche drainante.

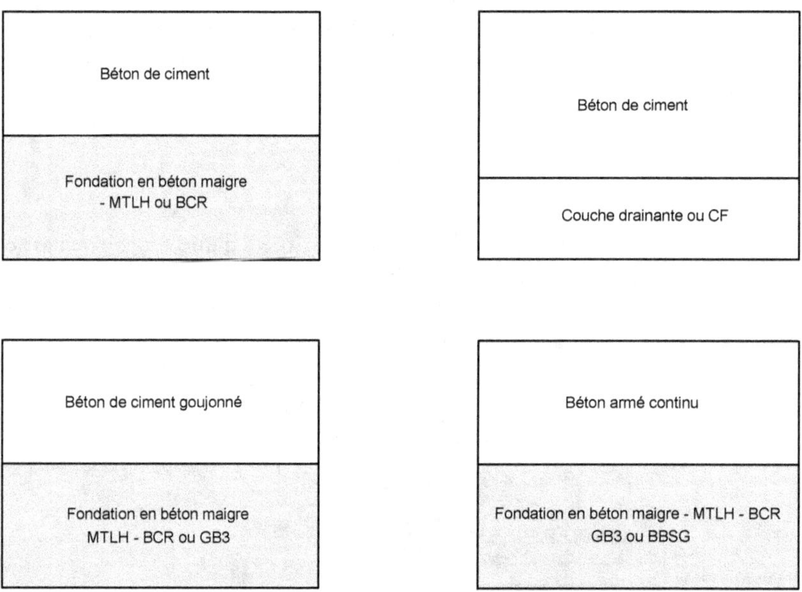

---

1   Dans le cas d'utilisation d'une couche de roulement mince hydrocarbonnée, la couche de béton devient une couche de base. À noter qu'une couche d'enrobé sur un revêtement béton n'est viable, au sens de la tenue dans le temps, que si le revêtement est un béton armé continu BAC (absence de joints de retrait transversaux). En effet, si le revêtement est non armé et en dalles béton à joints goujonnés ou non, le tenue de la couche d'enrobé au niveau des joints n'est pas garantie (fissuration des enrobés au droit des joints par suite des mouvements des lèvres du joint, suivie d'épaufrures et de dégradations).

2   Chaussée en béton armé continu (BAC). Cette structure comporte des armatures longitudinales continues disposées en nappe dans l'épaisseur de la dalle. Elle est bien adaptée au très fort trafic. Dans le cas d'une chaussée composite BAC/GB3, l'interface est semi-collée. Avec une fondation en BBSG, l'interface entre le béton et le matériau bitumineux est glissante.

3   Chaussée en béton de ciment goujonnée (BCg). Des goujons en acier sont disposés à mi-épaisseur de la dalle au droit de chaque joint transversal. Elle est bien adaptée au trafic moyen et fort. Dans le cas d'une chaussée BCg/GB3, l'interface est semi-collée. Cette structure se limite aux trafics inférieurs ou égaux à 10 millions de NE cumulés.

4   Le béton compacté routier (BCR) s'apparente plus à une grave hydraulique à haute performance qu'à un béton. Les matériaux employés dans la confection des assises de chaussée sont de granularité 0/14 ou 0/20 (*cf.* norme NF P98-128 d'août 2014 - *Assises de chaussées et plate-formes – Bétons compactés routiers et graves traitées aux liants hydrauliques à hautes performances – Définition, composition et classification*).

Le Tableau 21 donne la classe usuelle du béton de ciment[1] en fonction de son utilisation dans la structure de chaussée (couche de base-roulement ou de fondation).

Tableau 21. Extrait modifié du tableau E1 de l'annexe E de la norme NF P98-170 de septembre 2018

Classe	Utilisation
BC6	Couche de base-roulement
BC5	Couche de base-roulement
BC4	Couche de base-roulement pour les chaussées à faible trafic (limité à T3)
BC3	Couche de base-roulement pour les chaussées à faible trafic (limité à T4) et couche de fondation
BC2	Couche de fondation

À noter que le guide technique *Chaussées en béton* – SETRA-LCPC 2000 classe les structures selon la façon dont sont localisées et éventuellement traitées les discontinuités associées aux retraits de prise et thermique du béton :
- les chaussées à dalles courtes non armées et non goujonnées, qui regroupent :
  - les structures à dalles courtes, dites « californiennes » ; la dalle en béton de ciment repose sur une fondation en matériaux traités aux liants hydrauliques (MTLH) ou en béton maigre ;
  - les structures à dalles sans fondation[2] ; la dalle épaisse[3] en béton de ciment est installée sur une couche drainante ;
- les chaussées à dalles courtes non armées et goujonnées (BCg),
- les chaussées en béton armé continu (BAC).

Mode de fonctionnement

Compte tenu du module d'élasticité élevé, les efforts dus au trafic sont repris en flexion par la couche de béton. Ainsi, les contraintes de compression transmises au support de chaussée sont faibles tant que les conditions d'appui des dalles restent bonnes.

La fissuration due au retrait de prise et thermique est contrôlée et localisée, soit par la réalisation de joints sciés formant des dalles courtes[4], soit par des armatures métalliques longitudinales positionnées au niveau de la fibre neutre[5].

---

1 Pour un trafic et une classe de portance de la plate-forme support de chaussée donnés, l'épaisseur du revêtement en béton de ciment doit être calculée en tenant compte de la classe mécanique du béton. Par exemple, un revêtement béton de classe BC5 de 20 cm d'épaisseur est équivalent à un revêtement béton de classe BC4 de 22 cm d'épaisseur et à un revêtement béton de classe BC6 de 18 cm d'épaisseur.

2 Absence de couche de fondation liée. La durabilité de la structure est fortement dépendante du dispositif de drainage (matériaux granulaires ou géocomposites de drainage).

3 L'épaisseur des dalles en béton de ciment sans fondation varie de 28 à 39 cm. En comparaison, l'épaisseur des dalles courtes dites « californiennes » varie de 19 à 28 cm pour le revêtement en béton de ciment et de 12 à 17 cm pour la fondation en béton maigre. En ce qui concerne l'épaisseur des dalles courtes non armées et goujonnées et des dalles de béton armé continu, elle varie de 16 à 22 cm et leur fondation en béton maigre de 14 à 22 cm. À noter que pour une voirie à faible trafic, la structure béton est souvent sans fondation et l'épaisseur du revêtement varie entre 12 et 25 cm.

4 La structure se présente comme une succession de dalles séparées par des joints sciés dans le béton au jeune âge. Les joints transversaux ont un espacement de 4 à 6 mètres pour limiter l'ouverture des fissures. Les goujons (barres d'acier lisses) améliorent le comportement des joints transversaux et le transfert de l'effort tranchant entre dalles.

5 Ou ligne neutre. Elle est en position d'équilibre et n'est soumise à aucun effort (allongement nul en flexion).

CHAPITRE 5

Qualité de la couche de roulement

Parmi les différentes caractéristiques prises en considération dans le choix de la couche de roulement, celles qui concernent la sécurité des usagers telles que l'uni et l'adhérence sont prépondérantes.

1. L'uni longitudinal

La *Note technique du 30 septembre 2015 relative à l'uni longitudinal des couches de roulement neuves du domaine routier*, le guide technique *Uni longitudinal* (CEREMA-IDRRIM, 2014) et la *Méthode d'essai* des LPC n° 46 version 2.0 (LCPC, 2009) constituent les principaux documents de référence.

Par rapport à un profil de référence, l'uni représente la variation des dénivellations de la surface d'une chaussée transversalement et longitudinalement. Ces irrégularités sont principalement dues à des défauts de construction ou à des dégradations de la chaussée.

Dans le sens longitudinal, les irrégularités sont généralement ressenties lorsque les défauts géométriques du profil de la chaussée ont des longueurs d'onde comprises entre 0,5 et 50 mètres. Elles sont alors de nature à compromettre la sécurité (dégradation du contact pneu-chaussée), le confort de l'usager (oscillations, vibrations…), la durabilité de la chaussée (surcharges dynamiques qui accélèrent la fatigue de la chaussée), voire l'usure et la consommation en carburant des véhicules.

L'obtention d'un bon uni est directement liée à la qualité des travaux de mise en œuvre des différentes couches. Depuis les terrassements, qui peuvent générer des défauts en grandes ondes, jusqu'aux revêtements de surface, dont les défauts apparaîtront plutôt en petites ondes.

Les seuils d'uni longitudinal à respecter sont fixés dans la Note technique du 30 septembre 2015 relative à l'uni longitudinal des couches de roulement neuves[1] du domaine routier[2], *qui annule et remplace la circulaire n° 2000-36 du 22 mai 2000.*

1.1.   La mise en œuvre

Le mode de guidage doit être adapté à la bande d'ondes :

– plan laser et fils pour les grandes ondes,

– plan laser et poutres enjambeuses (12 à 18 mètres) pour les moyennes ondes,

– poutres et vis calées (finisseur sans guidage) pour les petites ondes.

À noter que, pour les grands chantiers, l'alimentateur en continu supprime les défauts d'uni dus à l'arrêt du finisseur.

1.2.   Les mesures d'uni

Le contrôle[3] s'effectue par découpage du chantier en lots de 1 000 mètres (cas général). À noter que les mesures doivent commencer au moins 200 mètres avant le premier lot de contrôle et se terminer au moins 200 mètres après le dernier lot de contrôle.

Pour les deux bandes de roulement de chaque voie de circulation d'un lot de contrôle, les résultats sont calculés par segments de 20 mètres pour les petites ondes (bande d'onde comprise entre 0,7 et 2,8 mètres), de 100 mètres pour les moyennes ondes (bande d'onde comprise entre 2,8 et 11,3 mètres) et de 200 mètres pour les grandes ondes (bande d'onde comprise entre 11,3 et 45,2 mètres). Ainsi, un chantier d'une longueur de 200 mètres ne permet pas d'apprécier significativement les moyennes et grandes ondes.

Le matériel de référence pour le contrôle de l'uni longitudinal est l'analyseur de profil en long (APL). Une roue équipe chaque remorque APL. Elle monte ou descend en fonction du relief de la route, ce qui entraîne une variation de l'angle du bras porte-roue par rapport à son point d'articulation. Le pendule inertiel logé dans le bras porte-roue sert de référence « horizontale ». L'angle compris entre la référence « horizontale » et la position du bras porte-roue est enregistré. Le graphique obtenu représente les défauts d'uni.

---

1   Les mesures contractuelles de contrôle de l'uni longitudinal ne visent que les couches de roulement définitives des chaussées. La note technique du 30 septembre 2015 reprend les recommandations du guide *Uni longitudinal* (CEREMA-IDRRIM, 2014), elle distingue les travaux de construction (y compris élargissement) et d'entretien. Pour atteindre les spécifications pour la couche de roulement, le guide technique *Uni longitudinal* recommande des notes minimales pour les autres couches. Les notes par bandes d'ondes (NBO) vont de 0 (très mauvais uni) à 10 (excellent uni).

2   La note technique s'applique au réseau routier et autoroutier national. L'application pour d'autres réseaux (routes départementales…) relève de la responsabilité du maître d'ouvrage de la voirie concernée.

3   Chaque voie de circulation fait l'objet d'une mesure dans les deux bandes de roulement. Par rapport à la circulaire n° 2000-36 du 22 mai 2000, le lot de 4 000 mètres a été supprimé.

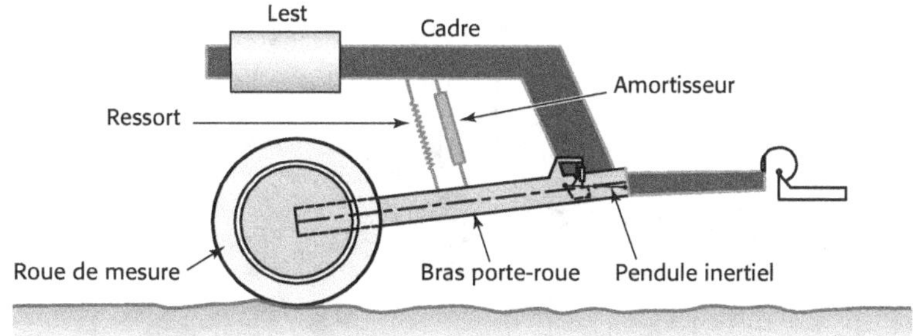

Figure 71. Schéma de principe d'une remorque APL
Norme NF P98 218-3 de décembre 1995 *Essais relatifs aux chaussées – Essais liés à l'uni –
Partie 3 : Détermination de quantificateurs d'uni longitudinal à partir de relevés profilométriques.*

2. L'adhérence

La *Note technique du 30 septembre 2015 relative à l'adhérence des couches de roulement neuves du domaine routier*, le guide technique *L'adhérence des chaussées* (IDRRIM-CEREMA, 2015) et la *Méthode d'essai* des LPC n° 50 version 2.0 (LCPC, 2006) constituent les principaux documents de référence.

L'adhérence[1] d'une chaussée correspond à sa capacité à mobiliser des forces de frottement dans l'aire de contact entre les pneumatiques d'un véhicule et la surface de la chaussée sous l'effet des sollicitations engendrées par la conduite (accélérations, freinages, virages…).

On distingue l'adhérence longitudinale, qui conditionne la transmission par le pneumatique des couples de freinage et d'accélération, et l'adhérence transversale, qui permet de développer au contact du revêtement les efforts nécessaires au guidage (virage, changement de direction…). Ainsi, même si d'autres paramètres tels que les caractéristiques du véhicule (dispositifs de freinage, qualité des pneumatiques…) jouent un rôle tout aussi important, le revêtement de chaussée contribue à l'adhérence selon différents niveaux décrits par la texture du revêtement[2].

L'évaluation de la macrotexture et de la microtexture permet d'apprécier l'adhérence d'une chaussée.

 – La macrotexture : l'échelle couvre les irrégularités de surface dont la gamme de dimensions est de 0,5 à 50 millimètres dans le sens horizontal et de 0,2 à 10 millimètres dans le sens vertical.

 – La microtexture : l'échelle couvre les aspérités de surface dont la gamme de dimensions est de 0 à 0,5 millimètre dans le sens horizontal et de 0 à 0,2 millimètre dans le sens vertical.

---

1   L'adhérence est une notion complexe dont la modélisation est difficile.
2   La texture des revêtements comprend l'uni, la mégatexture, la macrotexture et la microtexture. La mégatexture correspond à l'aire de contact pneumatique-chaussée. Sa gamme de dimension est de 50 à 500 mm horizontalement et de 1 à 50 mm verticalement, il s'agit généralement d'une caractéristique ou d'une conséquence d'une altération involontaire des surfaces. À noter que les longueurs d'onde supérieures à 500 mm sont désignées sous le terme défaut d'uni.

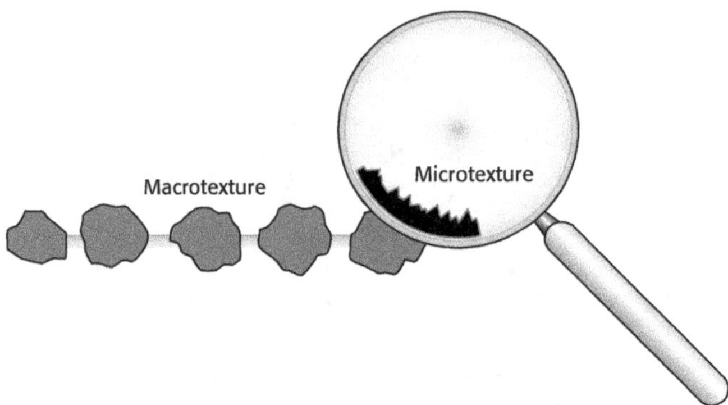

Figure 72. En fonction de leurs dimensions (horizontales et verticales), les aspérités qui composent la texture des surfaces de la chaussée sont classées en deux échelles (macrotexture et microtexture).

Sur chaussée sèche, le niveau d'adhérence est généralement satisfaisant[1] pour contribuer à la sécurité des usagers dans des conditions normales de conduite. Par contre, sur chaussée mouillée ou humide, l'adhérence diminue considérablement. En effet, un film d'eau s'interpose entre le pneumatique et la surface de la chaussée, et ce d'autant plus facilement que la vitesse est élevée, de sorte que les forces de contact pneumatique-chaussée ne peuvent plus se développer pour répondre aux besoins des usagers.

Outre les dispositions constructives de la chaussée (pente transversale, pente longitudinale, drainage…), qui permettent d'éviter toute accumulation d'eau sur la chaussée, le revêtement doit présenter des caractéristiques de macrotexture et de microtexture suffisantes pour permettre, par temps de pluie, de retrouver des conditions de contact à sec.

L'évacuation de l'eau sous le pneumatique s'effectue en deux temps :

1. Élimination de la lame d'eau.

   Le revêtement doit présenter une certaine capacité à drainer les eaux superficielles afin de réduire la hauteur de la lame d'eau susceptible de s'interposer entre le pneumatique et la chaussée. Ce mécanisme, qui conduit à réduire le risque de perte d'adhérence dû au phénomène d'aquaplanage, est assuré par les sculptures du pneumatique et par la macro-texture du revêtement.

2. Percement du film d'eau résiduel.

   Le film d'eau résiduel de quelques microns d'épaisseur ne pourra être transpercé que par les arêtes vives des granulats qui composent le revêtement. On retrouve ici l'importance de la microtexture qui permet d'assurer un contact sec.

---

1   Sauf cas exceptionnel, tel que la présence accidentelle de polluants (huiles, hydrocarbures…).

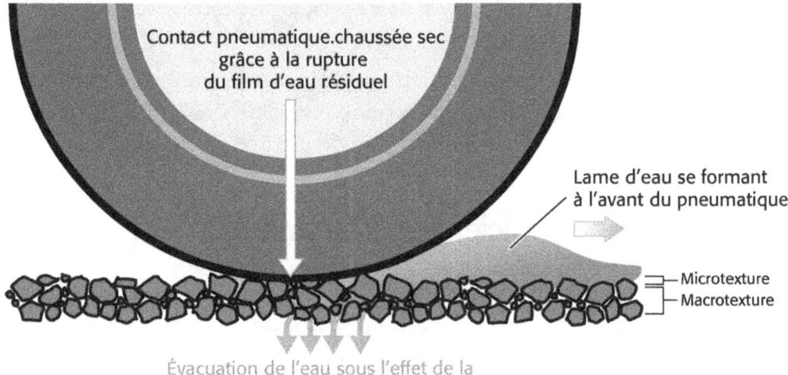

Figure 73. Représentation schématique du mécanisme d'évacuation de l'eau au contact pneumatique/chaussée

La macrotexture dépend tout d'abord de la nature du revêtement. Ainsi, les enduits superficiels présentent de par leur constitution une macrotexture en relief alors que les bétons bitumineux présentent plutôt une macrotexture liée à leur porosité. La macrotexture dépend également de la composition du revêtement (dimensions et proportions des différents granulats) et des modalités de mise en œuvre (épaisseur, compactage…).

La microtexture dépend du type de granulat, de sa nature pétrographique (basalte, grès, calcaire, etc.) et de son mode d'élaboration (concassé, semi-concassé, roulé, etc.). Le mode d'élaboration des granulats conditionne leur angularité, c'est-à-dire la présence d'arêtes vives à la surface de chaque gravillon. La nature pétrographique détermine la capacité du granulat à conserver le plus longtemps possible ces arêtes vives malgré les effets d'usure liés au trafic (résistance au polissage). Ainsi, les granulats qui présentent une bonne résistance à la fragmentation (mesurée avec l'essai Los Angeles), à l'usure (mesurée avec l'essai micro-Deval en présence d'eau) et au polissage (mesurée avec l'essai PSV Polished Stone Value – coefficient de polissage accéléré) sont réservés prioritairement pour un usage en couche de roulement.

En règle générale, lorsque dans un revêtement on augmente le diamètre des gravillons, on tend à accroître le niveau de macrotexture, et lorsqu'on réduit le diamètre des gravillons, on tend à accroître le niveau de microtexture.

Une forte macrotexture est particulièrement nécessaire lorsque la quantité d'eau à évacuer est importante (vitesse élevée…). Un bon niveau de microtexture est toujours nécessaire, mais le besoin peut être encore plus élevé, notamment dans les courbes de faible rayon.

À noter que le principe de dissociation des fonctions de la couche de surface (couche de roulement pour la sécurité et le confort et couche de liaison pour la protection de l'assise) a été introduit à la fin des années 1980 et repris dans le guide technique *Conception et dimensionnement des structures de chaussées* (SÉTRA-LCPC, 1994). Ce principe a largement contribué à l'élaboration de formules d'enrobés applicables en couches de plus en plus minces. Ainsi, sont apparus progressivement les bétons bitumineux très minces (BBTM), pour lesquels *la granulométrie discontinue*[1] *permet d'obtenir une plus forte macrotexture* à la mise en œuvre comparativement aux bétons bitumineux semi-grenus (BBSG).

L'adhérence d'une chaussée peut être appréciée par différentes méthodes fondées sur la mesure d'un coefficient de frottement longitudinal ou transversal à différentes vitesses de glissement[2] ou sur la combinaison de mesures de frottement et de mesures de la macrotexture.

2.1. Mesures d'un coefficient de frottement

Les valeurs du coefficient de frottement[3] sont généralement comprises entre 0 et 1 (du plus faible niveau d'adhérence au plus élevé). Il est important de noter que les valeurs des coefficients de frottement obtenues par ces différentes méthodes dépendent du type d'appareil de mesure et du mode opératoire particulier applicable à chaque appareil. Par conséquent, il n'est pas toujours possible de comparer deux coefficients de frottement mesurés avec deux appareils différents. Par ailleurs, chaque appareil est adapté pour un domaine d'emploi donné[4].

2.1.1. Mesures du coefficient de frottement longitudinal (CFL)

En France, les principaux appareils de mesure sont l'ADHERA et le GRIPTESTER pour une mesure dynamique et le pendule SRT pour une mesure stationnaire.

– L'ADHERA

Normes NF P98-220-2 de novembre 1994 et XP CEN/TS 15901-3 de novembre 2011

L'ADHERA mesure le coefficient de frottement longitudinal « CFLa » à des vitesses d'essai comprises entre 40 et 120 km/h[5].

Ce matériel est embarqué à bord d'une remorque tractée. Il n'est pas adapté aux sites urbains (sauf voies structurantes d'agglomération - VSA).

---

1   Une texture dite « ouverte » (pourcentage de vide élevé) correspond à un béton bitumineux qui a une granulométrie discontinue. Ces bétons bitumineux ont une composition qui se caractérise par la prédominance d'une fraction granulométrique (exemple fraction 6/10 pour une granularité 0/10) et l'absence de fraction granulométrique intermédiaire (exemple fraction 2/6 pour un enrobé 0/10). Ils permettent de faire circuler une importante quantité d'eau pluviale. A contrario, une texture dite « fermée », qui, en outre, assure une meilleure imperméabilisation (faible pourcentage de vide), correspond à un béton bitumineux qui a une granulométrie continue (exemple BBSG, BBME…). Pour ce type d'enrobés, la répartition granulométrique est homogène (toutes les classes granulaires sont présentes). À noter que la proportion de gravillons 6/10 est de moins de 50 % pour le BBSG 0/10 alors qu'elle est de l'ordre de 70 % pour le BBTM 0/10. Ainsi, le niveau de macrotexture minimal exigé après mise en service du BBTM est supérieur à celui du BBSG (voir annexe B de la norme NF P98-150-1 de 2010).

2   La vitesse de glissement est égale à la vitesse d'essai multipliée par le taux de glissement (exprimé en pourcentage). Il s'agit de mesures indirectes permettant d'estimer le niveau de microtexture et de macrotexture. Une basse vitesse de glissement permet d'estimer la microtexture. A contrario, une vitesse de glissement plus élevée permet d'apprécier la macrotexture. À noter que l'ADHERA permet de mesurer la microtexture et la macrotexture alors que d'autres appareils tels que le Griptester, le pendule SRT ou le SCRIM ne permettent d'estimer que la microtexture (faible vitesse de glissement). Ainsi, un ou plusieurs appareils sont nécessaires pour caractériser l'adhérence d'une surface de chaussée.

3   Coefficient sans dimension couramment exprimé avec deux décimales. Le niveau d'adhérence en termes de coefficient de frottement permet notamment au gestionnaire d'avoir la connaissance de l'état de son réseau.

4   La note n° 3 du Groupe national caractéristique de surface de chaussées (GNCDS) du 2 décembre 2009 sur les *Méthodes de mesure des principales caractéristiques de surface des revêtements de chaussée* définit le domaine d'emploi des appareils utilisés en France.

5   En général 40, 60 et 90 km/h sur route et 60, 90 et 120 km/h sur autoroute.

La mesure du coefficient de frottement s'effectue avec une roue bloquée (taux de glissement 100 %) équipée d'un pneumatique d'essai lisse sur une chaussée mouillée. La vitesse de glissement du pneu est donc égale à la vitesse du véhicule.

Il est admis que le CFLA mesuré à 40 km/h est représentatif de la microtexture du revêtement alors que les mesures à vitesses plus élevées sont représentatives de la macrotexture du revêtement. Ainsi, pour un type d'enrobé donné, la valeur du CFLa mesuré à 40 km/h augmente avec la résistance au polissage du gravillon (PSV). La mesure du CFLa à des vitesses de 60, 90 et 120 km/h permet de hiérarchiser les revêtements en fonction de leur macrotexture. À noter que les mesures de CFL sur différentes formules de BBTM ont permis de mettre en évidence la nette supériorité des formules utilisant des liants spéciaux tels que bitumes modifiés par rapport aux formules classiques utilisant des bitumes purs.

– Le GRIPTESTER

Normes NF P98-220-2 de novembre 1994 et XP CEN/TS 15901-7 de novembre 2011

Le GRIPTESTER mesure le coefficient de frottement longitudinal « CFLg » à différentes vitesses d'essai (entre 5 et 40 km/h).

Ce matériel peut être embarqué à bord d'une remorque tractée ou poussée (voies piétonnes…). Il est adapté aux mesures en milieu urbain.

La mesure du coefficient de frottement s'effectue avec une petite roue, équipée d'un pneumatique d'essai lisse, freinée avec un taux de glissement constant de 15 % (± 1 %) sur une chaussée mouillée. La vitesse de glissement de la roue (entre 1 et 5,6 km/h) rend la mesure très sensible à la microtexture du revêtement.

– Le pendule SRT (Skid Resistance Tester)

Norme NF EN 13036-4 de mars 2012

Le pendule SRT réalise une mesure ponctuelle du coefficient de frottement longitudinal. La mesure du coefficient de frottement s'effectue avec un patin[1] homologué en caoutchouc fixé à l'extrémité du bras d'un pendule sur une surface mouillée. Le patin entre en contact avec le revêtement à mesurer avec une vitesse de glissement d'environ 10 km/h. Plus l'adhérence est élevée et moins le bras du pendule remonte après frottement.

La faible vitesse de glissement rend la mesure très sensible à la microtexture du revêtement. En laboratoire, cet appareil permet également de mesurer la résistance au polissage[2] des gravillons destinés aux couches de roulement.

---

1 En général, le patin 57 qui s'apparente à un pneumatique est utilisé pour les chaussées alors que le patin 96 qui s'apparente à des semelles de chaussure (matériau plus dur) est utilisé pour les zones piétonnes.
2 L'essai PSV (Polished Stone Value) – norme NF EN 1097-8 de décembre 2009. Dans ce cas, le pendule SRT est équipé d'un patin plus petit.

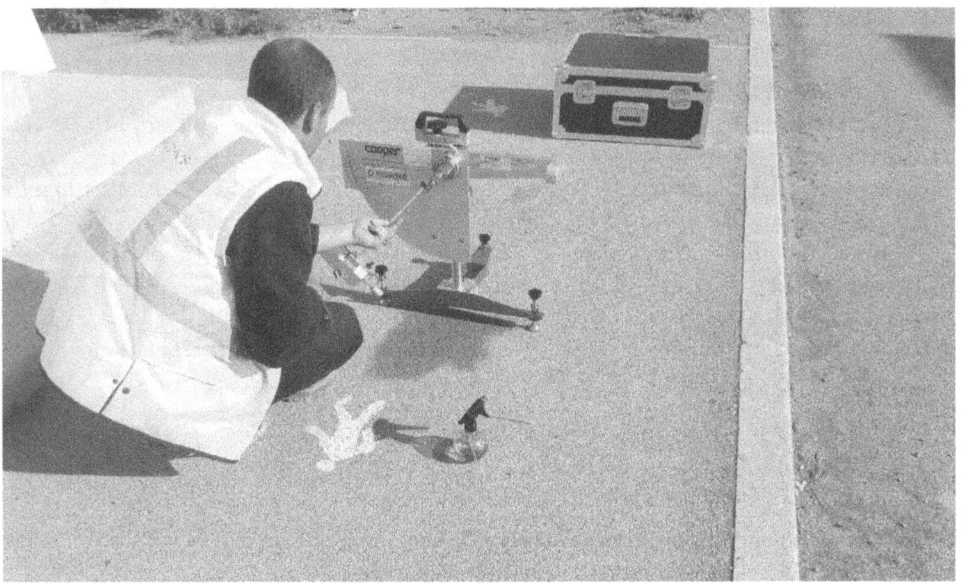

Figure 74. Crédit photo : Gracchus Laboratoire routier – Le pendule SRT
Norme NF EN 13036-4 de mars 2012 *Caractéristiques de surface des routes et aérodromes –
Méthodes d'essai – Partie 4 : Méthode d'essai pour mesurer l'adhérence d'une surface : l'essai au pendule.*

2.1.2. Mesures du coefficient de frottement transversal (CFT)

En France, le SCRIM (Sideway-force Coefficient Routine Investigation Machine) est l'appareil utilisé pour mesurer le coefficient de frottement transversal (CFTs).

– Le SCRIM

Normes NF P98-220-4 de décembre 1996 et XP CEN/TS 15901-6 de novembre 2011

Le matériel est embarqué à bord d'un camion équipé d'une importante réserve d'eau. Il n'est pas adapté aux sites urbains (sauf voies structurantes d'agglomération).

La mesure dynamique du coefficient de frottement transversal (CFTs) s'effectue entre un pneumatique d'essai lisse et une chaussée mouillée sous un angle de 20°[1] avec la direction du véhicule. Compte tenu de la faible vitesse de glissement (20,4 km/h pour une vitesse d'essai de 60 km/h) et de la forte pression de contact du pneumatique[2], la mesure est très sensible à la microtexture du revêtement.

Perspectives

Les valeurs du coefficient de frottement ne sont que très rarement contractuelles. À court terme, il n'est pas prévu de définir des objectifs de niveau de microtexture pour les couches de roulement neuves. La position de nos voisins européens pourrait peut-être nous aider à faire évoluer les choses...

---

1 Le taux de glissement est de 34 % (sinus 20°).
2 La roue est chargée d'une masse constante suspendue de 200 kg.

2.2.   Mesures de la macrotexture

Les moyens d'essai utilisés en France sont la hauteur aux billes de verre pour une mesure stationnaire ponctuelle et le RUGO2[1] pour une mesure dynamique continue.

2.2.1.   La méthode volumétrique à la tâche

Norme NF EN 13036-1 de septembre 2010

La méthode volumétrique utilise l'essai à la tâche aux billes de verre. *Il s'agit de l'essai de référence pour la réception des couches de roulement neuves.* L'essai consiste à déterminer la profondeur moyenne de texture (PMT) par arasement d'un volume connu de matériau sur une surface et de mesurer la surface totale recouverte[2]. Pour réaliser cet essai, la surface de chaussée doit être sèche et propre. Le vent doit être faible. À défaut, il convient de protéger le point de mesure.

La gamme des résultats ponctuels observés est de 0,3 à 3 millimètres selon les techniques routières et l'état de la couche de roulement. Les résultats de PMT sont quasi équivalents à ceux de l'ancienne hauteur au sable vraie (HSv). Les billes de verre calibrées sont employées en lieu et place des grains de sable calibrés.

Figure 75. Crédit photo : Gracchus Laboratoire routier – Mesure de PMT
Norme NF EN 13036-1 de septembre 2010 *Caractéristiques de surface des routes et aérodromes –
Méthodes d'essai – Partie 1 : Mesurage de la profondeur de macrotexture de la surface
d'un revêtement à l'aide d'une technique volumétrique à la tâche.*
Le disque plat et la règle graduée permettent respectivement d'araser le matériau
et de déterminer la surface couverte.

La PMT est la caractéristique de référence pour contrôler la macrotexture d'un revêtement neuf. Les valeurs de PMT à atteindre sont données dans les documents règlementaires. Il

---

1   D'autres appareils de mesure peuvent être utilisés.
2   $PMT = 4V / \pi D^2$

s'agit notamment de la *Note technique du 30 septembre 2015 relative à l'adhérence des couches de roulement neuves*[1] *du domaine routier*[2] qui annule et remplace la circulaire n° 2002-39 du 16 mai 2002 et des normes NF P98-150-1 (pour les enrobés hydrocarbonés à chaud) et NF P98-150-2 (pour les enrobés hydrocarbonés à froid), qui donnent par type de produit le niveau de macrotexture minimal exigé après mise en œuvre.

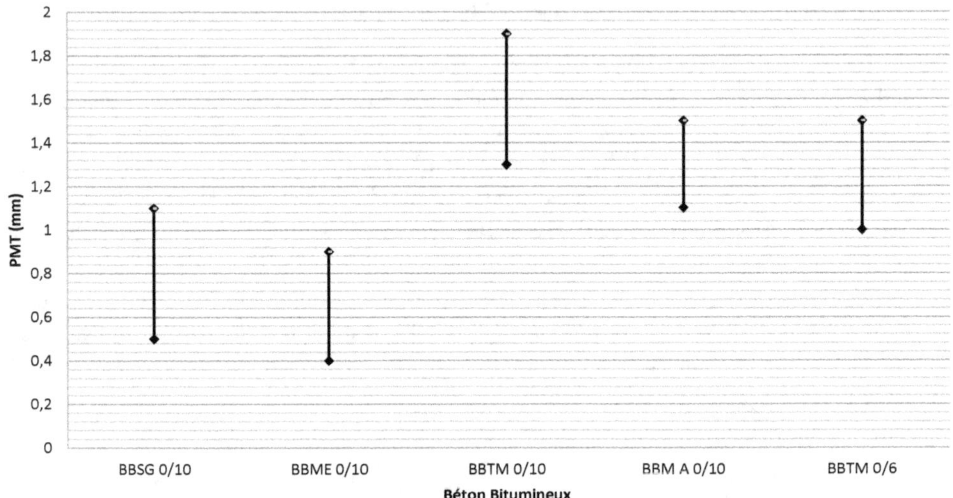

Figure 76. Intervalles de valeurs moyennes de PMT mesurées en 2008
sur 52 chantiers du département de l'Hérault

Commentaires

Les BBSG 0/10 et BBME 0/10 ont des formules voisines qui se caractérisent par une courbe granulométrique continue, ils présentent donc des valeurs de PMT comparables après mise en œuvre.

Les BBTM 0/10 et BBM A 0/10 se caractérisent par des compositions granulométriques discontinues (pas de fraction 2/6), ils présentent donc des valeurs de PMT nettement plus élevées. Cela se traduit par un meilleur niveau de macrotexture après mise en œuvre. À noter que les BBM A 0/10, qui sont formulés, en général, avec une proportion un peu plus faible de gravillons 6/10, ont des valeurs de PMT en moyenne un peu plus faibles que les

---

1   Les mesures contractuelles de contrôle de la macrotexture visent les couches de roulement définitives des chaussées. Elles peuvent s'appliquer aux couches provisoires lorsque, exceptionnellement, les couches de roulement définitives sont différées au-delà de l'achèvement des chantiers. Deux niveaux de spécifications sont définis (PMTspé niveau moyen à atteindre ou à dépasser et PMTmin niveau minimal). Par rapport à la circulaire n° 2002-39 du 16 mai 2002, la note technique du 30 septembre 2015 reprend les recommandations du guide *L'adhérence des chaussées* (CEREMA-IDRRIM, 2015). Elle intègre notamment les exigences environnementales et économiques (emploi d'agrégats d'enrobés…) ainsi que les évolutions techniques et normatives (PMT au lieu de HSv…). À noter que les deux tableaux donnant les objectifs de niveau de macrotexture des couches de roulement neuves ne font plus qu'un.

2   La note technique s'applique au réseau routier et autoroutier national. L'application pour d'autres réseaux (routes départementales…) relève de la responsabilité du maître d'ouvrage de la voirie concernée. À noter que les normes NF P98-150-1 et NF P98-150-2, qui définissent la fabrication, la mise en œuvre et le contrôle des enrobés hydrocarbonés à chaud et à froid, s'appliquent dès lors qu'elles sont citées dans les pièces contractuelles d'un marché (exemple : le CCTP).

BBTM 0/10. Enfin, les BBTM 0/6, qui présentent dans leur formulation une granulométrie discontinue (pas de fraction 2/4), ont des valeurs de PMT nettement supérieures à celles des BBSG 0/10 mais plus faibles en moyenne que celles des BBTM 0/10.

Figure 77. BBSG 0/10 au jeune âge

Figure 78. BBTM 0/10 au jeune âge

2.2.2. La méthode profilométrique[1]

Norme NF EN ISO 13473-1 d'octobre 2004 *Caractérisation de la texture d'un revêtement de chaussée à partir de relevés de profil.*

L'appareil de référence est le RUGO2[2]. Pour réaliser cet essai, la surface de la chaussée doit également être sèche et propre.

Le résultat de l'essai est exprimé en PMP (profondeur moyenne de profil). Les valeurs de PMP[3] peuvent être converties en valeurs de PTE (profondeur de texture équivalente) comparables à la PMT. Les valeurs de PTE se déduisent des mesures profilométriques en appliquant l'équation de transformation suivante : PTE = 1,1 PMP[4].

---

1 Les méthodes optiques regroupent la méthode profilométrique et la stéréophotographie. Cette dernière permet d'obtenir une cartographie 3D de la surface au lieu d'un profil 2D (par exemple, avec l'appareil français TexRoad3D).

2 Le rugosimètre à laser est un appareil d'auscultation routière à grand rendement.

3 Les valeurs de PMP et de PTE sont exprimées en millimètre.

4 Le réseau scientifique et technique de l'État recommande d'utiliser cette relation. Pour information, la norme NF EN ISO 13473-1 d'octobre 2004 donne PTE = 0,8 PMP + 0,2.

La méthode profilométrique au RUGO2, par exemple, est plus rapide, plus globale et moins contraignante que la méthode volumique à la tâche. À ce jour, elle ne peut pas être utilisée sans la méthode volumique (essai de référence) pour la réception des couches de roulement neuves.

Perspectives

Pour la réception des couches de roulement neuves, la méthode profilométrique comme le RUGO2 pourrait constituer une alternative à la méthode volumétrique.

Le groupe national Caractéristiques de surface de chaussées (GNCDS) analyse les résultats obtenus par les deux méthodes afin d'affiner les corrélations et de valider à terme les méthodes optiques.

CHAPITRE 6

Le dimensionnement

La norme NF P98-086 de mai 2019[1] qui décrit la méthode de dimensionnement des structures neuves de chaussées routières applicable en France[2] constitue le document de référence.

Pour l'interurbain, les principaux guides techniques qui décrivent les modalités d'application de la méthode rationnelle de dimensionnement des structures de chaussées sur le réseau routier national[3] sont *Conception et dimensionnement des structures de chaussée* (SÉTRA-LCPC, 1994), le *Catalogue des structures types de chaussées neuves* (SÉTRA-LCPC, 1998) et le guide *Construction des chaussées neuves sur le réseau routier national, Spécifications des variantes* (SÉTRA, 2003).

D'autres documents sont disponibles tels que le *Manuel de conception des chaussées neuves à faible trafic* (SÉTRA-LCPC, 1981) (en cours de révision[4]) et les guides régionaux dans lesquels les règles générales sont adaptées aux conditions locales.

Pour la voirie urbaine, les guides *Dimensionnement des structures des chaussées urbaines* (CERTU, 2000) et *Conception structurelle d'un giratoire en milieu urbain* (CERTU, 2000) appliquent également la démarche française du dimensionnement rationnel.

---

1   La norme NF P98-086 de mai 2019 *Dimensionnement structurel des chaussées routières – Application aux chaussées neuves* remplace les normes NF P98-086 d'octobre 2011, qui remplaçait déjà celle de décembre 1992, et NF P98-080-1 de novembre 1992. Elle s'applique aux chaussées neuves ouvertes à la circulation des poids lourds. Elle concerne uniquement les six principaux types de structures de chaussées décrits dans le chapitre 4 avec des matériaux normalisés pour les couches d'assise et de surface. Elle exclut de son domaine d'application les matériaux modulaires (pavés ou dalles) et à l'émulsion de bitume (ESU, MBCF, BBE, GE).

2   La démarche française de dimensionnement des structures de chaussées repose sur une méthode rationnelle (ou semi-empirique). Elle s'appuie à la fois sur l'expérience (résultats d'essais en laboratoire et observation du comportement des chaussées) et le calcul théorique (modèles de la mécanique des chaussées). La méthode française de dimensionnement retient le modèle de Burmister pour calculer les sollicitations créées par les charges roulantes dans les différentes couches de matériaux constituant le corps de chaussée. À noter que le logiciel ALIZE développé par le LCPC met en œuvre la méthode rationnelle de dimensionnement des structures de chaussées.

3   Cette méthode a été adoptée par de nombreuses autres maîtrises d'ouvrage.

4   Ce document devrait prochainement être remplacé par un guide technique de l'IDRRIM *Manuel de dimensionnement des chaussées neuves à faible trafic.*

À noter que les définitions évoluent parfois d'un document à l'autre, il est donc nécessaire de se référer à la norme NF P98-086 de mai 2019 ou, à défaut, au document méthodologique le plus récent.

La démarche française du dimensionnement rationnel des chaussées détermine une structure de chaussée en deux étapes successives, à savoir le dimensionnement mécanique et la vérification au gel-dégel.

Le dimensionnement mécanique consiste à vérifier que la structure choisie est capable de supporter le trafic poids lourds cumulé, calculé pour la durée de dimensionnement fixée. Ainsi, il convient de déterminer le nombre et l'épaisseur des différentes couches d'une structure routière afin de supporter le trafic poids lourds prévu pendant une période déterminée sur une plate-forme support de chaussée donnée. La seconde étape[1] consiste à vérifier que cette structure peut supporter un cycle gel-dégel. Il s'agit alors du dimensionnement au gel de la structure.

Pour dimensionner une chaussée, il convient de recueillir des données (trafic, climat, stratégie d'entretien, caractéristiques du sol support…) et de choisir des paramètres de dimensionnement (durée de dimensionnement, risque, nature et épaisseur de la couche de forme éventuelle, type de structure, matériaux d'assise et de surface, indice de gel atmosphérique de référence…).

1. Le dimensionnement mécanique

1.1. La durée de dimensionnement

La stratégie d'investissement et d'entretien du maître d'ouvrage orientera le choix de la durée de dimensionnement (en années). En règle générale, les durées de dimensionnement retenues pour le calcul sont comprises entre 10 et 30 ans.

Pour les chaussées urbaines, la durée de dimensionnement est généralement comprise entre 10 et 20 ans (15 à 20 ans en majorité).

Pour les routes interurbaines, les collectivités territoriales retiennent habituellement une durée de dimensionnement comprise entre 15 et 30 ans.

Pour le réseau routier national, l'État a retenu deux durées de dimensionnement : 20 et 30 ans.

La hiérarchisation du réseau (classement en sous-ensemble homogène des différentes routes) peut permettre d'adapter la durée de dimensionnement des chaussées à la typologie du réseau.

---

1 Elle peut conduire à modifier la structure de chaussée ou la plate-forme support de chaussée.

1.2. Le trafic poids lourds

Les chaussées sont dimensionnées vis-à-vis du trafic poids lourds (véhicules de plus de 35 kN de poids total autorisé en charge[1]). En effet, les matériaux situés sous les roues subissent des efforts très différents lorsque passe une voiture ou un camion. Pour un poids lourd, la pression de contact est de 0,662 MPa[2] alors qu'elle est de l'ordre de 0,2 MPa pour un véhicule léger. Ainsi, le trafic lié aux véhicules légers est supposé avoir un impact négligeable sur les chaussées.

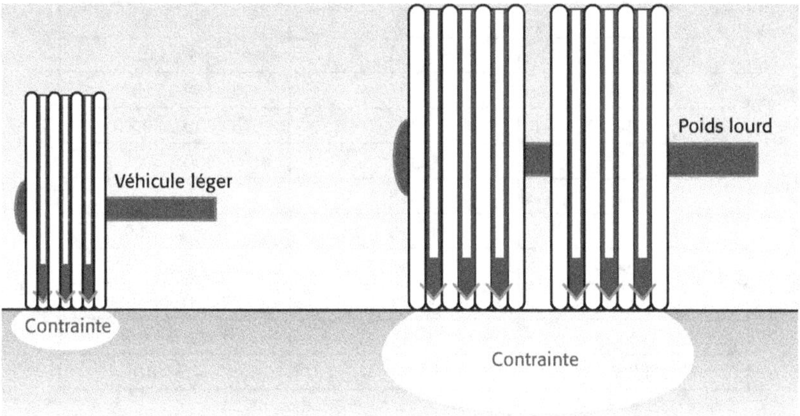

Figure 79. Schéma illustrant l'agressivité d'un véhicule léger et d'un poids lourd sur une chaussée

Pour le dimensionnement mécanique de la chaussée, il convient de déterminer le trafic poids lourds moyen journalier annuel (TMJA).

Le TMJA[3] est exprimé en nombre de poids lourds par jour et par sens pour la voie la plus chargée à la date de mise en service[4]. Il permet de définir des classes de trafic (Ti).

---

1   Conformément à l'annexe D de la norme NF P98-082 de janvier 1994 *Chaussées - Terrassements - Dimensionnement des chaussées routières - Détermination des trafics routiers pour le dimensionnement des structures de chaussées* annulée le 12/08/17 et à la norme NF P98-086 de mai 2019, un poids lourd est un véhicule dont le PTAC est supérieur à 35 kN (environ 3,5 tonnes)

2   Sur la base de l'essieu standard de référence. En France, il s'agit de l'essieu simple de 130 kN (environ 13 tonnes) monté en jumelage. Pour la modélisation, la charge de référence est le demi-essieu à roues jumelées de 65 kN représentée par deux disques de rayon 12,5 cm avec un entraxe de 37,5 cm sur lesquels s'exerce une pression uniforme en surface de chaussée de 0,662 MPa.

3   Dans la norme NF P98-086 de mai 2019, le trafic poids lourds dimensionnant (TMJAd) est exprimé en nombre de PL/j. Il convient de se référer au paragraphe B.1.2 de l'annexe B de la norme pour déterminer le TMJAd à appliquer. Exception faite des routes bidirectionnelles de largeur inférieure à 6 mètres, le trafic poids lourds se compte par jour et par sens sur la voie de circulation la plus chargée dans le cas des 2 × 2 ou 2 × 3 voies voire des 2 × 4 voies.

4   Sur une période de comptage plus longue (semaine, mois, année…), le nombre de poids lourds est converti en TMJA en le divisant par le nombre de jours de la période considérée (7, 30 ou 365, par exemple).

Le Tableau 22 donne les classes de trafic (Ti) et leurs moyennes géométriques associées (Mg) en fonction du TMJA :

Tableau 22.

Classe	Mg	TMJA
T5	5	1 à 25
T4	35	25 à 50
T3–	65	50 à 85
T3+	115	85 à 150
T2–	175	150 à 200
T2+	245	200 à 300
T1–	390	300 à 500
T1+	615	500 à 750
T0–	950	750 à 1 200
T0+	1 550	1 200 à 2 000
TS–	2 450	2 000 à 3 000
TS+	3 875	3 000 à 5 000
TEX	5 920	> 5 000

Source : tableau B.1 modifié de la norme Afnor NF P98-086 de mai 2019

Le Tableau 23 renseigne sur l'importance du trafic[1] :

Tableau 23.

Ti	T5	T4	T3	T2	T1	T0	TS	TEX
TMJA	≤ à 150			> à 150 et ≤ à 300	> à 300			
Trafic	Faible			Moyen	Fort			

En l'absence de données précises sur la distribution par voie du trafic poids lourds, il est possible d'appliquer pour la détermination du TMJA en section courante les répartitions suivantes :

— Pour les chaussées à 2 × 3 voies :

En rase campagne :

— 80 % du trafic poids lourds par sens sur la voie de droite (voie lente),

— 20 % du trafic poids lourds par sens sur la voie médiane.

---

1 Ces informations ne sont données qu'à titre indicatif. Dans le guide technique *Conception et dimensionnement des structures de chaussée* (SÉTRA-LCPC, 1994), une chaussée à faible trafic est une chaussée dont le trafic cumulé est inférieur à 250 000 essieux standards. Ce seuil de 250 000 essieux de référence a été repris dans la norme NF P98-086 de mai 2019. À noter que la définition du poids lourd a évolué. Dans le guide de conception et dimensionnement des structures de chaussée de 1994, on parlait encore de charge utile supérieure ou égale à 50 kN, ce qui correspond à un poids total autorisé en charge (PTAC) de 80 à plus de 90 kN selon le type de véhicule. Aujourd'hui, un poids lourd est un véhicule dont le PTAC est supérieur à 35 kN (environ 3,5 tonnes). Il est à noter que ce changement de définition adopté dans le *Catalogue des structures de chaussées neuves* (SÉTRA-LCPC, 1998) et conduisant à comptabiliser dans le trafic moyen journalier annuel (TMJA) un nombre plus important de poids lourds sur une même route s'est accompagné d'une réduction des hypothèses d'agressivité moyenne des poids lourds.

En milieu périurbain :
- 65 % du trafic poids lourds par sens sur la voie de droite (voie lente),
- 30 % du trafic poids lourds par sens sur la voie médiane,
- 5 % du trafic poids lourds par sens sur la voie rapide.

- Pour les chaussées à 2 × 2 voies :

En rase campagne :
- 90 % du trafic poids lourds par sens sur la voie de droite (voie lente),
- 10 % du trafic poids lourds par sens sur la voie rapide.

En périurbain :
- 75 % du trafic poids lourds par sens sur la voie de droite (voie lente),
- 25 % du trafic poids lourds par sens sur la voie rapide.

- Pour les chaussées bidirectionnelles (2 voies sans séparateur) de faible largeur, il convient de tenir compte du recouvrement des bandes de roulement pour le calcul du TMJA :
  - si la largeur de chaussée est inférieure à 5 mètres, le TMJA est égal à 100 % du trafic poids lourds des deux sens cumulés ;
  - si la largeur est supérieure ou égale à 5 mètres et inférieure à 6 mètres, le TMJA est égal à 75 % du trafic total poids lourds des deux sens cumulés ;
  - si la largeur de chaussée est supérieure ou égale à 6 mètres, le TMJA est égal à 50 % du trafic total poids lourds des deux sens cumulés.
- Pour les chaussées urbaines : la situation est à étudier au cas par cas.

1.3.   Le nombre cumulé de poids lourds

Pour le dimensionnement mécanique de la chaussée, il est nécessaire de déterminer le nombre cumulé de poids lourds (NPL). Il correspond au nombre de poids lourds cumulé sur la durée de dimensionnement retenue pour la voie considérée. Le calcul de NPL se fait en appliquant la formule suivante :

$$\text{NPL} = 365 \times \text{TMJA}^1 \times C$$

TMJA exprimé en nombre de PL/jour/sens pour la voie la plus chargée de l'année de mise en service ou de la période considérée.

C est le facteur de cumul du trafic pour la durée de dimensionnement (d en années).

Le calcul du coefficient C :
- pour une croissance arithmétique : $C = n + t \times n \times (n - 1) / 2$
- pour une croissance géométrique : $C = ((1 + t)^n - 1) / t$

Avec n : période de cumul en année et t : taux de croissance arithmétique ou géométrique du trafic poids lourds en pourcentage.

---

1   Lorsque le TMJA est connu sous forme de classe de trafic (Ti) à la mise en service, le calcul de NPL peut être réalisé avec le TMJA correspondant à la moyenne géométrique (Mg) de la classe de trafic considérée.

Lorsque le taux de croissance (*t*) est constant sur l'ensemble de la durée de dimensionnement (*d*), la période de cumul « *n* » est égale à « *d* ».

Dans le cas contraire, le calcul du coefficient C est établi en considérant autant de périodes sur lesquelles le taux de croissance est constant. La somme des différents NPL calculés permet de déterminer le NPL global.

1.4. Le nombre équivalent d'essieux de référence

Pour le dimensionnement mécanique, il convient également de convertir le nombre de poids lourds calculé pour la durée de dimensionnement (NPL) en un nombre équivalent d'essieux de référence (NE)[1]. Cette conversion fait intervenir le coefficient d'agressivité moyen (CAM). Le calcul s'effectue avec l'équation suivante : NE = NPL × CAM.

Le coefficient d'agressivité moyen (CAM) permet de convertir le trafic poids lourds hétérogène par nature en un nombre équivalent (NE) de passages de l'essieu de référence. La valeur du coefficient d'équivalence dépend de la composition du trafic poids lourds (silhouettes des poids lourds, charges sur essieux et fréquences de passage) et de la nature de la structure de chaussée. En l'absence de précision sur la composition du trafic, l'annexe B de la norme française NF P98-086 de mai 2019 donne les valeurs du coefficient d'agressivité moyen (CAM) pour les chaussées de transit, de desserte, urbaines et les giratoires. Pour les chaussées de transit (cas notamment des chaussées à caractère autoroutier ou des 2 × 2 voies), les valeurs de CAM sont fonction uniquement du type de matériaux (matériaux bitumineux ; matériaux traités aux liants hydrauliques et bétons de ciment ; plate-forme, GNT). Pour les chaussées à caractère de desserte[2] (échanges locaux par opposition au réseau de transit), les valeurs de CAM sont fonction de la classe de trafic (Ti) et du type de matériaux. Pour les chaussées urbaines[3] (zones résidentielles[4] et avenues, boulevards urbains[5]), les valeurs de CAM sont fonction de la catégorie de la voie et du type de matériaux[6]. Pour les voies principales à trafic lourd[7], il convient de se référer au CAM des chaussées à caractère de desserte. Pour les giratoires[8], il n'y a pas de valeur de CAM spécifique. Il convient donc de se référer au CAM de la section courante.

---

1   L'essieu de référence est l'essieu simple à roues jumelées de 130 kN.

2   Pour les chaussées à caractère de desserte, la norme NF P98-086 de mai 2019 a rajouté les CAM pour les sols traités. À noter que ces valeurs du coefficient d'agressivité sont également données dans le tableau 17 du guide technique *Traitement des sols à la chaux et/ou aux liants hydrauliques. Application à la réalisation des assises de chaussées* (SETRA-CFTR, 2007).

3   En milieu urbain, les valeurs des CAM sont plus faibles. En effet, l'agressivité des poids lourds n'est pas la même qu'en interurbain. Il s'agit essentiellement de camionnettes de livraison, camions poubelles ou autres qui présentent des silhouettes avec une charge à l'essieu beaucoup plus faible que celle de l'essieu de référence.

4   Les zones résidentielles sont des voies de desserte à circulation réduite (absence de transport en commun).

5   Les avenues et boulevards urbains sont des voies principales ou de distribution (voies avec quelques passages de transports en commun).

6   Pour les chaussées urbaines, la norme NF P98-086 de mai 2019 introduit les CAM sur Plate-forme, GNT. Ces valeurs du coefficient d'agressivité n'existaient pas dans les guides techniques du CERTU.

7   Les voies principales à trafic lourds peuvent être des voies de zones industrielles ou commerciales, des voies de liaison traversantes, avec passages de transports en commun, rocades...

8   Compte-tenu de la majoration des épaisseurs (10 ou 15 %) pour les couches d'assise, il n'y a pas de CAM spécifique pour les giratoires. Il faudra donc se référer au CAM des chaussées urbaines, des chaussées à caractère de desserte ou des chaussées de transit. À noter que selon le type de routes (*cf.* le guide technique *Catalogue des types de route pour l'aménagement du réseau routier national*, CEREMA – 2018), les carrefours dénivelés permettent d'assurer l'écoulement du trafic de transit.

Lorsque les valeurs de CAM indiquées dans la norme NF P98-086 de mai 2019 ne sont pas applicables (cas des zones de trafic routier qui reçoivent des poids lourds dérogeant au code de la route français ou à la directive européenne n° 96/53/ CE[1]) ou bien des zones hors contexte usuel (zones d'activité ou voies d'accès à une zone industrielle par exemple), il convient d'utiliser la norme NF P98-082[2] de janvier 1994 qui décrit la procédure de calcul de ce coefficient.

1.5.   Le risque de calcul

Le dimensionnement mécanique est établi avec un certain pourcentage de risque qui traduit la probabilité de voir apparaître au cours de la durée de dimensionnement retenue des désordres nécessitant des travaux de renforcement assimilables à une reconstruction de la chaussée, en l'absence de toute intervention d'entretien structurel.

Ainsi, la valeur de risque (en pourcentage) traduit d'une certaine manière l'incertitude que l'on accepte entre la « durée de vie » théorique d'une structure de chaussée et sa « durée de vie » réelle.

La norme NF P98-086 de mai 2019 donne les valeurs usuelles de risque pour la section courante (milieu interurbain), les chaussées urbaines et les chaussées hors section courante (bretelles, BAU, giratoires…).

En section courante pour les chaussées interurbaines, les valeurs usuelles de risque (en %) sont fonction de la classe de trafic, du type de structure et de la nature des matériaux. Le Tableau 24 donne les valeurs usuelles de risque pour les structures bitumineuses (matériaux bitumineux) et semi-rigides (matériaux traités aux liants hydrauliques).

Tableau 24.

	T5	T4	T3	T2	T1	T0	TS	Tex
Structures bitumineuses (matériaux bitumineux)	30	30	25	12	5	2	1	1
Structures semi-rigides (matériaux traités aux liants hydrauliques)	25	25	12	7,5	5	2,5	1	1

Source : extrait modifié du tableau B.7 de la norme NF P98-086 de mai 2019

À titre d'exemple, avec une classe de trafic T4 ou T5 (faible trafic) et une structure bitumineuse, le maître d'ouvrage accepte, durant la durée de dimensionnement retenue, un risque de gêne à l'usager de 30 %. Si l'on considère une chaussée calculée pour une durée de 20 ans avec un risque de 30 %, il existe donc une probabilité de 70 % pour qu'au cours de ces 20 années n'apparaisse aucun désordre structurel sur cette chaussée.

A contrario, le pourcentage de risque adopté sur les routes à fort trafic est minime. Par exemple, sur les autoroutes, le risque de dégradations structurelles est très faible (1 % pour

---

1   La directive 96/53/CE du Conseil du 25 juillet 1996 fixe pour certains véhicules routiers circulant dans la Communauté, les dimensions maximales autorisées en trafic national et international et les poids maximaux autorisés en trafic international.

2   Bien qu'annulée le 12/08/2017, la méthode de calcul du coefficient d'agressivité moyen définie dans la norme NF P98-082 de janvier 1994 constitue, avec les valeurs forfaitaires proposées par la norme NF P98-086 de mai 2019, le second moyen de détermination du CAM d'un trafic.

Tex ou TS). Si l'on considère une chaussée calculée pour une durée de dimensionnement de 30 ans avec un risque de 1 %, il existe donc une probabilité de 99 % pour qu'au cours de ces 30 années n'apparaisse aucun désordre structurel sur cette chaussée. Dans la mesure où le niveau de service exigé est élevé, l'entretien de la chaussée se limitera au renouvellement de la couche de roulement (couche d'usure).

Dans le calcul de dimensionnement, un faible taux de risque traduit une volonté d'investissement initial plus important et donc une plus faible acceptation des désordres durant la durée de dimensionnement. Cela impose une augmentation de l'épaisseur de la structure et donc du coût de la construction de la chaussée par rapport à un plus fort taux de risque. Dans ce dernier cas, l'investissement initial est plus limité et l'acceptation d'apparition des désordres plus importante.

Pour les chaussées urbaines, le Tableau 25 donne les valeurs de risque[1] :

Tableau 25.

Catégorie de voie	Risque
Zones résidentielles	25 %
Avenues, boulevards urbains	15 à 20 %
Voies principales à trafic lourd	5 %
Voies réservées aux transports en commun[2]	5 %

Source : extrait modifié du tableau B.8 de la norme NF P98-086 de mai 2019

Pour les giratoires (milieu urbain et interurbain), il est proposé de retenir une valeur de risque de calcul maximum de 5 % afin de limiter les interventions et la gêne à l'usager[3].

2. La vérification au gel-dégel

L'étape de vérification vis-à-vis des effets du gel-dégel[4] prend en compte la localisation géographique du projet et son exposition aux rigueurs de l'hiver.

En période de gel, le changement d'état (eau-glace) créé un champ de pression qui entraîne l'eau vers la zone de congélation. La formation de lentille de glace provoque un gonflement de la chaussée.

Lors de la séquence de dégel, les lentilles de glace se transforment en eau. Le sol sous la chaussée contient une quantité d'eau beaucoup plus importante qu'en situation normale. Cet excès d'eau fait chuter considérablement la portance du sol support de la chaussée. Pendant la période nécessaire à l'évacuation de ce surplus d'eau, la chaussée peut perdre toute résis-

---

1   Pour les chaussées urbaines, les valeurs usuelles de risque sont fonction uniquement de la catégorie de la voie.

2   Extrait des guides techniques *Dimensionnement des structures des chaussées urbaines et Conception structurelle d'un giratoire en milieu urbain* (CERTU 2000). En effet, les voies réservées aux transports en commun ne sont pas traitées dans la norme NF P98-086 de mai 2019.

3   Pour les mêmes raisons, le guide *Conception structurelle d'un giratoire en milieu urbain* (CERTU, 2000) préconise une durée de dimensionnement d'au moins 20 ans.

4   Bien que conseillée, la vérification au gel-dégel reste du ressort du maître d'ouvrage. Elle ne concerne que les chaussées reposant sur des matériaux sensibles au gel.

tance mécanique. La circulation des poids lourds peut occasionner des dégâts importants sur des chaussées fragilisées. La pose de barrières de dégel peut être nécessaire jusqu'à ce que la chaussée présente à nouveau une portance suffisante. Ainsi, les conséquences du gel et du dégel sont respectivement le gonflement de la chaussée et l'augmentation de la déformation du sol par retour des lentilles de glace à l'état liquide. Dans ce contexte, les chaussées faiblement dimensionnées reposant sur un sol gélif[1] sont sensibles au gel.

Selon leur sensibilité au gel, les matériaux constitutifs de la plate-forme support de chaussée (partie supérieure des terrassements et couche de forme) sont classés en trois catégories : SGn (matériaux non gélifs), SGp (matériaux peu gélifs) et SGt (matériaux très gélifs). Les matériaux non traités insensibles à l'eau (tamisat à 80 microns ≤ 12 % et VBS ≤ 0,1) doivent être résistant à la gélifraction pour être considérés non gélifs[2]. Pour les autres matériaux, le classement de leur sensibilité au gel dépend de leur pente à l'essai de gonflement au gel[3].

La valeur de la pente obtenue à l'essai de gonflement (p) est nécessaire pour les calculs de dimensionnement au gel des matériaux peu ou très gélifs[4].

L'annexe C de la norme NF P98-086 de mai 2019 donne, pour des matériaux[5] de la plate-forme support de chaussée, la classe de sensibilité au gel et la pente de gonflement à utiliser pour le dimensionnement au gel.

La vérification au gel-dégel consiste à comparer l'indice de gel[6] atmosphérique de référence (IR), qui caractérise la rigueur de l'hiver[7] dont on souhaite protéger la chaussée, à l'indice de gel atmosphérique admissible (IA) de la chaussée. L'indice de gel admissible correspond à l'indice de gel atmosphérique calculé que peut supporter chaque année une chaussée sans subir un endommagement excessif sous l'action du trafic en période de dégel.

L'hiver de référence auquel correspond l'indice de gel atmosphérique de référence (IR) peut être l'hiver exceptionnel (HE), l'hiver rigoureux non exceptionnel (HRNE) ou tout autre hiver. L'hiver exceptionnel est l'hiver le plus rigoureux connu en un lieu donné. Il présente le plus fort indice de gel relevé depuis 1951. L'hiver rigoureux non exceptionnel est l'hiver dont la rigueur a une période de retour décennale en un lieu donné.

---

1 Lorsque le gel pénètre en dessous de la chaussée sur un sol gélif, il se produit un phénomène de cryosuccion, des lentilles de glace se forment et des gonflements se produisent. À noter que les sols non gélifs se congèlent en masse sans variation de structure.

2 Dans la norme NF P98-086 de mai 2019, les matériaux granulaires insensibles à l'eau sont classés en fonction de leur sensibilité à la gélifraction. Si ces matériaux sont sensibles à la gélifraction, ils ne peuvent pas être considérés comme non gélifs. Dans ce cas, la pente de gonflement (p) est nécessaire pour les calculs de dimensionnement au gel. Cette nouvelle classification permet notamment d'éviter qu'une grave non traitée insensible à l'eau et à la gélifraction soit considérée comme gélive à cause d'un résultat de cryosuccion avec une pente de gonflement supérieure à 0,05 (*cf.* l'ancienne norme NF P98-080-1, SGn si p ≤ 0,05).

3 L'essai de gonflement au gel des sols et matériaux granulaires traités ou non de D ≤ 20 mm est décrit dans la norme NF P98-234-2 de février 1996 *Essais relatifs aux chaussées - Comportement au gel*. L'essai consiste à mesurer le gonflement d'éprouvettes de matériaux soumises à un phénomène de cryosuccion. On constate que le gonflement d'un matériau gélif est une fonction linéaire de la racine carrée de l'indice de gel. La pente de l'essai de gonflement au gel (p) est exprimée en mm / (°C × heure)$^{1/2}$.

4 Si les matériaux de la PST et de la couche de forme sont non gélifs, il n'y a pas lieu d'effectuer une vérification au gel.

5 Il s'agit de matériaux non traités et de matériaux traités à la chaux seule ou aux liants hydrauliques (éventuellement associés à la chaux). À noter que la classification des matériaux a été établie selon la norme NF P11-300.

6 Pour un lieu et une période donnée, l'indice de gel est la valeur absolue de la somme des températures moyennes journalières négatives (°C × jours). Les indices de gel de référence ont été calculés conformément à la norme NF P98-080-1 de novembre 1992 *Chaussées – Terrassements Terminologie Partie 1 : Terminologie relative au calcul de dimensionnement des chaussées.*

7 La rigueur d'une période de gel est caractérisée par la conjugaison de deux paramètres : l'intensité du froid et la durée de la période de gel.

Sur la période 1951-1997, l'annexe 2 du catalogue des structures types de chaussées neuves (SÉTRA-LCPC, 1998) donne les indices de gel des hivers exceptionnels et des hivers rigoureux non exceptionnels des principales stations météorologiques. À noter que les valeurs ne sont pas toujours représentatives de l'ensemble d'un même département. Ainsi, il peut être nécessaire de recueillir des données plus proches du projet.

L'hiver de référence choisi pour le dimensionnement a un impact sur la fréquence de pose éventuelle des barrières de dégel[1] et donc sur la fréquence d'interruption de la circulation sur l'itinéraire. Ainsi, la période de retour de l'indice de gel atmosphérique de référence retenu doit être cohérente avec le niveau de service de la chaussée.

En ce qui concerne l'indice de gel admissible, il évolue en fonction de la structure de chaussée, de la sensibilité au gel et de l'épaisseur non gélive de son support. Ainsi, la valeur de cet indice dépend de la gélivité du sol en place, de la nature et de l'épaisseur de la couche de forme éventuelle et des couches de chaussée.

Lorsque l'indice de gel admissible de la chaussée (IA) est supérieur ou égal à l'indice de gel de référence (IR) choisi, la vérification au gel-dégel est positive.

Lorsque IA est inférieur à IR, la vérification au gel-dégel est négative, ce qui signifie que les phénomènes de gonflement et de perte de portance sont suffisamment importants pour créer des désordres. Selon le niveau de service de la route, la pose de barrières de dégel peut être ou ne pas être envisagée. Il est à noter que le drainage des chaussées permet d'évacuer l'excès d'eau et donc de réduire les contraintes liées à la pose de barrières de dégel (durée, fréquence, tonnage). Pour obtenir une vérification au gel-dégel positive, il faut reprendre la comparaison de l'indice de gel admissible par rapport à l'indice de gel de référence, soit en diminuant la sensibilité au gel du sol support (traitement ou substitution de matériaux), soit en changeant la nature et/ou l'épaisseur de la couche de forme, soit en modifiant la structure de chaussée[2], soit en modifiant l'indice de gel de référence (HRNE au lieu de HE, par exemple).

Lors de la reprise de la vérification au gel-dégel, il est souhaitable d'intervenir au niveau de la plate-forme support de chaussée pour réduire les coûts. À titre d'exemple, il est possible de traiter le sol support pour réduire sa sensibilité au gel et/ou de modifier la couche de forme (nature et/ou épaisseur) pour améliorer la protection thermique.

3.   Le « Catalogue des structures types de chaussées neuves » (SÉTRA-LCPC, 1998)

L'application du *Catalogue des structures types de chaussées neuves* (SÉTRA-LCPC, 1998) est obligatoire sur le réseau routier national. Les structures de chaussées sont calculées à l'aide de la méthode précédemment décrite. La première étape concerne donc le dimensionnement mécanique et la seconde la vérification au gel-dégel.

---

1   Elles sont mises en œuvre en phase de dégel pour protéger la structure de chaussée. Cette règlementation de la circulation routière se traduit généralement par une limitation du tonnage ou une fermeture temporaire de la route.

2   Cela peut conduire à augmenter les épaisseurs de la structure (classe de trafic supérieure ou classe de plate-forme inférieure si ces choix peuvent être retenus) ou à changer les matériaux de la chaussée.

3.1. Le dimensionnement mécanique

Dans le catalogue, les classes de trafic sont des *classes de trafic cumulé (TC)*. Elles sont déterminées par le nombre de poids lourds cumulé sur la durée initiale de dimensionnement de la chaussée (20 ou 30 ans) sur la voie la plus chargée.

Le catalogue différencie, vis-à-vis du dimensionnement des structures de chaussées, deux catégories de voies. Pour chaque structure de chaussée, il existe donc deux types de fiches[1].

– celles relatives aux voies du réseau structurant (VRS), qui comprennent les voies structurantes d'agglomération (VSA)[2], les autoroutes non concédées (ARNC), les liaisons assurant la continuité du réseau autoroutier (LACRA) et certaines grandes liaisons d'aménagement du territoire (GLAT) destinées à terme à présenter des caractéristiques autoroutières ;

– celles relatives aux voies du réseau non structurant (VRNS), qui comprennent les autres GLAT et routes nationales[3].

La différence de dimensionnement de ces deux catégories de voies résulte d'hypothèses de calculs différentes (durée de dimensionnement initiale, agressivité…) :

– pour les voies du réseau structurant (VRS), la durée de dimensionnement initiale est de 30 ans, avec des valeurs élevées des coefficients d'agressivité du trafic poids lourds ;

– pour les voies du réseau non structurant (VRNS), la durée de dimensionnement initiale est de 20 ans, avec des valeurs moins élevées des coefficients d'agressivité du trafic poids lourds.

Dans un premier temps, le concepteur doit définir la classe de trafic (TC). Le trafic pris en compte est le nombre de poids lourds circulant sur la voie la plus chargée, cumulé sur la durée initiale de dimensionnement de la chaussée (en millions de PL).

Le calcul se fait à l'aide de la relation suivante :

$$TC_{20 \text{ ou } 30} = 365 \times T \times C$$

T : trafic poids lourds MJA (moyenne journalière annuelle) à l'année de mise en service sur la voie la plus chargée.

$C = d + t \times d \times (d - 1)/2$

Avec d : durée de dimensionnement initiale de la chaussée (20 ou 30 ans) et t : taux de croissance linéaire[4] annuelle du trafic poids lourds/100.

Prévoir une étude de trafic pour définir le taux de croissance linéaire annuelle du trafic poids lourd et le trafic poids lourds MJA à l'année de mise en service sur la voie la plus chargée.

En l'absence de données, les hypothèses habituelles utilisées pour dimensionner les structures de chaussées des voies du réseau structurant (VRS) et des voies du réseau non structurant

---

1   À l'exception des structures souples qui ne sont pas autorisées sur les voies du réseau structurant (VRS). En effet, les structures souples, qui comportent une ou plusieurs couches en matériaux bitumineux d'épaisseur totale inférieure ou égale à 0,12 m reposant sur une assise constituée d'une ou plusieurs couches de grave non traités d'épaisseur totale supérieure ou égale à 0,15 m, ont une faible rigidité. Ce type de structure ne résiste pas à un trafic lourd. Elles subissent rapidement des déformations permanentes.

2   Anciennes voies rapides urbaines (VRU).

3   Cette classification des itinéraires nationaux en 4 niveaux (autoroutes, LACRA, GLAT et autres routes nationales) découle du schéma directeur routier national (SDRN) approuvé par décret le 1ᵉʳ avril 1992. À noter que la classification issue du SDRN a évolué (voir le rapport *Une typologie routière réformée et élargie*, CEREMA, décembre 2014).

4   Une croissance linéaire suit une progression arithmétique.

(VRNS) sont respectivement un taux de croissance linéaire annuelle de 5 % et de 2 % du trafic poids lourds de l'année de mise en service.

Dans un second temps, le concepteur doit choisir le type de structure (souples, bitumineuses, à assises traitées aux liants hydrauliques, mixtes, inverses ou en béton de ciment). Pour les six familles de structure, le catalogue SÉTRA-LCPC 1998 propose 52 fiches pré-calculées avec une combinaison de couches de surface.

Ainsi, pour une catégorie de voie, un type de structure et un couple classe de plate-forme support de chaussée[1] - classe de trafic cumulé (TC) donnés, le catalogue propose les épaisseurs des couches d'assise et des compositions possibles pour les couches de surface.

Il est à noter que les variations transversales d'épaisseur des couches d'assise (ΔH) ne sont pas autorisées sur les chaussées bidirectionnelles. Ainsi, l'épaisseur nominale au bord droit (HND) est constante sur tout le profil en travers. Des diminutions transversales d'épaisseur des couches d'assise sont possibles pour les routes à chaussée séparée à plusieurs voies de circulation afin de limiter le volume des matériaux nobles sur les voies où la circulation des poids lourds est moins importante. Cependant, il convient de respecter les conditions suivantes :

– la différence entre les épaisseurs nominales au bord droit (HND) et au bord gauche (HNG) ne doit pas dépasser une valeur maximale (ΔH_{max}),
– l'épaisseur nominale au bord gauche (HNG) ne doit pas être inférieure à une valeur minimale (HNG_{min}).

Sur chaque fiche VRS du catalogue 1998, un tableau fournit la valeur maximale de ΔH_{max} et minimale de HNG_{min}. À noter que l'annexe A de la norme NF P98-150-1 de juin 2010 peut conduire à prévoir, pour les enrobés hydrocarbonés à chaud, une épaisseur nominale au bord gauche minimale (HNG_{min}) différente de celle proposée par le catalogue (exemple 9 cm au lieu de 10 pour l'EME 0/20).

3.2.   La vérification au gel-dégel

Le choix de la rigueur de l'hiver de référence conditionne la fréquence des poses éventuelles de barrières de dégel. L'État considère difficilement acceptable pour l'économie du pays les restrictions de circulation. Ainsi, l'hiver de référence adopté pour le dimensionnement des chaussées neuves sur le réseau routier national est l'hiver exceptionnel (HE). Une exception concerne les routes supportant un trafic journalier inférieur à T3 (TMJA $\leq$ 50 PL/jour/sens). Dans ce cas, l'hiver de référence est l'hiver rigoureux non exceptionnel (HRNE).

Le Tableau 26 donne les indices de gel des hivers exceptionnels et des hivers rigoureux non exceptionnels de quelques stations météorologiques françaises sur la période 1951-1997.

---

1   À noter qu'au-dessus d'un certain niveau de trafic, le catalogue n'autorise pas de construire sur des plates-formes de classe PF2.

Tableau 26.

Stations	HE	HRNE
Vichy (03)	250	115
Nice (06)	0	0
Besançon (25)	220	120
Montpellier (34)	55	35
Nantes (44)	75	55

Source : extrait de l'annexe 2 du *Catalogue des structures types de chaussées neuves* (SÉTRA-LCPC, 1998)

La détermination de l'indice de gel admissible de la chaussée IA s'effectue à l'aide des abaques fournis au verso de chaque fiche du catalogue. Elle nécessite la détermination préalable de QB (quantité de gel admissible à la base de la chaussée) qui constitue l'entrée de l'abaque permettant de déterminer, pour une structure donnée, l'indice de gel admissible de la chaussée.

Pour calculer la quantité de gel admissible à la base de la chaussée (QB), il convient préalablement de définir la quantité de gel (Q_g)[1] dont on autorise la transmission aux couches inférieures gélives du support et la protection thermique, traduite par la quantité de gel (Q_{ng}) apportée par les matériaux non gélifs de la couche de forme éventuelle et du sol support. C'est la somme de Q_g et de Q_{ng} qui est appelée QB et qui permet pour chacune des 52 fiches du catalogue de définir l'indice de gel admissible IA.

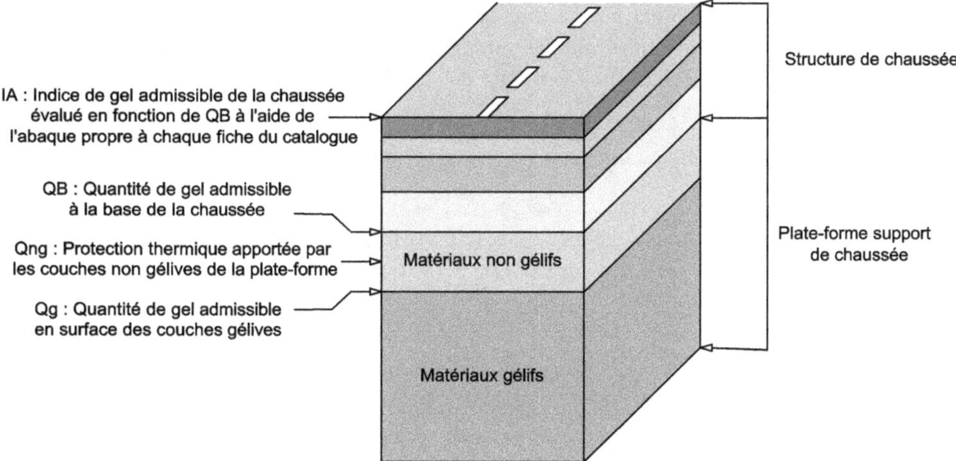

Figure 80. Définition des différents termes

---

1 La quantité de gel admissible en surface des couches gélives (Q_g) est obtenue à partir de la pente de l'essai de gonflement au gel *(p)*.

3.2.1.   Calcul de Q_g

Pour la vérification au gel-dégel, on regroupe les matériaux de la plate-forme support de chaussée (couche de forme et sol support) en couches de même classe de sensibilité au gel (non gélifs, peu gélifs, très gélifs). Cela conduit à trois configurations de plate-forme[1] :

Cas 1
SG_n
SG_n

Cas 2
$SG_n{}^2$
SG_p ou SG_t

Cas 3
$SG_n{}^2$
SG_p
SG_t

Dans le cas 1 : Les matériaux sont non gélifs, il n'y a pas de problème de tenue au gel-dégel. La vérification est terminée.

Dans le cas 2 : La quantité de gel admissible en surface de la couche gélive (Q_g) est obtenue directement à partir du Tableau 27.

Tableau 27.

Valeur de p[3]	$0,05 < p \le 0,25$	$0,25 < p \le 1$	$p > 1$
Valeur de Q_g	4	$1/p$	0

Source : *Catalogue des structures types de chaussées neuves* (SÉTRA-LCPC, 1998)

Dans le cas 3 : Pour déterminer la quantité de gel admissible en surface des couches gélives (au sommet de SG_p), il convient préalablement de calculer Q_g au sommet de chacun des deux matériaux (SG_p et SG_t). Le Tableau 27 permet de calculer Q_g (SG_p) et Q_g (SG_t).

Q_g dépend de l'épaisseur (h_p) de la couche peu gélive :

— si l'épaisseur de la couche peu gélive (h_p en cm) est supérieure ou égale à 20 cm,

$$Q_g = Q_g\,(SG_p) \ ;$$

— si l'épaisseur de la couche peu gélive (h_p en cm) est inférieure à 20 cm,

$$Q_g = 1/20\,(Q_g\,(SG_p) - Q_g\,(SG_t)) \times h_p + Q_g\,(SG_t).$$

---

1   On représente la plate-forme support de chaussée par un schéma dans lequel la sensibilité au gel augmente avec la profondeur.

2   En l'absence d'une couche non gélive, l'épaisseur (h_n) peut être ramenée à zéro.

3   Valeur de la pente obtenue à l'essai de gonflement au gel.

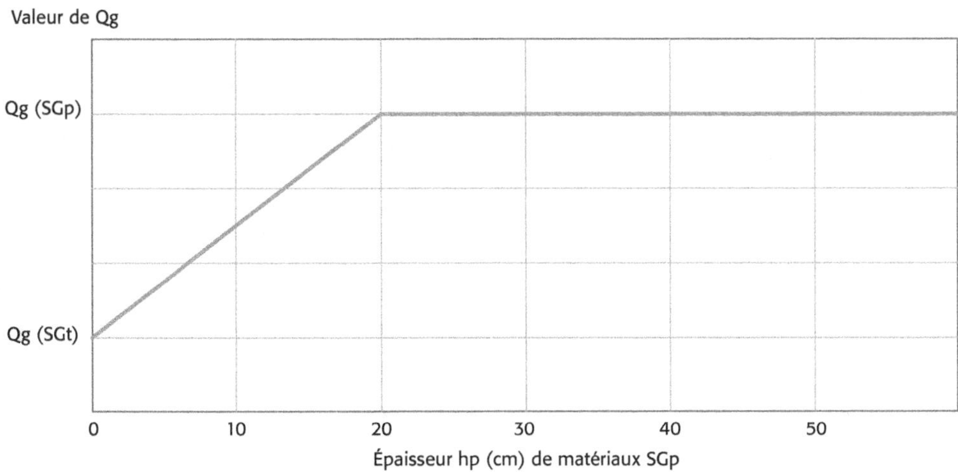

Figure 81. Quantité de gel admissible en surface de la couche peu gélive

3.2.2. Calcul de Q_{ng}

La protection thermique (Q_{ng}) apportée par les couches non gélives de la plate-forme est fonction de leur nature (A_n) et de leur épaisseur (h_n en cm). La protection thermique est calculée à partir de la formule suivante : $Q_{ng} = A_n \times (h_n^2 / (h_n + 10))$. Pour information, lorsque la couche de forme est constituée de matériaux de classe D, GNT, la valeur du coefficient A_n est de 0,12 (°C × jour)$^{1/2}$ / cm.

CHAPITRE 7

Les dégradations des chaussées

Le contexte actuel pèse fortement sur les finances publiques. Les collectivités territoriales sont notamment confrontées à des dépenses en hausse, doublées d'une réduction de leur autonomie financière. Elles se voient donc contraintes de limiter leurs investissements, tout en engageant des réorganisations structurelles visant à réduire le recours aux crédits de fonctionnement. Les réseaux de desserte et de transit, très majoritairement gérés par les départements, n'échappent pas à cette règle. Pour autant, le trafic et donc les contraintes augmentent.

Désormais à la 7 place (sur 140) au classement pour la qualité de son réseau routier[1], la France est confrontée à une dégradation de son réseau. L'une des grandes caractéristiques du réseau routier français, hors autoroutes, est son hétérogénéité. Chaque gestionnaire public applique sa propre politique d'entretien, avec le risque d'un réseau à plusieurs vitesses.

Ce contexte favorise l'émergence de techniques faciles à mettre en œuvre et économiques. Les maîtres d'ouvrage doivent appliquer la bonne technique au bon moment. Pour cela, il est indispensable de connaître parfaitement son réseau afin d'identifier les principales causes de désordres. Cela permettra d'y remédier au mieux en tenant compte de la réalité des moyens.

Dans ce cadre, l'Observatoire national de la route (ONR) a été créé le 25 janvier 2016. En effet, avec plus d'un million de kilomètres de voiries, la France est l'un des pays les mieux dotés au monde. Ce réseau, qui assure 88 % du transport des marchandises et 88 % des déplacements de personnes est un facteur déterminant dans l'attractivité touristique et économique du pays. Le risque de dégradation de ce patrimoine n'est donc pas sans conséquence en termes de compétitivité. Le rôle de cet observatoire, piloté par l'IDRRIM (Institut des routes, des rues et des infrastructures pour la mobilité), est de partager les connaissances et d'objectiver l'état du réseau routier. Il bénéficie du concours du CEREMA et de l'IFSTTAR.

---

1   D'après un classement établi par le World Economic Forum (WEF) en 2015. Ainsi, la France se retrouve derrière les Émirats arabes unis, les Pays-Bas, Singapour, le Portugal, Hong Kong et l'Autriche. À noter qu'elle était à la première place du classement en 2011 et 2012.

La charte d'engagement a été signée par les principaux acteurs de la route :

- l'État, au titre du réseau routier national ;
- l'ADF (Assemblée des départements de France), au titre des compétences des départements, notamment en matière de gestion des routes départementales ;
- l'AdCF (Assemblée des communautés de France), au titre des différentes formes de groupements de communes ;
- l'USIRF (Union des syndicats de l'industrie routière française), au titre de l'industrie routière ;
- le STRRES (Syndicat national des entrepreneurs spécialistes de travaux de réparation et de renforcement des structures), au titre de l'industrie des ouvrages d'art.

1. Les principales causes de désordres

Les désordres que l'on observe sur les chaussées peuvent provenir de causes multiples qu'il convient de bien identifier afin de déterminer les travaux d'entretien ou de renforcement à réaliser. Parmi les dégradations couramment observées, on peut distinguer les dégradations normales, qui apparaissent progressivement et qui s'aggravent lors du vieillissement de la chaussée, de celles qui proviennent d'un mauvais choix de matériaux, de malfaçons ou de facteurs extérieurs.

1.1. Le vieillissement normal de la chaussée

1.1.1. La couche de roulement

La résistance mécanique des matériaux de la chaussée diminue inéluctablement avec le temps sous l'effet du trafic routier et des conditions climatiques. Ce vieillissement affecte en premier lieu la couche de roulement qui est la plus exposée aux actions du trafic et du climat. Par exemple, on parle d'usure de la couche de roulement lorsque celle-ci a perdu ses caractéristiques d'adhérence, notamment en raison du polissage des gravillons sous l'effet du trafic. Il est communément admis que la durée de vie moyenne d'une couche de roulement parfaitement adaptée au trafic et mise en œuvre sur une chaussée ne présentant pas de problème structurel se situe entre 7 et 15 ans. Par conséquent, les dégradations qui pourront être observées au terme de la durée de vie de la couche de roulement seront qualifiées de « normales » et il conviendra de prévoir simplement le renouvellement de la couche de roulement ou bien des travaux d'attente si l'on souhaite différer son renouvellement.

Figure 82. RN 7 – Toulon-sur-Allier

1.1.1.1. Les conditions climatiques

La couche de roulement subit de nombreuses sollicitations. En effet, l'eau fragilise les liaisons granulats-bitume, la lumière (rayonnement ultraviolet) favorise l'oxydation du bitume, les changements de température influent sur les propriétés mécaniques des produits hydrocarbonés, les agents chimiques (sel de déverglaçage) accroissent les risques de fissuration dus aux chocs thermiques.

La couche de roulement nécessite une surveillance régulière. L'apparition des premières fissures doit alerter rapidement le gestionnaire de voirie afin qu'il puisse y apporter une réponse simple et adaptée (pontage de fissure par exemple). À défaut, les dégradations s'étendront rapidement et cela conduira inévitablement à programmer des travaux lourds et coûteux de réhabilitation. La mise en œuvre d'une politique d'entretien préventif est donc préférable pour préserver et prolonger la chaussée.

À noter que les dégradations de surfaces constituent un indicateur précoce de l'évolution des caractéristiques structurelle des chaussées.

Le drainage doit être assuré avec une attention particulière afin de collecter et d'évacuer les eaux situées à l'intérieur et à l'extérieur de la chaussée (pas d'eau stagnante en bord de chaussée, curage efficace des fossés…). En effet, la présence d'eau dans les chaussées est source de nombreux désordres.

À titre d'exemple, la circulation d'eau à l'intérieur du corps de chaussée provoque :

– le désenrobage des matériaux bitumineux ;

– un transport de matériaux, notamment des particules fines, ce qui est de nature à déstructurer progressivement les couches de matériaux non liées.

Si le gel pénètre le corps d'une chaussée faiblement dimensionnée sur un sol support gélif :

— conséquences du gel : gonflement de la chaussée ;

— conséquences du dégel : augmentation de la déformabilité du sol par retour des lentilles de glace à l'état liquide. Pendant la période nécessaire à l'évacuation du surplus d'eau, il peut être nécessaire de limiter la circulation des véhicules lourds (pose de barrières de dégel) jusqu'à ce que la chaussée présente à nouveau une portance suffisante.

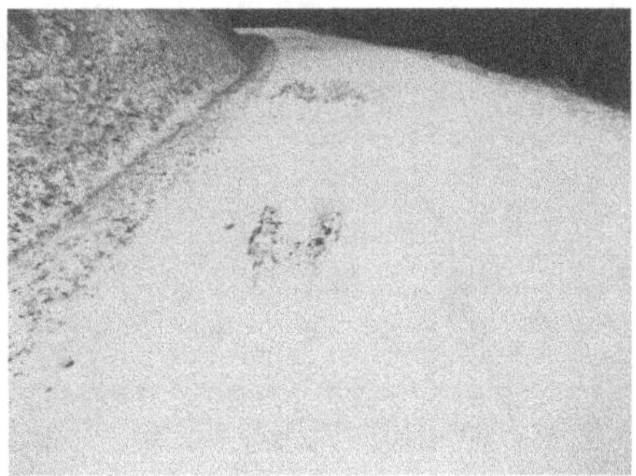

Figure 83. Dégâts liés au trafic – Chaussée non protégée par une barrière de dégel (CD 03)

1.1.2. Les couches d'assise

Une chaussée neuve est dimensionnée avec un risque de calcul. Par conséquent, il existe une probabilité pour que les couches d'assise présentent des dégradations au cours de leur durée de dimensionnement nécessitant des travaux de renforcement assimilables à une reconstruction de la chaussée, en l'absence de toute intervention d'entretien structurel.

1.1.3. Le type de matériau de chaussée

Certaines dégradations apparaissent normalement au cours de la durée de dimensionnement de la chaussée et proviennent simplement du choix des matériaux d'assise. Par exemple, la présence de fissures transversales qui s'étendent sur toute la largeur de la chaussée, et espacées d'un pas régulier, est une pathologie liée au retrait des matériaux traités aux liants hydrauliques. Ainsi, il conviendra de prendre en compte ce phénomène lors des travaux de réalisation de la chaussée en adaptant les méthodes constructives afin d'anticiper et de contrôler l'apparition des fissures (pré-fissuration). À noter que les travaux d'entretien nécessiteront des techniques adaptées (techniques anti-remontées de fissures).

1.2. Le vieillissement anormal de la chaussée : choix des matériaux et conditions de fabrication et de mise en œuvre

1.2.1. Le choix des matériaux

Un mauvais choix de matériaux de chaussée, inadapté au trafic, aux conditions météorologiques, au tracé de la voie ou encore au sol support, peut être à l'origine de l'apparition prématurée de dégradations. Par exemple, on peut citer une erreur dans le choix du grade du bitume entrant dans la composition d'un BBSG qui est trop mou et qui peut donc conduire à l'apparition prématurée d'un orniérage dans les bandes de roulement, ou le cas de la mise en œuvre d'un ECF sur un support trop déformé, avec le risque à terme de conduire à l'apparition de zones de ressuage.

1.2.2. Les malfaçons

Lorsque le choix des matériaux n'est pas en cause, des malfaçons liées à la fabrication ou à la mise en œuvre peuvent également être à l'origine de l'apparition prématurée de dégradations. Par exemple, on peut citer :

- le non-respect de la composition de l'enrobé telle qu'elle a été définie par l'épreuve de formulation,
- le défaut d'homogénéité du produit,
- le non-respect des températures de fabrication et de mise en œuvre,
- le non-respect du pourcentage de vides obtenu sur le chantier,
- le non-respect des épaisseurs,
- le défaut de collage des couches d'enrobé,
- les malfaçons lors de la mise en œuvre parmi lesquelles on peut citer : les arrêts prolongés de finisseur, le déversement d'enrobés à l'avant du finisseur, la mauvaise exécution et le défaut de compactage des joints longitudinaux et transversaux, les arrachements de surface provoqués par les pneus trop froids du compacteur à pneus, la poursuite du compactage au-delà de la température limite de fin de compactage, etc.

Les malfaçons ou les non-conformités susceptibles de provoquer l'apparition prématurée de dégradations sont nombreuses, depuis la fabrication jusqu'à la mise en œuvre. Afin de s'en prémunir, le maître d'ouvrage devra exiger, dans le cadre du marché, le respect de plans de contrôles adaptés à la nature et à l'importance des travaux. À titre d'exemple, un défaut de collage de la couche de roulement en enrobé bitumineux entraînera dans des délais très courts l'apparition de fissures de fatigue à la surface de l'enrobé. Le bon fonctionnement mécanique des chaussées bitumineuses implique que toutes les couches d'enrobés soient parfaitement collées entre elles afin que les efforts dus aux charges roulantes se produisent à la base de la couche bitumineuse la plus profonde.

1.2.2.1. Le compactage

Le compactage permet d'augmenter la densité sèche d'un sol en « serrant » les unes contre les autres les particules solides et liquides qu'il contient (expérience du château de sable avec un sable humide, nettement plus solide que le même élaboré avec du sable sec). Il limite ainsi les tassements ultérieurs en réduisant le pourcentage de vides grâce à la compression des grains, permettant ainsi un accroissement de la capacité portante du sol.

Le compactage anticipe le passage des charges à venir. Il limite ainsi les déformations ultérieures de la chaussée, particulièrement l'orniérage au niveau du passage des roues.

La bonne réussite de cette étape est donc primordiale pour assurer la pérennité de la structure de chaussée. Le choix du matériel, le calcul du nombre de passes et les épaisseurs de mise en œuvre sont autant de points de contrôles formels que devra opérer le maître d'œuvre.

Figure 84. Compactage d'une grave-bitume par un compacteur cylindre vibrant tandem

1.3. Les autres facteurs du vieillissement anormal de la chaussée

Lorsque le choix des matériaux et les conditions de fabrication et de mise en œuvre ne sont pas en cause, des facteurs extérieurs indépendants de la chaussée peuvent être à l'origine des dégradations observées.

1.3.1. Les terrassements

La qualité des travaux de terrassement a une incidence directe sur le comportement de la chaussée. À travers notamment les objectifs de portance à long terme sur l'arase terrassement (classe d'arase AR1, AR2, etc.), dont l'évaluation est basée sur le niveau de portance obtenu à court terme (mesuré au moment des travaux). Les chutes de portance sont généralement dues aux modifications de l'état hydrique du sol support, surtout si celui-ci est sensible à l'eau. C'est pourquoi, afin de maintenir les caractéristiques de portance dans le temps, les travaux de terrassement peuvent s'accompagner d'une substitution de matériaux, d'un traitement et d'un drainage[1].

---

1 Un mauvais drainage des sols peut être responsable de déformations (affaissements, flaches) observées à la surface de la chaussée.

1.3.2.   Le trafic poids lourd

Une modification importante du trafic poids lourds, pour lequel la structure de chaussée mais aussi son profil en travers n'étaient pas prévus à l'origine, peut provoquer l'apparition de dégradations (accélération du phénomène de fatigue de la chaussée).

C'est le cas notamment lors de la mise en place d'une déviation ou lors de travaux occasionnant une circulation de chantier importante (augmentation de trafic limitée dans le temps), ou lors de l'implantation d'activités nouvelles (zones d'activités, bases logistiques…) qui génèrent un trafic poids lourd supplémentaire (augmentation de trafic sur le long terme). Dans le premier cas, seuls des travaux de réparation pourront être envisagés, après le retour au niveau de trafic initial, alors que dans le second cas, il conviendra de prévoir des travaux de renforcement de la structure de chaussée et d'élargissement du profil en travers (épaulement de chaussée).

1.3.3.   Les arbres d'alignement

Les arbres d'alignement contribuent à l'apparition de dégradations liées au soulèvement de la chaussée par les racines. Un bourrelet se forme, au droit de l'arbre, en rive de chaussée conduisant à la fissuration progressive du revêtement et, à terme, au départ des matériaux. Les travaux de réparation associent généralement des techniques qui permettent de contenir les racines (traitements anti-racinaires).

Figure 85. Présence de racines de platane : réapparition des dégradations après une réparation ponctuelle

1.3.4. Les remblais

En ce qui concerne les chaussées réalisées en remblai, les dégradations observées à la surface de la chaussée peuvent être causées par l'instabilité des talus. Dans ce cas, on constate généralement une fissure d'ouverture assez large formant un demi-cercle qui s'étend du bord de chaussée vers son axe, s'accompagnant d'une dénivellation (marche).

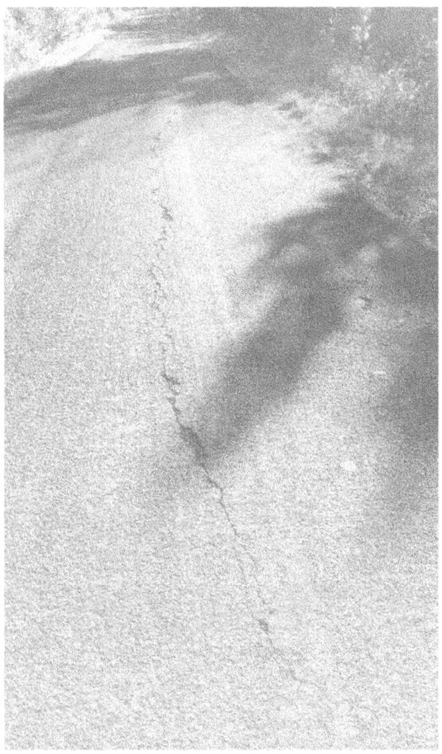

Figure 86. Fissure en « arc de cercle » caractéristique d'un tassement de remblai

La présence dans le corps de remblai de matériaux de mauvaise qualité du fait de leur sensibilité à l'eau (tels que les argiles responsables du phénomène de retrait-gonflement) est également à l'origine de dégradations observées sur la chaussée. Si les dégradations sont ponctuelles et peu étendues, des travaux de purges permettront de substituer les matériaux incriminés par des matériaux sains et insensibles à l'eau tels que des graves non traitées provenant de carrières.

Il convient également de signaler le cas particulier des remblais contigus aux ouvrages d'art, aux murs de soutènement et aux ouvrages hydrauliques. Appelé aussi remblai technique, le remblai contigu est spécifique à la construction des ouvrages. Un défaut de réalisation de ce remblai peut entraîner l'affaissement de la chaussée à proximité de l'ouvrage.

1.3.5. Les ouvrages hydrauliques

Les affaissements de chaussée peuvent également être liés à la présence d'ouvrages hydrauliques. Les défauts d'étanchéité des buses (buses disjointes, fissurées) entraînent des venues d'eau dans le corps de remblai et dans les cas extrêmes provoquent un sous-cavage pouvant conduire à l'effondrement de la chaussée. À noter que les affaissements peuvent aussi provenir d'un défaut de couverture sur l'ouvrage hydraulique qui génère un écrasement de buses, ou de déformations dues à la corrosion de buses métalliques.

1.3.6. Les aléas naturels

Les chaussées peuvent être soumises à des aléas naturels tels que les mouvements de terrain comme les glissements, les effondrements ou fontis liés à la présence de cavités naturelles (karst) ou de cavités artificielles (anciennes carrières souterraines). Des études géotechniques et de mécanique des sols, qui exigent souvent des délais importants, devront être menées avant d'envisager une réfection de chaussée définitive et pérenne. Dans ce cas, la réalisation de travaux provisoires permettant de rétablir les conditions normales de circulation n'est pas toujours possible.

Figure 87. Chaussée soumise à un glissement de terrain

1.3.7. Les réseaux

La présence de réseaux en tranchées est également source de désordres. Ils affectent plus particulièrement les chaussées urbaines, mais peuvent également concerner les chaussées situées en rase campagne. Les désordres qui apparaissent en surface sont généralement la conséquence du tassement des tranchées par suite de l'utilisation de matériaux de remblaiement de mauvaise qualité (sensibles à l'eau) ou à un défaut de compactage.

Dans ce cas, on observe généralement une déformation comparable à de l'orniérage qui s'étend en suivant l'axe et la largeur de la tranchée sous-jacente et qui, à terme, s'accompagne de faïençage.

De manière générale, les ouvertures de tranchées contribuent à rompre la continuité et l'homogénéité de la structure de chaussée (effets de bords, joints), elles peuvent diminuer les caractéristiques mécaniques de la chaussée et par voie de conséquence réduire significativement sa durée de vie théorique[1].

Figure 88. Exemple d'une tranchée particulièrement mal refermée

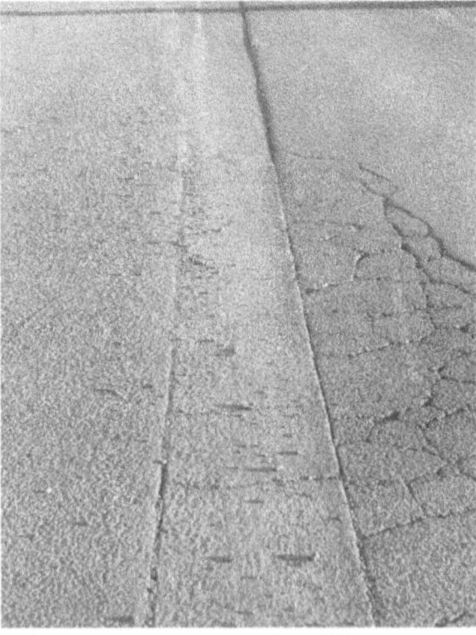

Figure 89. Un évident défaut de compactage lors de travaux de remblaiement de tranchées

---

1 On dispose de très peu d'études sur l'impact des tranchées sur la durée de vie des chaussées. On peut signaler l'expérimentation en cours sur la métropole de Lille, qui consiste en l'instrumentation d'une tranchée transversale et longitudinale.

Figure 90. Micro-tranchée de fibre optique qui réapparaît à la surface d'un revêtement récent

1.3.7.1. L'utilisation du domaine public dans le déploiement des réseaux des concessionnaires

Le contexte

Le réseau routier est particulièrement concerné par les déformations dues au mauvais remblaiement de tranchées. Le constat est immédiat pour les usagers :

– visuel : tracé évident de la tranchée, endommagement de la chaussée, image désastreuse pour le gestionnaire ;

– sécurité et confort : dénivellation, retenue d'eau, bruit… ;

– patrimonial : ces dégradations vont réduire la qualité de l'imperméabilisation de surface, permettre à l'eau de pénétrer dans le corps de chaussée et entamer le lent processus de destruction du corps de chaussée.

Figure 91. Illustration d'une tranchée dégradée (mais pas que…)

L'espace public peut recevoir les canalisations, les conduites et les câbles des différents opérateurs. C'est en effet un espace libre, mais aussi géré collectivement, un « espace public ». C'est aussi le moyen d'accéder le plus facilement aux utilisateurs, usagers, habitants.

Pour d'évidentes raisons techniques, certains réseaux doivent impérativement se situer en profondeur : l'assainissement pour la desserte gravitaire, l'eau potable pour des raisons sanitaires, le chauffage urbain pour des raisons de sécurité.

D'autres réseaux peuvent être accrochés sur des poteaux ou en façades (tels que l'électricité et la téléphonie). Les préoccupations esthétiques qui prévalent aujourd'hui poussent les élus à exiger l'enfouissement des réseaux, mouvement également initié par la récurrence des épisodes climatiques.

De fait, de plus en plus de réseaux empruntent l'espace public en souterrain en raison du développement de nouvelles technologies. Ce mouvement s'est fortement accentué par l'ouverture des marchés à la concurrence.

Des solutions alternatives existent, comme le fonçage (forage sans tranchée). Toutefois, elle n'est utilisable que dans des secteurs faiblement densifiés en réseau.

Dans une zone agglomérée, chaque opérateur est donc susceptible d'ouvrir sa propre tranchée et d'accélérer la déstructuration de la chaussée. L'obligation de coordination ne répond pas efficacement aux réalités opérationnelles. Il est en effet très difficile de répondre à la pression des aménageurs (élus, promoteurs, opérateurs…).

Les outils juridiques

Chaque intervention sur le domaine public doit faire l'objet d'une permission de voirie qui en précise les contraintes techniques et administratives. Outre les aspects règlementaires (incidence Natura 2000, recherche d'amiante et d'hydrocarbures aromatiques polycycliques - HAP…), elle précisera les conditions techniques de remblaiement et de reconstitution de la chaussée.

Les autorisations d'occupation du domaine public s'appuient généralement sur un règlement de voirie qui fixe les conditions générales d'utilisation de l'espace public. Il fixe également les conditions de l'éventuelle coordination de travaux organisée par le propriétaire du domaine public. Elle consiste à provoquer une réunion formelle chaque année avec tous les gestionnaires de réseaux concernés. Elle permet ainsi à chaque opérateur et au propriétaire de l'ouvrage d'échanger leurs projets à court et moyen terme, en vue notamment de préserver les voiries nouvelles de toute intervention.

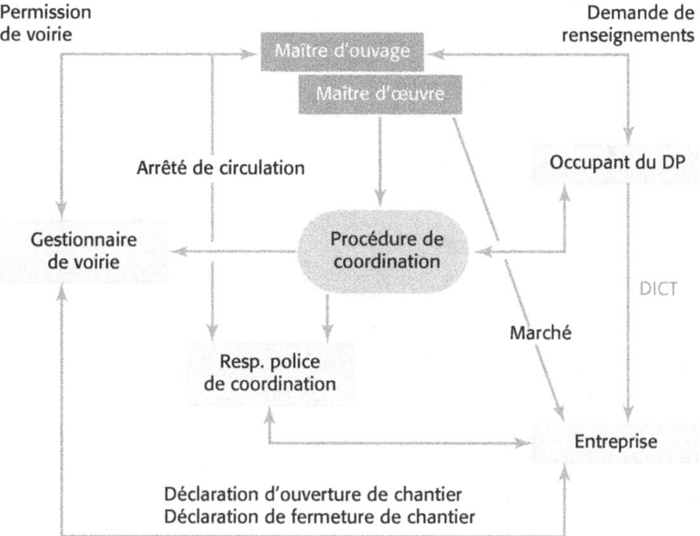

Figure 92. Schéma de la coordination des travaux des opérateurs

Les outils règlementaires

La norme NFP 98-331 (février 2005) fixe les conditions d'ouverture, de remblayage et de réfection des tranchées.

Le principe général est d'apporter l'énergie de compactage nécessaire pour atteindre une densité suffisante des matériaux de remblaiement.

La norme présente la définition des différentes zones de remblayage et, pour chacune d'entre elles, la nature et la dimension des matériaux admissibles et les objectifs de densification en fonction du trafic attendu.

Par ailleurs, le SÉTRA-LCPC a publié en 1994 un guide technique pour le remblayage des tranchées et la réfection des chaussées. Un complément à ce guide a été publié par le CETE Normandie-Centre en 2007.

La norme NFP 98-332 (février 2005) fixe les règles de distance entre les réseaux. On distingue les réseaux parallèles et les réseaux en croisement. Des tableaux donnent dans chaque cas les distances minimales exigées pour un réseau vis-à-vis des autres réseaux. Cette norme précise également les distances à respecter entre les arbres et les réseaux.

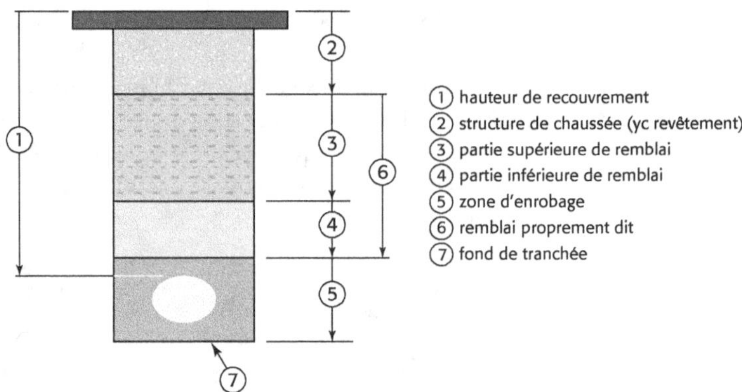

Figure 93. Coupe type de remblaiement d'une tranchée

Quelles solutions pour demain ?

Depuis quelques années, de nouvelles techniques d'enfouissement des réseaux et de remblayage des tranchées ont été mises au point et se développent fortement sous la pression de la demande en haut débit. Il s'agit des micro-tranchées et des remblais auto-compactant. La norme actuelle ne distingue pas les tranchées étroites.

Une nouvelle norme expérimentale XP P 98-333 de juin 2009, annulée le 21 juin 2017, a proposé des prescriptions techniques distinguant les micro-tranchées (5 à 15 cm de large) et les mini-tranchées (15 à 30 cm). Des règles de remblayage en fonction des matériaux utilisés, des trafics et des types de structures ont été fixées, ainsi que des exigences en termes de réfection de la chaussée et de ses dépendances, en agglomération et hors agglomération, lors de travaux nécessités par la mise en place ou l'entretien de réseaux. Ce document ne concerne pas les réseaux posés par d'autres méthodes que les tranchées ouvertes de faibles dimensions. Ce document s'applique aux travaux entrepris par ou pour le compte des personnes physiques ou morales suivantes :

— les propriétaires ou gestionnaires du domaine public ou privé,

— les maîtres d'ouvrages ou gestionnaires de réseaux qui peuvent être permissionnaires de voirie ou occupants de droit de la voirie.

La méthode de pose de réseaux en tranchées ouvertes de faibles dimensions s'applique aux réseaux dont les contraintes techniques spécifiques et les dispositions réglementaires, spécialement en matière de sécurité, sont compatibles avec l'usage de cette technique. En particulier doivent être respectées les dispositions des arrêtés suivants :

— l'arrêté du 13 juillet 2000, portant règlement de sécurité de la distribution de gaz combustible par canalisations ;

— l'arrêté du 4 août 2006, portant règlement de la sécurité des canalisations de transport de gaz combustibles, d'hydrocarbures liquides ou liquéfiés et de produits chimiques ;

— l'arrêté du 6 décembre 1982, portant réglementation technique des canalisations de transport de fluides sous pression autres que les hydrocarbures et le gaz combustible ;

— l'arrêté du 17 mai 2001, fixant les conditions techniques auxquelles doivent satisfaire les distributions d'énergie électrique.

2. Les principaux désordres

Par Hervé CABANES

Les dégradations qui affectent les chaussées sont référencées et définies dans le *Catalogue des dégradations de surface des chaussées. Méthode d'essai n° 52*, LCPC, 1998.

2.1. Les déformations

2.1.1. L'orniérage

On différencie l'orniérage à grand rayon (largeur supérieure à 0,80 m) de l'orniérage à petit rayon. L'orniérage à petit rayon est une déformation qui se limite en général à la couche supérieure de la chaussée, c'est-à-dire la couche de roulement.

Cet orniérage, qui se produit dans les bandes de roulement sous l'effet de la circulation, peut avoir différentes causes non dépourvues de liens entre elles :

– La classe de résistance à l'orniérage spécifiée pour les travaux n'est pas adaptée au trafic et aux conditions climatiques. Pour éviter ce problème, les maîtres d'ouvrage ont tendance à prescrire systématiquement dans leur marché des bétons bitumineux de classe 3, même lorsque cela ne s'avère pas nécessaire (sur spécification).

– Le non-respect de la composition de l'enrobé lors de sa fabrication peut être à l'origine de l'apparition d'orniérage. L'enrobé est trop riche en mastic bitumineux du fait d'un excès de liant et de fines, sa courbe granulométrique est trop sableuse (pourcentage de passants aux tamis inférieurs à 2 mm trop élevé).

– Le non-respect des caractéristiques de mise en œuvre et notamment des spécifications relatives aux pourcentages de vides (compacité) peut également conduire à l'orniérage. Lorsque la compacité obtenue à la mise en œuvre est trop faible (ou pourcentage de vides trop élevé) du fait d'un défaut de compactage (atelier de compactage non adapté, températures d'enrobé ou températures ambiantes trop basses…), un orniérage peut apparaître dans les bandes de roulement. Celui-ci correspond à l'augmentation de la compacité de l'enrobé qui achève sa mise en place sous l'effet conjugué du trafic et des conditions météorologiques, et plus particulièrement des températures élevées. On parle dans ce cas d'orniérage par post-compactage. À l'inverse, lorsque la compacité obtenue à la mise en œuvre est trop élevée (ou pourcentage de vides trop faible), il peut apparaître un orniérage par fluage de l'enrobé sous l'effet conjugué du trafic et des conditions météorologiques.

– Les caractéristiques géométriques de la voie interviennent dans le phénomène d'orniérage comme facteur aggravant. Sont concernées les zones de fortes sollicitations, telles que les courbes, les rampes très prononcées, mais également les zones de freinage aux abords des carrefours et notamment des carrefours giratoires et des barrières de péages d'autoroutes. On peut citer par exemple le cas des voies à trafic lourds, lents et canalisés tels que les voies bus ou les voies d'autoroute réservées aux véhicules lents (en raison de rampes importantes).

Le phénomène d'orniérage se produit en période estivale, lorsque les températures dans les couches supérieures de la chaussée sont élevées. Il peut s'accompagner de la formation de bourrelets sur les bords de l'ornière, surtout dans le cas d'un orniérage par fluage, et de ressuage affectant la surface du revêtement au fond de l'ornière.

Un cas d'orniérage fréquemment rencontré sur les réseaux secondaires concerne les chaussées qui ont fait l'objet d'entretiens successifs par des enduits superficiels d'usure. La couche de surface ainsi obtenue par superpositions de couches de gravillons et de liants constitués de bitumes de grades mous et pouvant atteindre au fil du temps plusieurs centimètres d'épaisseur est particulièrement sensible à l'orniérage. Dans ce cas précis, celui-ci s'accompagne toujours de ressuage et de la formation de bourrelets.

À noter que les chaussées en béton de ciment restent stables aux températures élevées et ne sont pas sensibles à ce problème d'orniérage. C'est d'ailleurs pour cette raison que les zones fortement sollicitées, soumises à des efforts de poinçonnement telles que les plates-formes aéroportuaires (aires de stationnement des avions) sont souvent réalisées en béton de ciment.

L'orniérage à grand rayon concerne quant à lui l'ensemble du corps de chaussée, c'est-à-dire les couches de structure de la chaussée (fondation et base), mais aussi les couches plus profondes telles que la couche de forme ou la partie supérieure des terrassements (PST).

Dans ce cas, les causes sont plus structurelles que pour l'orniérage à petit rayon. Il peut s'agir :

— De la fatigue de la chaussée :

Les chaussées neuves sont dimensionnées pour résister à un niveau de trafic poids lourds cumulé avec une probabilité d'endommagement de la structure. On parle de phénomène de fatigue lorsque la chaussée n'est plus apte à supporter les sollicitations répétées et que des déformations irréversibles (plastiques) apparaissent au sein de la structure. Dans ce cas, l'orniérage peut s'accompagner d'autres dégradations liées à la structure (fissuration, faïençage).

— De la variation de la portance du sol support :

Ce phénomène affecte principalement les chaussées à structures souples constituées de matériaux non traités de type GNT. Les chaussées anciennes, dont la structure est constituée de hérissons de cailloux surmontés de pierres cassées, et revêtues par des enduits superficiels, entrent dans cette catégorie de chaussées souples. La plus ou moins grande sensibilité à l'eau des sols supports provoque une chute de portance lors de variations plus ou moins importantes de l'état hydrique. Dans le cas d'un sol très sensible à l'eau tel que certaines argiles, une faible augmentation de leur teneur en eau suffit pour provoquer une diminution importante de la portance. Cette chute de portance, qui peut être localisée, provoque sous l'effet d'un trafic même modeste un tassement des sols dont l'effet se répercute à la surface sous la forme d'orniérage à grand rayon. Ces dégradations étant liées à l'état hydrique des sols supports, elles se produisent essentiellement lors des saisons où les pluies sont abondantes. Le phénomène de gel-dégel des chaussées faiblement dimensionnées, qui, en l'absence de restrictions de circulations aux poids lourds (barrières de dégel), peut occasionner la ruine de la chaussée, illustre de manière spectaculaire les effets de la chute de portance des sols en présence d'eau.

2.1.2. Les affaissements

L'affaissement est une déformation ponctuelle par tassement du sol support qui se localise soit en rive de chaussée, soit sur la largeur de la demi-chaussée.

L'affaissement de rive s'observe le plus souvent sur les chaussées souples traditionnelles. Comme pour le phénomène d'orniérage, la chute de portance est liée à la variation de la teneur en eau du sol support.

Figure 94. Affaissement de rive en intérieur
de virage d'une chaussée souple

Figure 95. Fissure large liée au phénomène
de retrait-gonflement d'argiles

Cette pathologie affecte d'autant plus les chaussées anciennes que celles-ci ont souvent été élargies sans précaution en gagnant sur les rives lors des entretiens successifs. Dans ce cas, l'affaissement est aussi lié au sous-dimensionnement de la structure en rive de chaussée. Il s'accompagne souvent de la formation d'un bourrelet longitudinal en bord de rive de chaussée.

Les affaissements peuvent s'étendre au-delà de la rive de chaussée et gagner l'axe de la chaussée. C'est le cas notamment lorsque des poches de matériaux très sensibles à l'eau, tels que les argiles présentes dans le support de chaussée, entraînent un affaissement lié au phénomène de retrait-gonflement. Dans ce cas, l'affaissement s'accompagne généralement d'une fissure de forme demi-ovale joignant les rives et ayant pour sommet l'axe de la chaussée ou de la demi-chaussée.

Dans le cas des chaussées en remblai, l'affaissement peut avoir des causes plus profondes, comme le glissement du talus de remblai. Dans ce cas, l'affaissement de rive s'accompagne souvent d'une fissure de largeur assez importante, de l'ordre du centimètre, et d'une dénivellation (marche).

L'affaissement évolue ensuite vers un faïençage important de la couche de roulement puis, à terme, vers des départs de matériaux.

La flache est une déformation très ponctuelle de forme arrondie qui se produit sur les chaussées souples (assise en matériaux non traités du type GNT) ou sur les chaussées à couches d'assise traitées aux liants hydrauliques.

Figure 96. Affaissement lié au tassement d'un remblai et qui s'accompagne
d'une fissure et d'une dénivellation

Concernant les chaussées souples, cette dégradation peut provenir comme pour les affaissements d'un défaut très localisé de portance du sol support dû à la présence d'eau. Dans le cas des chaussées à assises traitées aux liants hydrauliques, ce type de dégradation peut être la conséquence de la pénétration de l'eau dans l'assise de chaussée par les fissures transversales inhérentes à ce type de structure ou à travers la couche de roulement en enrobé. Ensuite, sous l'action conjuguée de l'eau et du trafic, la partie supérieure de la couche de base se désagrège (diminution de la cohésion), la qualité de l'interface entre la couche de roulement et la couche de base se dégrade. Il se forme alors une flache qui s'accompagne le plus souvent d'un faïençage, de remontées de fines et pouvant évoluer très rapidement vers le départ des matériaux (nid-de-poule). Dans le cas particulier de chaussée ayant fait l'objet d'un retraitement en place aux liants hydrauliques, ce type de dégradation peut être lié à des hétérogénéités de dosage en liant ou aux caractéristiques des sols traités. Ainsi, afin d'éviter ces désordres qui peuvent apparaître très rapidement après la mise en œuvre (dès les premières pluies), il est conseillé de réaliser un enduit superficiel d'usure qui assurera la double fonction de cure et d'imperméabilisation suivie de la mise en œuvre d'une couche de roulement suffisamment épaisse en enrobé.

Une gonfle est une déformation qui, au contraire d'une flache, crée une bosse ponctuelle sur la chaussée. La gonfle est caractéristique des sols traités aux liants hydrauliques dans lesquels une réaction chimique (réaction sulfatique) se produit entre les composés provenant des liants utilisés (silicates, aluminates) et ceux contenus dans le sol (eau, sulfates). Cette réaction conduit à la formation de composés sulfatés cristallisés comme l'ettringite, et qui, en occupant un volume supérieur à celui des composants dont ils sont issus, provoque un gonflement au sein du matériau traité.

2.2. Les fissures

2.2.1. Les fissures longitudinales

Les fissures longitudinales (principalement parallèles à l'axe de la chaussée) qui apparaissent dans les bandes de roulement sont essentiellement dues à la fatigue de la structure de la chaussée. Dans le cas des chaussées souples, la fissuration observée en surface est le plus souvent liée au défaut de portance du sol support et s'accompagne par conséquent d'une formation ou d'un affaissement comme évoqué précédemment. Dans le cas des chaussées constituées d'une structure en matériaux traités, comme les chaussées bitumineuses, les fissures proviennent essentiellement d'un défaut de la structure (rupture par fatigue) qui n'est plus adaptée au trafic. Dans ce cas, les fissures sont généralement profondes et, au-delà des couches de surface (roulement et liaison), elles affectent également les couches d'assise.

Dans le cas particulier d'un défaut de collage de la couche de roulement sur la couche d'enrobé sous- jacente, des fissures longitudinales affectant uniquement la couche de roulement pourront apparaître prématurément dans les bandes de roulement en raison des efforts de traction induits à la base de la couche de roulement.

Dès l'apparition des premières fissures longitudinales, le processus de dégradation de la chaussée peut s'accélérer et s'aggraver du fait de la pénétration de l'eau dans le corps de chaussée. Dans les chaussées souples, en agissant sur la portance des sols support, dans les chaussées à assises traitées, en agissant sur la cohésion des matériaux (désenrobage, perte de cohésion). Les fissures se ramifient et se rejoignent progressivement pour former un réseau de fissures appelé faïençage dont le maillage est de plus en plus fin. Le faïençage conduit à terme à des départs de matériaux (arrachements) et à la formation de nids-de-poule.

Il est intéressant de noter ici que les dégradations que l'on peut observer sur les chaussées sont liées entre elles et ont un effet les unes envers les autres. Ainsi, la fissuration pourra entraîner des déformations et réciproquement.

Les autres fissures longitudinales, qui ne sont pas localisées spécifiquement dans les bandes de roulement, peuvent correspondre à des fissures dites d'adaptation. Elles ne sont pas directement liées à la structure de la chaussée mais proviennent de mouvements de sols plus profonds tels que nous les avons décrits précédemment (mouvement de terrain, instabilité de talus de remblai, défaut de remblai technique d'ouvrage d'art, retrait-gonflement dû à la présence d'argiles). Sont également classées dans cette catégorie les fissures longitudinales qui peuvent réapparaître à la surface de la couche de roulement après la réalisation de travaux d'épaulement permettant d'élargir la chaussée. La fissure qui apparaît en surface correspond généralement au joint entre la structure de l'ancienne chaussée et celle réalisée en épaulement. Afin de réduire le risque d'apparition de cette dégradation, les dispositions techniques suivantes doivent être adoptées :

- La structure réalisée en épaulement doit être du même type que celle de la chaussée existante. Si la chaussée existante est une ancienne chaussée à structure souple, la structure réalisée pour l'épaulement sera basée sur des matériaux non traités de type GNT.

- On évitera une découpe verticale uniforme sur l'épaisseur de l'ancienne chaussée à épauler pour privilégier la réalisation de redans (découpe en escalier) afin de permettre la mise en œuvre de chaque couche de chaussée avec des joints décalés (non superposition des joints).

- La largeur d'épaulement devra être suffisante pour permettre la mise en œuvre et le compactage des matériaux par les moyens mécaniques classiques et adaptés.

- Les travaux devront intégrer la réalisation d'un revêtement général couvrant l'ancienne chaussée et la chaussée en épaulement.

Parmi les autres fissures, on peut citer celles qui proviennent de fissures ou de joints qui existaient sur la couche sous-jacente et qui après mise en œuvre d'un revêtement remontent à la surface, ou celles qui proviennent de malfaçons liées à la mise en œuvre, comme la mauvaise exécution de joints de raccordement entre deux bandes d'enrobés.

On peut également noter le cas de fissures longitudinales qui réapparaissent à la surface d'un revêtement et qui sont liées à la présence d'une tranchée sous-jacente.

2.2.2. Les fissures transversales

Les fissures transversales sont des fissures perpendiculaires à l'axe de la chaussée. Leur présence à la surface des chaussées avec un espacement régulier (généralement entre 5 et 20 mètres) est caractéristique des assises traitées aux liants hydrauliques.

Ces fissures se créent dans la chaussée dès la fin de la mise en œuvre des matériaux traités lorsque s'opère le retrait lié à la prise hydraulique, mais elles peuvent également se produire au cours du temps sous l'effet de la dilatation et du retrait liés aux variations de température. Les fissures remontent plus ou moins rapidement à la surface, à travers la couche de roulement en enrobé, selon différents processus qui sont fonction de l'interface entre les deux couches (interface collée ou décollée). Une interface collée favorise une remontée rapide de la fissure à la surface, mais celle-ci restera fine et stable, alors qu'une interface décollée conduira à une remontée plus lente de la fissure à la surface, parfois en se dédoublant, mais celle-ci pourra évoluer et se dégrader plus rapidement avec l'apparition d'épaufrures sur les arêtes des fissures (éclats ou effritements), de ramifications et, à terme, de faïençage puis d'arrachements. On observe souvent la présence d'éléments fins (remontées de fines) dans les interstices des fissures et du faïençage, qui témoignent de la détérioration de la partie supérieure des matériaux traités. Ces remontées de fines sont notamment dues aux effets de la circulation par temps de pluie, par entraînement des éléments fins par l'eau sous l'effet d'aspiration ou de pompage.

À noter qu'en raison du retrait thermique les fissures sont plus larges en hiver, ce qui favorise les pénétrations de l'eau dans la chaussée et accélère la dégradation de l'assise de chaussée.

La fissuration transversale inhérente aux chaussées à assises traitées aux liants hydrauliques est inéluctable. Il conviendra, au moment de la construction ou au cours de la durée de service, de mettre en œuvre des techniques qui permettent de maîtriser ou de contrôler leur formation et de limiter leur conséquence, par exemple :

– La préfissuration de la couche de matériaux traités aux liants hydrauliques. Il existe différents procédés d'entreprises comme Craft, Joint actif, qui font l'objet d'avis techniques IDRRIM en cours de validité, ou comme Olivia.

– Le traitement de l'interface entre la couche de base et la couche de surface en enrobé par un produit permettant de retarder la remontée des fissures, appelé système anti-remontée de fissures. Parmi les différents produits, on peut citer les enduits superficiels au bitume fortement modifié par des élastomères ou les enrobés bitumineux spécialement étudiés (non normalisés) de faible granulométrie (0/6 ou 0/4), riches en fines (pourcentage de passants à 63 µm de l'ordre de 15 %) et riches en bitume (de l'ordre de 10 %), et mis en œuvre sur une épaisseur de 1,5 à 2 cm. On peut citer également des procédés qui utilisent des géotextiles imprégnés de bitume ou des géocomposites, ainsi que des procédés plus élaborés qui mettent en œuvre une membrane bitumineuse à base de bitume modifié par des élastomères associée à un enrobé coulé à froid (MBCF), également au bitume modifié. Certains procédés font l'objet d'avis techniques IDRRIM en cours de validité comme Flexiplast ou Colfibre.

La durée de vie des chaussées traitées aux liants hydrauliques est fortement dépendante de la dégradation des fissures et de la pénétration de l'eau qui en résulte. Afin d'en garantir la pérennité, il convient de programmer sur ces chaussées un entretien régulier (entretien préventif) visant à étancher convenablement la surface de chaussée. Sur les chaussées à faible trafic, la mise en œuvre d'un enduit superficiel permettra d'obtenir une imperméabilisation satisfaisante de la surface. Sur les chaussées à fort trafic, qui comportent généralement une couche de roulement en enrobé, l'imperméabilisation de surface sera réalisée par colmatage des fissures[1], technique appelée également scellement de fissures, qui comprend plusieurs méthodes, dont celle du pontage de fissures.

Il arrive parfois notamment sur les chaussées à assises traitées aux liants hydrauliques que les fissures transversales se combinent avec des fissures longitudinales pour former un quadrillage. On les nomme alors fissures en dalles.

Les fissures transversales peuvent aussi avoir pour origine un joint de reprise (joint transversal réalisé à la fin de la journée de mise en œuvre et à partir duquel reprendra la mise en œuvre de la journée suivante) ou un joint transversal de raccordement à un ouvrage existant, ou encore un joint correspondant à une tranchée transversale. Dans ce cas, ces fissures s'expliquent par des malfaçons lors de la réalisation des joints : défaut de recouvrement de l'enrobé froid par l'enrobé chaud, températures d'enrobés trop basses, défaut de compactage du joint, absence d'émulsion d'accrochage sur les bords.

---

1 Note technique SÉTRA-LCPC *Scellement de fissures* (1981), notes d'information n° 56 *Limites et intérêts du colmatage des fissures de retrait des chaussées semi-rigides* (1990) et n° 57 *Techniques pour limiter la remontée des fissures à la surface des chaussées semi-rigides à couche de base traitée aux liants hydrauliques* (1990).

Figure 97. Fissures transversales reliées par des fissures longitudinales (amorce de fissuration en dalles)

2.2.3.   Le faïençage

Le faïençage se définit comme un ensemble de fissures formant un maillage plus ou moins serré. Le faïençage représente généralement un état ultime lié à l'évolution de la fissuration depuis l'apparition des premières fissures, leurs ramifications, leurs entrecroisements, la formation d'un réseau de fissures d'abord à mailles larges puis à mailles de plus en plus fines.

Ainsi, comme pour les fissures, le faïençage peut affecter toutes les parties de la chaussée. Il peut être ponctuel et peu étendu (faïençage circulaire) ou généralisé et très étendu (faïençage dans les bandes de roulement). Le faïençage constitue généralement la dernière étape de la dégradation de la chaussée qui précède le départ de matériaux.

2.3.   Les arrachements

Tous les départs de matériaux qui affectent la surface des chaussées sont regroupés sous le terme d'arrachements. Certains arrachements sont caractéristiques de la nature de la couche de roulement.

La pelade, le plumage et le peignage sont des arrachements que l'on rencontre généralement sur les revêtements de type enduits superficiels et MBCF.

On qualifie de pelade un arrachement de la couche de roulement par plaque (liant et granulat). Dans le cas d'un enduit superficiel ou d'un MBCF, la pelade est généralement la conséquence d'un mauvais accrochage du liant sur le support. La pelade peut également s'observer sur une couche de roulement en enrobés très minces (BBUM, BBTM). Dans ce cas, il s'agit souvent d'un défaut de collage au support (absence ou sous-dosage de la couche d'accrochage).

Figure 98. Chaussée qui présente un faïençage généralisé principalement dans les bandes de roulement avec quelques prémices d'arrachements

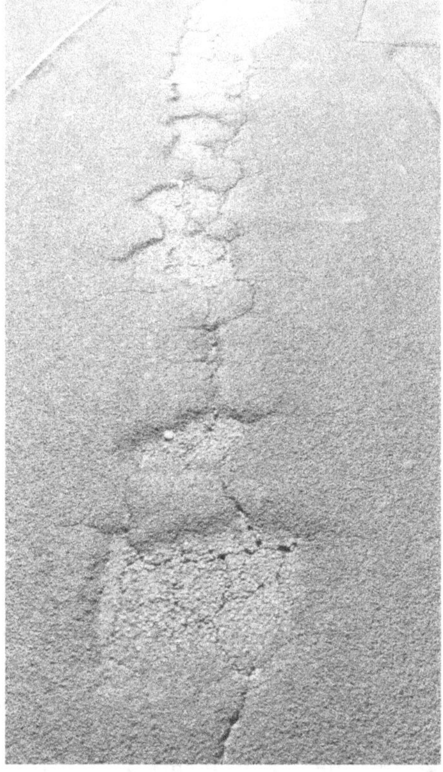

Figure 99. Apparition d'une pelade dans une zone plus fortement sollicitée (courbe) par défaut de collage du béton bitumineux mince sur le support

Le plumage résulte du départ des gravillons à la surface des chaussées. Cette dégradation touche essentiellement les enduits superficiels et peut provenir d'un sous-dosage en liant, de l'utilisation de gravillons de propreté insuffisante (teneur en fines non conforme), d'une mauvaise affinité liant-granulat (propriétés d'adhésivité) ou de mauvaises conditions à la mise en œuvre (réalisation en arrière-saison, compactage insuffisant). Le plumage est un phénomène qui se produit généralement l'hiver lorsque les basses températures provoquent la rupture du liant devenu fragile et cassant et conduisent au départ des gravillons. Du fait de l'arrachement des gravillons à la surface du revêtement, le plumage contribue à dégrader sa texture et, par voie de conséquence, les propriétés d'adhérence.

Figure 100. Plumage généralisé d'un enduit superficiel à base de gravillons basalte (gris), laissant apparaître la couche sous-jacente à base de gravillons silico-calcaires (blancs)

Le peignage est une forme particulière de plumage, qui est la conséquence d'une mauvaise mise en œuvre d'un enduit superficiel et plus particulièrement d'une mauvaise répartition transversale du liant lors de son répandage : alternance sur la largeur de zones correctement dosées en liant et de zones insuffisamment dosées en liant. Cette malfaçon conduira très rapidement (généralement après le premier hiver) au départ des gravillons suivant des sillons parallèles à l'axe de la chaussée. Afin d'éviter cette malfaçon, il convient d'effectuer un contrôle périodique des matériels de répandage des liants hydrocarbonés, de préférence avant le démarrage de la campagne de travaux d'enduits superficiels, sachant que la norme NF EN 12271 des enduits superficiels spécifie un contrôle tous les ans. Les entreprises font régulièrement contrôler leurs matériels sur banc d'essai à poste fixe, le résultat de ce contrôle fait l'objet d'un procès-verbal. Par conséquent, avant le démarrage des travaux d'enduit dans le cadre de la vérification de la conformité du matériel, le maître d'œuvre ou le laboratoire de contrôle extérieur peut s'assurer que ce contrôle a bien été réalisé en demandant le procès-verbal. Il est également conseillé de réaliser au démarrage du chantier, c'est-à-dire en conditions réelles avec le liant utilisé pour le chantier, des essais de contrôle du dosage et de la répartition transversale conformément à la norme NF EN 12272-1. Ces essais peuvent être réalisés par le laboratoire de contrôle externe dans le cadre du PAQ de l'entreprise comme par le laboratoire de contrôle extérieur pour le compte du maître d'ouvrage.

À noter qu'on peut également observer une forme de peignage, qualifié de rainurage, lors de la mise en œuvre des ECF. Celui-ci est souvent une conséquence de la ségrégation qui peut se produire pour des mélanges à forte granulométrie (supérieure à 6 mm) ou d'un mauvais nettoyage de la bavette qui permet le lissage de l'ECF.

Figure 101. Effets du peignage à long terme : départs des gravillons en formant des sillons à la surface du revêtement en enduit superficiel

Le désenrobage affecte les couches de roulement en enrobés à chaud comme à froid. Cette dégradation se caractérise par le départ des gravillons lié à un défaut d'enrobage par le mastic bitumineux constitué par le mélange du bitume et des fines.

Diverses causes peuvent être à l'origine de cette dégradation, comme des défauts de fabrication (non-conformité de la teneur en liant, non-conformité des granulats concernant plus particulièrement la propreté, surchauffe de l'enrobé ayant provoqué le durcissement du bitume), une mauvaise adhésivité liant-granulat, de mauvaises conditions de mise en œuvre et notamment celles pouvant conduire à de la ségrégation lors d'une mise en œuvre manuelle ou une mise en œuvre par des températures trop basses ayant conduit à un compactage insuffisant.

Nid-de-poule

Le nid-de-poule est un trou de forme arrondie qui se forme avec le départ des matériaux à la surface de la chaussée. L'apparition du nid-de-poule correspond généralement à l'ultime étape de l'évolution du faïençage et du désenrobage. Dans ce cas, le nid-de-poule est à l'aboutissement d'un processus lent de dégradation de la chaussée. La formation est d'abord localisée, puis, en l'absence de traitement de l'origine du problème par une technique d'entretien adaptée, la formation s'accélère et se généralise ; comme dans le cas notamment de la dégradation liée au défaut d'interface des structures traitées aux liants hydrauliques évoqué précédemment.

Mais il arrive parfois que des nids-de-poule apparaissent très rapidement et de manière généralisée, le plus souvent dans les bandes de roulement, alors qu'il n'y a pas de signes avant-coureurs, c'est-à-dire de dégradations à la surface laissant présager la formation de nids-de-poule. Cette apparition des nids-de-poule dans un délai très court peut s'expliquer par des défauts qui affectent non pas les couches d'assises de chaussée mais plutôt les couches de surface (roulement, liaison) et par des conditions météorologiques particulières (pluviométrie importante, alternance de périodes de gel et de dégel), qui ont contribué à accélérer le processus de dégradation.

Figure 102. Nid-de-poule apparu sur une couche de roulement récente. La cause peut être due à un défaut ponctuel de collage.

Outre les défauts cités couramment qui peuvent contribuer à la formation de nids-de-poule (défaut de fabrication, de mise en œuvre, de collage des interfaces), d'autres défauts sont imputables aux techniques d'entretien successives qui ont été mises en œuvre sur la chaussée. En effet, la technique d'entretien la plus répandue pour les routes en rase campagne consiste simplement à recharger la chaussée avec un enrobé plus ou moins épais, le BBM en 4 cm d'épaisseur étant le plus prisé. Or, cette technique de rechargement, qui peut paraître au premier abord bénéfique pour la durée de vie de la chaussée, peut à terme se révéler néfaste. En effet, les couches supérieures de la chaussée seront constituées d'un mille-feuille de couches d'enrobé peu épaisses, d'âges différents et aux caractéristiques mécaniques hétérogènes avec une multiplication des interfaces. Autant de points faibles qui, par la désagrégation d'une des couches d'enrobé sous-jacente ou le décollement d'une des interfaces, pourront conduire à une formation rapide de nids-de-poule sous l'effet de conditions météorologiques particulièrement défavorables, telles que des épisodes de pluies importants ou des périodes de gel-dégel sévères.

Néanmoins, il convient de préciser que les nids-de-poule sur des chaussées structurées ont un caractère exceptionnel. Cette dégradation s'observe principalement sur les chaussées souples traditionnelles qui comportent un revêtement de faible épaisseur en enduit superficiel. Dans ce cas, ce désordre est souvent lié à un assainissement de la chaussée défaillant (absence de fossés ou défaut de curage des fossés, accotements non dérasés, absence de saignées), qui occasionne des venues d'eau dans l'assise de la chaussée et le ruissellement des eaux à la surface du revêtement. Le départ des matériaux met à jour les matériaux non traités de la couche d'assise, lesquels seront d'autant plus facilement entraînés sous l'effet conjugué du trafic et de la présence d'eau, ce qui conduira à augmenter le diamètre et la profondeur du nid-de-poule.

Ainsi, dans le cas des chaussées souples, qu'elles soient récentes (structure GNT) ou anciennes (structure historique de type hérisson et pierres cassées), même si l'imperméabilisation de la surface de chaussée revêt une importance particulière, les travaux d'entretien ne devront pas se limiter à l'entretien de la couche de roulement, mais ils devront également intégrer l'assainissement et le drainage de la chaussée. Pour l'imperméabilisation de la surface de chaussée, les enduits superficiels d'usure et, dans une moindre mesure, les ECF constituent les techniques qui sont de loin les mieux adaptées. Par conséquent, l'emploi de ces techniques, qui permettent également d'obtenir de bonnes caractéristiques d'adhérence, devra être privilégié sur les chaussées souples des réseaux secondaires. Par ailleurs, tous les travaux d'entretien nécessaires à l'assainissement de la chaussée devront être réalisés avant la réfection de la couche de roulement. Ces travaux comprennent le curage des fossés existants ou leur création éventuelle, le dérasement des accotements (remise à niveau de l'accotement par rapport au bord de chaussée), l'entretien ou la création de saignées (ouvertures pratiquées ponctuellement dans un accotement surélevé), le nettoyage des ouvrages d'assainissement tels que les aqueducs de traversée, les avaloirs, les descentes d'eau. Pour les routes en sites boisés, ces travaux peuvent également comprendre l'élagage des arbres afin notamment de remettre au gabarit la voie, mais aussi pour réduire les zones ombragées qui, d'une part, contribuent à maintenir l'humidité sur les chaussées, notamment en période hivernale, et qui, d'autre part, peuvent présenter des inconvénients pour la bonne tenue des enduits superficiels.

En effet, par rapport aux zones dégagées, la formule de l'enduit superficiel et plus particulièrement le dosage en liant doivent être théoriquement adaptés (augmentation par rapport au dosage de base) lorsque l'enduit est mis en œuvre dans des zones ombragées. Force est de constater que cette adaptation n'est pas toujours convenablement réalisée à la mise en œuvre et, par voie de conséquence, les enduits superficiels présentent souvent dans ces zones beaucoup plus de dégradations et notamment du plumage.

Ces travaux dits travaux préparatoires sont généralement effectués l'année qui précède la réalisation du revêtement en enduit superficiel ou en ECF.

2.4. Les mouvements de matériaux

La dernière famille de dégradations est celle relative aux mouvements de matériaux constituant la chaussée. Les principales dégradations liées aux mouvements de matériaux sont le ressuage et l'indentation. Ces deux types de dégradation n'ont pas la même cause mais conduisent aux mêmes effets, à savoir l'altération de la macrotexture et de la microtexture du fait de l'augmentation importante de la proportion de liant par rapport aux granulats à la surface de la couche de roulement.

La frontière entre le ressuage et l'indentation, tels qu'ils sont définis, est ténue. Le ressuage est défini comme une remontée de liant à la surface et l'indentation comme un enfoncement des granulats par rapport à la surface. Les deux dégradations se distinguent plus précisément selon le type de couche de roulement. Le ressuage s'observe principalement sur les enduits superficiels d'usure et les ECF.

Dans le cas d'un enduit, le ressuage peut être causé par une mauvaise formulation (surdosage). L'utilisation d'un liant de grade trop mou ou la mise en œuvre sur un support inadapté (support présentant déjà du ressuage ou travaux de préparation ayant conduit à des surdosages tels que les travaux d'emplois partiels au point-à-temps) peuvent aussi en être la cause. Le ressuage peut également provenir de travaux réalisés à la mauvaise saison. Par exemple, dans le cas des enduits utilisant des liants anhydres, les conditions météorologiques lors d'une mise en œuvre trop tardive à l'automne ne permettent pas l'évacuation des huiles de fluxage. Aux premières chaleurs du printemps, il se produira alors un phénomène de réactivation du liant susceptible de provoquer le ressuage.

Dans le cas d'un ECF, le ressuage peut être la conséquence d'une mauvaise formulation, mais aussi d'une mise en œuvre sur un support trop déformé ayant conduit à des surépaisseurs de l'ECF. Plus rarement, le ressuage peut concerner des couches de roulement en enrobé comme les BBUM ou les BBTM, pour lesquelles les éventuels excès de liant qui affectent le support peuvent remonter à la surface en raison, d'une part, de leur très faible épaisseur (1,5 à 3 cm) et, d'autre part, de leur teneur en vide élevée. Il est important de noter qu'un ressuage non traité peut rapidement conduire à des arrachements du fait du collage des matériaux aux pneumatiques.

L'indentation concerne surtout les couches de roulement en enrobé bitumineux et plus particulièrement les couches plutôt épaisses (BBM, BBSG). Cette dégradation peut néanmoins affecter une couche de roulement en enduit superficiel lorsque celui-ci est mis en œuvre sur un support constitué d'une superposition d'enduits superficiels provenant de travaux d'entretien successifs. L'indentation s'accompagne généralement de l'apparition de déformations par fluage conduisant à un orniérage dans les bandes de roulement et dont l'origine peut être un défaut de fabrication (excès de bitume, excès de fines), l'utilisation d'un bitume de grade trop mou, ou encore une compacité à la mise en œuvre trop élevée.

Enfin, bien qu'étant classé dans la famille des arrachements, nous pouvons citer ici le glaçage, qui produit les mêmes effets sur la texture du revêtement que le ressuage et l'indentation. Le glaçage correspond en effet à l'usure des gravillons de surface par polissage sous l'effet du trafic. Comme l'indentation et le ressuage, le glaçage entraîne la dégradation de la texture du revêtement (macrotexture et microtexture) et par conséquent la diminution des caractéristiques d'adhérence.

- Réfections localisées :
  - les purges,
  - le reprofilage.
- Traitement des surfaces :
  - avant renouvellement :
    - le grenaillage,
    - l'hydro-régénération,
    - la mise en œuvre d'un revêtement spécial,
  - le renouvellement des couches de surface.

3.1. Les techniques d'entretien des dégradations ponctuelles de surface

3.1.1. Le scellement des fissures

La technique de scellement de fissures est décrite par la note technique SÉTRA-LCPC *Scellement des fissures* de décembre 1981. Elle se définit comme une technique d'obturation de fissures permettant de les rendre étanches afin, d'une part, de rétablir l'imperméabilisation de la couche de surface de chaussée et, d'autre part, de limiter leur évolution en fixant les matériaux situés au bord des lèvres des fissures (épaufrement des lèvres de fissures).

Le scellement comprend trois méthodes distinctes :

- la pénétration,
- le garnissage,
- le pontage.

La pénétration consiste à faire pénétrer par voie gravitaire le produit d'étanchéité fluide dans la fissure.

Le garnissage est une méthode plus lourde qui consiste à couler le produit d'étanchéité dans une réservation réalisée le long de la fissure par un élargissement de part et d'autre de celle-ci.

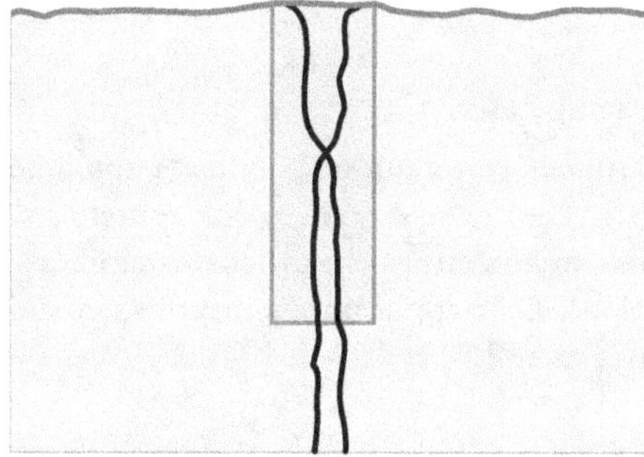

Figure 105. Principe du garnissage – figure tirée de la note technique SÉTRA-LCPC

Le pontage consiste à répandre à la surface de la chaussée et le long de la fissure le produit
d'étanchéité suivi d'un gravillonnage en faible surépaisseur chevauchant la fissure de part et
d'autre de celle-ci.

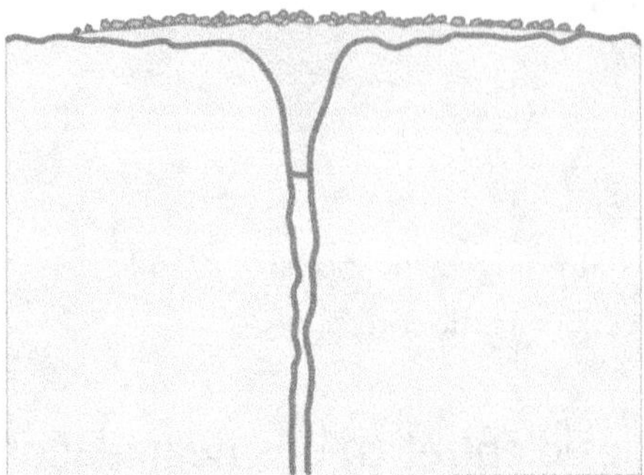

Figure 106. Principe du pontage – figure tirée de la note technique SÉTRA-LCPC

En pratique, la technique de scellement la plus fréquemment utilisée est le pontage de fissures.
Celle-ci est adaptée pour le traitement des fissures transversales provenant du retrait thermique des chaussées à structure traitée aux liants hydrauliques, des fissures longitudinales à
condition qu'elles soient peu nombreuses, peu ramifiées et ne soient pas la conséquence de la
fatigue de la chaussée (dans ce cas, un renforcement de chaussée s'avère nécessaire), des
fissures liées à des épaulements de chaussée ainsi que pour le traitement de tous les joints
défectueux entre deux bandes d'enrobés. Dans l'éventualité du traitement du joint longitudinal à l'axe de la chaussée, le traitement par pontage doit être compatible avec les produits
de marquage de signalisation horizontale.

Pour ce qui est du traitement des fissures d'adaptations, qui peuvent avoir tendance à évoluer
rapidement (cas des fissures provoquées par des mouvements de terrain, des tassements de
remblai ou des phénomènes de retrait-gonflement liés à la présence d'argiles), la technique de
pontage n'est pas adaptée.

La technique de garnissage est essentiellement utilisée pour le traitement des joints transversaux des chaussées en béton de ciment.

Le produit de pontage doit répondre aux caractéristiques suivantes :

– peu de pénétration dans le support,

– bonne adhérence,

– grande élasticité à basse température.

Il s'agit de mastics hydrocarbonés avec ajout de polymères appliqués à chaud conformément
à la norme NF EN 14188-1. Leur mise en œuvre doit toutefois s'effectuer dans des conditions climatiques favorables (température de surface supérieure à 5 °C, vent inférieur à
60 km/h et sans précipitation). Leur application s'effectue à chaud, la température du liant
étant généralement comprise entre 170 et 180 °C.

Figure 107. Réouverture d'une fissure d'adaptation après travaux de scellement par pontage.

La qualité des gravillons est également déterminante, d'une part pour le maintien de la rugosité de surface, d'autre part pour la bonne tenue du pontage (le microgravillon empêche le collage du liant aux pneumatiques et par voie de conséquence son arrachement). Ils doivent être dotés de bonnes caractéristiques mécaniques (LA ≤ 30, MDE ≤ 15), d'une faible granularité (*d* et D compris en 0,5 et 3 mm) et doivent être propres (faible teneur en fines). Ils doivent par ailleurs présenter de bonnes propriétés d'adhésivité avec le liant hydrocarboné utilisé, sachant que celles-ci peuvent être améliorées par préchauffage ou pré-laquage des gravillons.

Figure 108. Patin ou sabot en U permettant la réalisation du pontage selon la largeur définie

Le scellement des fissures fait appel à un matériel spécifique :

- un fondoir à bain d'huile muni d'un système de brassage pour homogénéiser le liant et éviter des surchauffes dans la cuve du fondoir ;
- une lance thermique qui dépoussière le support, nettoie la fissure, brûle les corps gras et monte les lèvres de la fissure à température suffisante pour assurer un bon collage du liant au support ;
- une canne-sabot alimentée en liant chaud par un flexible qui permet de garnir la fissure en liant ;
- une trémie à gravillons (1/2 mm ou 2/4 mm) ou à sable pour saupoudrer la surface du liant fraîchement appliqué, afin d'éviter le collage aux pneus du véhicule.

La remise en circulation est possible après quinze minutes environ, dès le refroidissement du liant.

3.1.2. Le bouchage des nids-de-poule

La formation de nids-de-poule sur les chaussées exige de la part du gestionnaire de la voie une intervention urgente, qui est motivée par plusieurs raisons :

- la sécurité des usagers, le nid-de-poule pouvant engendrer des accidents, notamment pour les deux-roues ;
- la préservation de la chaussée, les lèvres de la dégradation pouvant évoluer rapidement et étendre le phénomène sous l'effet du trafic ;
- le maintien du niveau de service à l'usager.

Figure 109. Bouchages de nids-de-poule à l'enrobé stockable à froid

Cependant, l'urgence à réaliser les travaux ne doit pas constituer un obstacle au respect des règles de l'art. En effet, le bouchage de nids-de-poule exige des travaux dont la technique est souvent mal exécutée. Pour une réparation durable, la cavité ne doit pas être remplie avec des matériaux quelconques. Les contours de la cavité doivent être découpés de manière à obtenir des bords droits et verticaux. Tous les matériaux non liés doivent être enlevés et l'eau éventuellement présente au fond du trou doit être évacuée. La cavité est ensuite remplie, en dépassant d'environ 1 à 2 cm le niveau de la chaussée, avec de préférence un enrobé à froid stockable (enrobé 0/6 non normalisé le plus souvent conditionné en seau). La grave-émulsion utilisée parfois n'est pas adaptée, surtout si elle a fait l'objet d'un stockage prolongé. L'enrobé est ensuite compacté avec une dame à main en insistant au niveau du joint. La roue du camion, qui est la plupart du temps utilisée comme moyen de compactage, ne permet pas de compacter convenablement l'enrobé au niveau des joints. Si la réparation doit être pérenne à long terme, un scellement de la surface de l'enrobé à froid peut être réalisé avec la technique d'emploi partiel. Cette technique n'est pas adaptée pour le bouchage de trous provoqués par la pelade. La profondeur des trous est généralement trop faible pour assurer la bonne tenue de l'enrobé à froid. En effet, lorsque la couche de roulement est un enduit superficiel ou un ECF, le décollement de cette couche provoquera tout au plus une cavité de l'ordre du centimètre. Il en est de même lorsque la pelade affecte une couche très mince d'enrobé (BBUM ou BBTM) pour laquelle la profondeur de la cavité se situera entre 1,5 et 3 cm.

Figure 110. Bouchage de nids-de-poule au moyen d'une machine automatique (procédé « blow patcher »)

La remise en circulation est immédiate après la réparation.

3.1.3.   Les emplois partiels à l'émulsion

Les emplois partiels sont des techniques qui permettent de traiter les dégradations localisées de surface telles que la fissuration, le faïençage et le ressuage. Dans le cas du traitement des fissures et du faïençage, ces techniques visent deux objectifs essentiels :

– l'imperméabilisation de la surface afin d'éviter les pénétrations d'eau dans le corps de chaussée ;

– le scellement des matériaux de surface afin d'éviter leur arrachement.

Les techniques d'emplois partiels consistent en la réalisation d'un enduit superficiel localisé au niveau de chaque désordre à traiter. La surface de chaque zone traitée peut représenter quelques mètres carrés à quelques dizaines de mètres carrés. La structure de l'enduit superficiel est généralement celle d'un monocouche pré-gravillonné constitué d'une première couche de gravillons (appelée parfois « grille à sec »), suivie d'une couche de liant hydrocarboné puis d'une deuxième couche de gravillons. La dénomination des structures d'enduit superficiel fait référence au nombre de couches de liant, monocouche pour une couche de liant, bicouche pour deux couches de liant. Le liant utilisé est généralement une émulsion à 65 % de bitume pur à rupture rapide conforme à la norme NF EN 12591. Les gravillons utilisés sont conformes à la norme NF EN 13043, ils sont de faible granulométrie 4/6 ou 2/4 (nommés dans le jargon routier « grains de riz » ou « gravette »), ils doivent être propres et secs.

Les dosages appliqués sont généralement :

– première couche de gravillons : 4 à 6 litres/m^2 de gravillons 4/6 ;

– couche de liant : 1 500 à 2 000 g/m^2 d'émulsion à 65 % ;

– deuxième couche de gravillons : 5 à 6 litres/m^2 de gravillons 4/6 ou 2/4.

Le compactage de l'enduit (mise en place de la mosaïque) est assuré par un compacteur de type cylindre à jantes lisses.

Le répandage du liant et des gravillons est assuré de manière simultanée par un seul camion équipé d'une cuve à émulsion, de rampes de dosage (et d'une lance pour le dosage manuel), d'une benne à gravillons munie de lames de distribution des gravillons. Ce type de matériel est appelé « point-à-temps » ou « point-à-temps automatique » (PATA) lorsque le matériel intègre un dispositif d'asservissement des dosages du liant et des gravillons.

Le ressuage peut également être traité par la technique du gravillonnage (ou cloutage) lorsque celui-ci se manifeste en période chaude afin de pouvoir utiliser les qualités du liant (fluidité, mouillage, adhésivité).

La technique consiste à répandre des gravillons (2/4, 4/6 ou 6/10) propres et secs sur le liant ressué avec un dosage entre 5 et 6 litres/m^2 et à les enchâsser dans le revêtement au moyen d'un compacteur de type cylindre à jantes lisses[1].

Si les zones de ressuage sont étendues, on peut les traiter en réalisant un enduit superficiel monocouche pré-gravillonné 6/10, 2/4 en veillant à réduire le dosage en liant par rapport à une mise en œuvre sur un support non ressuant.

---

1   Le compacteur de prédilection pour la mise en place de la mosaïque de l'enduit superficiel est le compacteur à pneus, car celui-ci permet une meilleure adaptation au profil en travers de la voie et surtout il permet d'éviter la fragmentation des gravillons. Dans le cadre de la réalisation d'emplois partiels, les compacteurs généralement utilisés sont des compacteurs à cylindres à jantes lisses utilisés en mode lisse (sans vibration).

Il est important de noter que les techniques d'emplois partiels ne sont pas adaptées pour les chaussées aux trafics élevés revêtues par des enrobés (réseau principal), car l'utilisation de liants de grade mou sur ce type de chaussée risque de provoquer dans des délais relativement rapides du ressuage, des déformations par fluage et des arrachements.

Il convient également de noter que cette technique ne permet pas de traiter les déformations importantes du support.

Les emplois partiels sont généralement programmés à la fin du printemps pour traiter les dégradations apparues généralement durant l'hiver. Lorsqu'ils sont réalisés au titre des travaux préparatoires s'inscrivant dans le cadre de travaux programmés d'enduits superficiels, ils sont planifiés l'année qui précède la réalisation de l'enduit superficiel.

Figure 111. Mise en œuvre d'un emploi partiel au point-à-temps manuel

Figure 112. Emplois partiels réalisés au PATA

3.2. Les réfections localisées du corps et des profils de la chaussée

3.2.1. Les purges

Les purges sont des zones limitées de réfection complète de la structure de chaussée, qui peuvent s'étendre jusqu'au niveau du sol support. Elles ont pour objectif de redonner une portance uniforme à la chaussée. Elles consistent à substituer tout (purges profondes) ou partie (purges superficielles) des matériaux du corps de chaussée par des matériaux de meilleure qualité.

La réussite des travaux de purge dépend de plusieurs paramètres :

– La profondeur de purge : celle-ci doit être définie et optimisée de manière à ce que les travaux permettent d'éliminer complètement les matériaux de mauvaise qualité qui sont à l'origine des désordres. À titre d'exemple, une purge superficielle qui reprend les matériaux de chaussée sur une épaisseur de 30 cm ne s'avèrera pas efficace et pérenne dès lors que des matériaux argileux sont présents dans la couche sous-jacente. Dans ce cas, une purge plus profonde aurait dû être envisagée.

– Le choix des matériaux : les matériaux utilisés sont des matériaux élaborés, de qualité, provenant de carrières et de centrales de fabrication pour les matériaux traités.

– Le compactage : le compactage des matériaux doit être réalisé avec des matériels de compactage courants utilisables dans les conditions du chantier. Pour cette raison, les dimensions des purges ne devront pas être trop restreintes de manière à garantir une évolution normale du compacteur. Par conséquent, la largeur de purge ne devra pas être inférieure à 1 mètre. À titre d'exemple, les plus petits compacteurs cylindres vibrants sur le marché ont une largeur de bille comprise entre 800 mm et 1 000 mm.

– Le drainage du fond de purge : il est impératif que la purge ne constitue pas un piège à eau, surtout lorsque l'encaissant est un sol de nature imperméable.

L'exécution des travaux devra respecter les étapes suivantes :

– délimitation sur la chaussée de la zone à traiter (+ 20 cm) ;

– découpage de la chaussée en réalisant un bord franc et vertical ;

– retrait et mise en dépôt des matériaux pollués ;

– décaissement et drainage du fond de purge (soit par la pose d'un drain, soit par la mise en œuvre de matériaux drainants), avec éventuellement, selon l'état du fond de fouille, une sur-profondeur adaptée ;

– mise en place en fond de fouille d'un géotextile ;

– compactage et remblaiement de la fouille en compactant chaque couche et en veillant à utiliser des matériaux de bonne qualité ;

– traitement de la surface en veillant à son imperméabilisation (réalisation d'une engravure sur la chaussée en place) et à sa mise à niveau avec la chaussée.

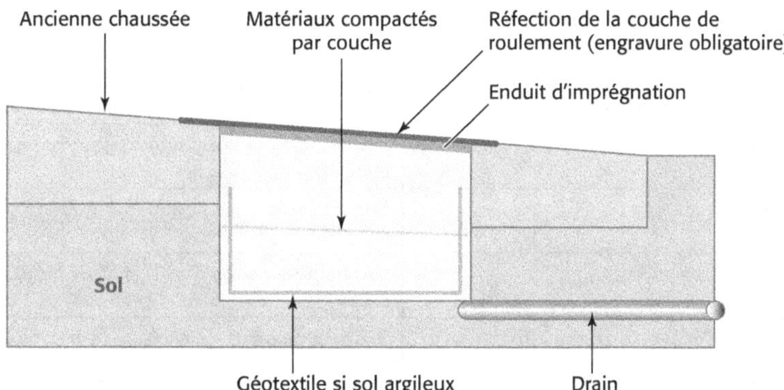

Figure 113. Schéma représentant une purge profonde réalisée par substitution des matériaux en place par de la grave non traitée et revêtue par un béton bitumineux

La technique peut être avantageusement optimisée :

– en assurant l'écoulement de l'eau de fond de fouille vers le fossé au droit de la purge et en dérasant l'accotement pour faciliter l'évacuation des eaux de ruissellement ;

– en utilisant un matériel de compactage parfaitement adapté à la purge à réaliser ;

– en ayant recours à une raboteuse permettant, pour les purges superficielles, d'évacuer rapidement les matériaux de surface, d'optimiser leur recyclage et d'assurer une découpe franche du bord.

La reconstitution des couches de chaussées (assise et surface) sera réalisée en utilisant des matériaux de substitution proches de ceux qui constituent la chaussée.

On peut ainsi retenir les principes suivants :

Structure de chaussée existante	Matériaux utilisés pour la réfection de la structure
Structure souple ou traditionnelle en matériaux non liés (trafic ≤ T3)	Grave non traitée ou grave-émulsion
Structure souple ou traditionnelle en matériaux non liés[1] (trafic > T3) ou structure en matériaux traités aux liants hydrocarbonés	Grave-bitume
Structure en matériaux traités aux liants hydrauliques	Grave-ciment ou grave traitée aux liants hydrauliques

Concernant la reconstitution de structures en matériaux liés, afin de prendre en compte les difficultés de mise en œuvre et notamment de compactage, il est conseillé de majorer l'épaisseur à mettre en œuvre par rapport à l'épaisseur sur la chaussée existante.

---

1 Dans le cas des chaussées souples à structures traditionnelles, celles-ci ayant subi l'épreuve du temps, une réfection avec une GNT mise en œuvre sur une faible surface avec des moyens de compactage limités ne pourra pas être équivalente d'un point de vue mécanique à la structure existante. Pour cette raison, il est conseillé d'opter pour une réfection utilisant des matériaux liés, plus performants, comme la grave-bitume.

S'agissant de la réfection de la couche de roulement, les principes suivants peuvent être retenus :

Couche de surface existante	Couche de roulement à réaliser
Enduit superficiel d'usure	Emploi partiel à l'émulsion (mis en œuvre au point-à-temps)
Enrobé coulé à froid	Emploi partiel à l'émulsion (mis en œuvre au point-à-temps)[1]
Succession d'enduits superficiels	Béton bitumineux à chaud ou béton bitumineux à froid[2]
Béton bitumineux à l'émulsion / béton bitumineux à chaud	Béton bitumineux à l'émulsion / béton bitumineux à chaud[2]

Les poutres de rives peuvent être considérées comme des purges particulières qui sont localisées spécifiquement en rives de chaussées afin de permettre leur stabilisation.

3.2.2. Le reprofilage

Le reprofilage est une technique d'entretien utilisée généralement sur les chaussées à faible trafic (limite fixée usuellement au trafic inférieur ou égal à T3[3]) pour la restauration des caractéristiques géométriques. Elle permet de redonner à la chaussée un profil en travers adapté à un bon écoulement des eaux vers les fossés. Le reprofilage doit également permettre d'obtenir un profil en long régulier afin d'assurer la sécurité et le confort des usagers. Après reprofilage, il faut éviter les profils trop plats ou trop bombés. Il faut donc systématiquement vérifier la pente donnée à la chaussée après travaux.

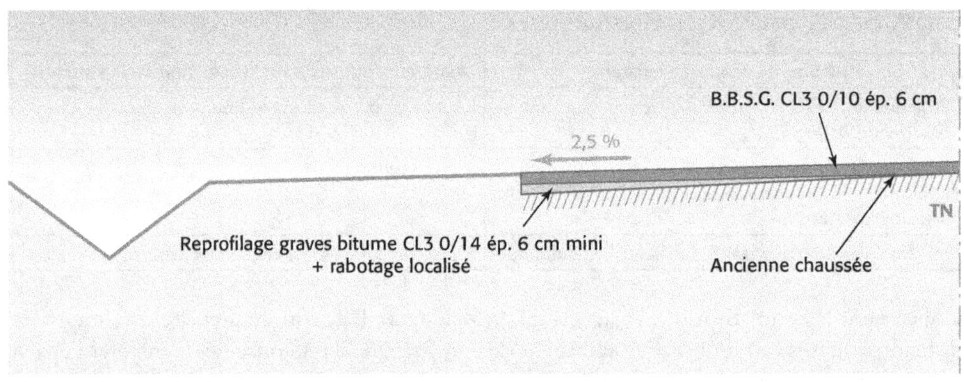

---

1 La mobilisation d'un atelier d'ECF n'est pas réalisable pour ce type de travaux, qui intéressent des surfaces modestes.

2 La mise en œuvre est réalisée avec un produit adapté (respect des épaisseurs normalisées) et sur une épaisseur au moins égale à l'épaisseur existante.

3 On peut considérer que globalement les chaussées pour lesquelles le trafic est inférieur ou égal à T3 sont des chaussées à structures souples ou traditionnelles qui présentent les déformations les plus importantes et qui nécessitent par conséquent le plus fréquemment des travaux de reprofilage. Par opposition, les chaussées structurées et très circulées (T>T3) ne font l'objet que très rarement de travaux de reprofilage.

L'exécution des travaux devra respecter la chronologie suivante :

- repérage des zones à traiter ;
- répandage d'une couche d'accrochage lorsque le reprofilage est réalisé aux enrobés à chaud ;
- répandage et compactage adapté des matériaux (vigilance sur les faibles épaisseurs et les passages à « zéro ») ;
- contrôle de la pente transversale (2,5 à 7 %) ;
- traitement de la surface selon la technique de revêtement choisie.

La technique peut être avantageusement optimisée :

- en assurant l'écoulement de l'eau en réalisant des saignées ou en dérasant l'accotement pour faciliter l'évacuation des eaux de ruissellement ;
- en utilisant une niveleuse ou un finisseur pour les reprofilages de grande longueur ou généralisés.

Les matériaux les plus fréquemment utilisés pour les travaux de reprofilage sont :

- La grave-émulsion de reprofilage (GE R), dont les spécifications sont fixées par la norme NF P98-121. Les GE R de granularité 0/6 ou 0/10 permettent un reprofilage à « zéro » sans qu'il soit nécessaire de réaliser des engravures au moyen d'une raboteuse. La mise en œuvre de la grave-émulsion ne nécessite pas l'application d'une couche d'accrochage.
- Les enrobés à chaud non normalisés et dénommés grave-bitume de reprofilage, micro-grave-bitume ou encore béton bitumineux de reprofilage. Ces enrobés sont généralement de granularité 0/6 ou 0/10. Préalablement à la mise en œuvre de l'enrobé à chaud, une couche d'accrochage à l'émulsion de bitume doit être répandue sur le support.
- La grave non traitée (GNT), dont les spécifications sont fixées par la norme NF EN 13285. On privilégiera les GNT de faible granularité (0/14 ou 0/20), qui sont les plus adaptées pour le reprofilage et les passages en faibles épaisseurs. Une attention particulière devra être portée sur le respect de la teneur en eau, qui devra être proche de la teneur en eau à l'optimum Proctor afin de permettre un compactage satisfaisant de la GNT.

Figure 114. Reprofilage général en GE 0/14 au finisseur

Figure 115. Reprofilage en enrobé à chaud de reprofilage (micrograve-bitume) à la niveleuse

3.3. Les techniques permettant de rénover les caractéristiques d'adhérence du revêtement

Les couches de roulement s'usent sous l'effet du trafic. Cette usure se manifeste notamment par une perte d'adhérence par temps de pluie (diminution de la microtexture et de la macrotexture du revêtement). Dans le cas où le seul désordre qui affecte la couche de roulement est un défaut d'adhérence, il existe des techniques qui permettent d'éviter ou de différer le renouvellement de la couche de roulement.

3.3.1. Le grenaillage et l'hydro-régénération

Le grenaillage et l'hydro-régénération sont des techniques de régénération de l'adhérence d'un revêtement existant.

Ces deux techniques font l'objet d'une note d'information SÉTRA n° 79 d'août 1993, *Techniques de régénération de l'adhérence des revêtements routiers.*

3.3.1.1. Le grenaillage

Le principe consiste à projeter à l'aide d'une turbine des billes d'aciers (grenailles) qui frappent le revêtement de la chaussée avant d'être récupérées après rebond, nettoyées et projetées à nouveau.

Le choc des billes a deux effets principaux :

– sur la macrotexture, en nettoyant la surface de la chaussée, en enlevant l'excédent de mastic bitumineux et en créant des cavités inter-granulaires ;

– sur la microtexture, par la fragmentation des gravillons, qui crée à leur surface des arêtes vives et des microcavités.

Figure 116. Grenaillage d'un revêtement en courbe afin d'améliorer les caractéristiques d'adhérence

3.3.1.2. L'hydro-régénération

Cette technique utilise une projection d'eau en jets très fins, qui, par leur rotation autour d'un axe et le déplacement de la machine, couvre la surface du revêtement. L'eau puissamment projetée percute et décape la chaussée.

Ces deux techniques ont pour effets principaux :

– l'enlèvement des produits qui se sont déposés en surface ;

– l'amélioration de la macrotexture par élimination de l'excédent de mastic bitumineux et dégagement de la tête des granulats ;

– l'amélioration de la microtexture par éclatement des microfissures existantes à la surface des granulats.

Il convient de noter que les bilans de suivis de chantiers qui ont été réalisés préalablement à l'édition de la note d'information du SÉTRA ont mis en évidence que les effets sur les caractéristiques d'adhérence ne sont que provisoires et durent en moyenne entre six mois et deux ans. Par conséquent, ces deux techniques doivent être considérées comme des techniques d'attente qui permettent simplement de différer le renouvellement de la couche de roulement. Elles permettent en outre de traiter des points singuliers pour lesquels les exigences en termes d'adhérence sont les plus fortes (zones de virages, zones de freinage à l'approche des carrefours…). Le grenaillage permet également de traiter des zones de glaçage pouvant provenir de malfaçons sur des revêtements récents ou de réaliser les effacements des marquages routiers.

Pour être le plus efficace possible, le grenaillage doit être réalisé plutôt en périodes pour lesquelles les températures de chaussée sont les plus basses (période hivernale) afin que les liants hydrocarbonés soient les plus rigides possible.

L'hydro-régénération, quant à elle, n'est pas sensible à la rigidité des liants. Cette technique est adaptée pour traiter les problèmes de ressuage sur les revêtements en enduits superficiels qui utilisent des liants de grades mous.

3.3.2. La mise en œuvre d'un revêtement spécial tel qu'un enduit superficiel haute adhérence

Cette technique, coûteuse, permet de résoudre ponctuellement des problématiques d'adhérence, sur des supports en bon état ou ne présentant pas d'altération structurelle. Le liant est une résine époxy et un durcisseur auxquels a été ajouté préalablement un bitume. Le granulat utilisé (de type bauxite calcinée) présente une forte résistance au polissage PSV $\geq$ 60 et une grande résistance à l'usure (MDE $\leq$ 10). Le revêtement est mis en œuvre comme un enduit superficiel d'usure, par répandage du liant sur la chaussée suivi du gravillonnage.

Figure 117. Atelier de mise en œuvre d'un enduit haute adhérence

À la différence des techniques précédemment citées et compte tenu de son coût relativement élevé, cette technique ne doit pas être considérée comme une technique d'attente mais comme une technique d'entretien à part entière permettant de réaliser un revêtement durable dans le temps. Les enduits superficiels haute adhérence sont utilisés pour traiter des zones accidentogènes pour lesquelles on observe des pertes de contrôle liées notamment au tracé de la voie.

3.4. Le renouvellement des couches de surface

Les caractéristiques des principaux produits hydrocarbonés utilisés en renouvellement des couches de surface sont données en annexe.

Le renouvellement de la couche de roulement relève généralement de l'entretien préventif. Sa programmation s'inscrit habituellement dans le cadre d'une politique d'entretien mise en place par le maître d'ouvrage. Elle est fondée sur la hiérarchisation du réseau routier (distinction des différentes catégories de routes), la connaissance du réseau routier (référentiel routier comprenant le linéaire des voies, les points de repère et leurs interdistances), l'historique des travaux d'entretien ainsi que sur l'évaluation et l'appréciation de l'état du réseau routier (relevés de dégradations, mesures réalisées par des appareils spécifiques à grands rendements).

La mise en évidence d'un problème spécifique de la couche de roulement s'appuie sur un diagnostic de l'état de la chaussée établi à partir de relevés des dégradations de surface des chaussées (méthode d'essai LPC n°s 38-2 et 52), de mesures d'adhérence (méthode d'essai LPC n° 50), de mesures d'uni longitudinal (méthode d'essai LPC n° 46) et de mesures et d'interprétation du profil en travers (méthode d'essai LCPC n° 49).

Les sections de chaussées concernées sont celles dont :

- l'état de surface comporte en quantité élevée les dégradations suivantes : ressuage, glaçage, arrachement, fissuration significative, orniérage à petit rayon, diverses réparations spécifiques aux défauts de la couche de surface (joints, rapiéçage…) ;
- le niveau d'adhérence est insuffisant ;
- l'uni est défaillant ;
- les nuisances sonores sont élevées ;
- le traitement en période hivernale est délicat.

Le processus de choix de la technique d'entretien d'une chaussée présentant des dégradations de la couche de roulement se décompose en quatre phases :

- détection et localisation des sections homogènes concernées par des problèmes exclusifs de la couche de roulement, en intégrant notamment leur hiérarchisation fonctionnelle ;
- sélection de la technique apte à résoudre les défauts décelés s'appuyant sur des critères de performances recherchées ;
- choix de la technique la mieux adaptée à la stratégie d'entretien du maître d'ouvrage ;
- comparaison économique pour finaliser le choix.

Il conviendra d'éviter l'emploi de « cache-misère », c'est-à-dire l'utilisation de techniques dont on sait par avance qu'elles ne sont pas adaptées à l'état du support ou au trafic et qui, par conséquent, présenteront une durée de service limitée dans le temps. C'est notamment le cas lorsqu'on met en œuvre sur des supports inadaptés soit des techniques superficielles comme les ESU ou les ECF, soit des enrobés en faible épaisseur tels que les BBTUM ou BBTM. Par contre, dans le cadre d'une stratégie d'entretien, il est tout à fait possible de mettre en œuvre, en solution d'attente, une technique qui permettra de résoudre provisoirement un problème d'adhérence ou d'étanchéité avant la programmation de travaux d'entretien plus lourds et mieux adaptés. Par exemple, on peut citer le cas de la réalisation d'un ECF sur une chaussée fortement circulée permettant d'étancher le support et de redonner de l'adhérence dans l'attente de la réalisation de travaux de renouvellement des couches de surface. Ces travaux d'attente peuvent permettre de différer d'un à trois ans les travaux d'entretien.

3.5.   Quelles innovations pour les routes de demain?

3.5.1.   La mise en place de capteurs dans les chaussées

Prémices des futures routes « connectées », une société allemande a mis au point des capteurs intrusifs « intelligents ».

Le salage, en plus d'être source de pollution, représente pour les gestionnaires un coût très important, jusqu'à plusieurs centaines de milliers d'euros dans les régions les plus exposées.

Ces capteurs, composés de deux sondes reliées par un boîtier électronique, permettent de déterminer l'état de la chaussée à une trentaine de centimètres de profondeur, comme en surface. Factuels, ils fournissent des informations en temps réel sur des points stratégiques des réseaux et permettent ainsi des interventions ciblées et une meilleure planification des opérations de salage ou de déneigement.

Ils peuvent être aussi reliés à des stations météorologiques complètes, posées en bord de chaussée, mesurant ainsi les conditions locales. Ils complètent les données de l'état de la route avec celles de l'air, offrant à l'exploitant des relevés thermographiques nettement plus précis. Enfin, ils peuvent aussi communiquer avec un capteur embarqué sur le véhicule du patrouilleur pour transmettre des données détaillées sur un itinéraire complet.

3.5.2.   Les chaussées hors gel et à récupération d'énergie

Sous l'impulsion du Grenelle de l'environnement (2007) et plus récemment de la loi de transition énergétique (2015), il est devenu nécessaire d'intégrer dès la phase conception des chaussées (dimensionnement) des critères relatifs à l'économie des ressources non renouvelables, à la réduction des émissions de gaz à effet de serre (GES) ou encore à la préservation de l'environnement en phase d'exploitation. Le concept de route à énergie positive émerge également progressivement : le plan national de la COP21 (Conférence de Paris sur le climat) de 2015 prévoit de construire en France 1 000 kilomètres de route solaire en 5 ans.

Sous l'impulsion du projet européen FOR (Forever Open Road) et sa déclinaison française R5G (Route 5e génération[1]), l'IFSTTAR (Institut français des sciences et technologies des transports, de l'aménagement et des réseaux), le CEREMA, l'EATP (École d'application aux métiers des travaux publics), le STAC (Service technique de l'aviation civile) et la société Total ont engagé, en 2013, l'action de recherche CSHG (chaussée à surface hors gel) pour développer un démonstrateur de route chauffante par circulation d'un fluide caloporteur dans une couche de liaison poreuse de la chaussée.

Le concept n'est pas nouveau et a déjà donné lieu à des réalisations sur sites privés ou publics dans plusieurs pays. Mais ces réalisations restent limitées en raison des surcoûts et des contraintes engendrées par leur construction et exploitation.

L'utilisation d'une couche de liaison en enrobés bitumineux poreux permettant la circulation de fluide caloporteur sous écoulement gravitaire est la principale innovation du programme en expérimentation. Elle présente l'avantage, par rapport aux solutions utilisant des tubes de

---

1   R5G : route répondant aux enjeux de la transition écologique, énergétique (économe en énergie voire route à énergie positive) et numérique (nouvelles technologies de l'information et de la communication).

circulation insérés dans les chaussées, de ne reposer que sur des procédés usuels de fabrication et de mise en œuvre de matériaux routiers. La question de l'alimentation du fluide caloporteur (elle-même possible source de recherche et innovation) est considérée comme traitée indépendamment.

Le dispositif de chaussée à couche de liaison poreuse peut également être utilisé pour récupérer la chaleur par temps chaud ou ensoleillé. Associé à une fonction de stockage géothermique, la chaleur pourra être rendue disponible en période hivernale pour obtenir des chaussées hors gel auto-suffisantes en énergie.

Les conclusions de cette expérimentation récente ont montré le potentiel des couches de liaison poreuses pour la réalisation de chaussées hors gel ou récupératrices d'énergies et ont permis de proposer des modèles numériques calés afin d'établir le dimensionnement thermo-hydraulique de telles installations selon des conditions géométriques et climatiques variées.

Les principales applications pourraient être les suivantes :

— mise en œuvre sur des sites routiers particulièrement sensibles au gel ;

— équipement d'aires difficiles à traiter (plates-formes aéroportuaires à fort trafic, aires de péages, parking, aires industrielles…) ;

— installations à proximité de zones environnementales sensibles aux fondants routiers ;

— alimentation des réseaux de chaleur en zone urbaine.

Dans les sites industriels ou urbanisés, les sections de routes équipées pourraient en effet être intégrées à de véritables réseaux de chaleur intelligents, disposant d'un contrôleur d'énergie. L'énergie ainsi récupérée pourrait alors contribuer à l'approvisionnement énergétique de zones industrielles ou de quartier d'habitations.

3.5.3. La route solaire, révolution technologique durable ou utopie ?

Le 22 décembre 2016, Ségolène Royal, alors ministre de l'Environnement, a inauguré en Normandie (Tourouvre-au-Perche) la première route solaire française. Longue d'un kilomètre, elle s'inscrit dans la démarche de transition énergétique.

Le concept n'est pas nouveau. Diverses initiatives similaires ont été lancées dans différents pays européens. Le projet français se démarque par son échelle : 2 800 m², pour un montant de 5 millions d'euros hors taxe subventionné par l'État. Ce projet a été initié par l'entreprise Colas, en partenariat avec l'Institut national de l'énergie solaire (INES) et le Commissariat à l'énergie atomique et aux énergies alternatives (CEA).

Couvrir 10 % du réseau routier planétaire permettrait de satisfaire la totalité des besoins électriques mondiaux en 2050. L'étude des possibilités offertes par l'énergie solaire est donc extrêmement pertinente. Le potentiel de développement est particulièrement important.

Le principe technique consiste à recouvrir les cellules photovoltaïques d'un substrat multicouche composé de résine et de polymères, suffisamment translucides pour laisser passer la lumière du soleil et assez résistant pour supporter la circulation des poids lourds. La surface au contact des pneus est traitée pour répondre aux exigences d'adhérence. Les dalles sont ensuite raccordées au réseau de distribution électrique Enedis.

Les applications de la route solaire sont multiples :

— gestion du trafic en temps réel ;

— recharge dynamique des véhicules électriques ;

– suppression des risques de verglas ;

– développement des véhicules propres.

Toutefois, trois principales difficultés restent à surmonter pour assurer le développement industriel de cette innovation :

– le rendement énergétique incertain, estimé à 15 % par Colas (contre 20 % pour les panneaux solaires de toit) ;

– le coût élevé de l'investissement (à noter que l'électricité produite revient à 17 € le watt-crête contre 1,30 € pour le photovoltaïque posé en toiture) ;

– la durée de vie du produit, aujourd'hui inconnue.

D'autres projets sont prévus en France, notamment le grand port maritime de Marseille, une aire de repos et une route nationale en Bretagne. Autant de tests pour valider ou non le modèle économique du produit.

3.5.4. La route verte

Pour la déviation d'Étampes, une expérimentation a été engagée dans le cadre d'un partenariat public-privé.

Préalablement au traitement hydraulique de la couche de forme, des fibres de chanvre ont été mélangées dans le sol. Cette technique innovante vise à empêcher le développement des microfissures et donc à reporter la dégradation du matériau traité.

3.5.5. Le programme de recherche « durée de vie des chaussées » (DVDC)

Ce programme, qui se déroule sur 4 ans, a été initié en 2016. Il vise à mieux comprendre les mécanismes de dégradation des infrastructures routières pour mieux en planifier l'entretien.

L'enjeu politique et économique est d'importance. Les gestionnaires de réseaux routiers seront particulièrement attentifs aux résultats attendus en 2020. L'objectif est de permettre aux maîtres d'ouvrage de disposer d'une connaissance fiable de la durée de vie initiale et résiduelle des structures de chaussées dont ils ont la charge afin de définir la programmation des travaux d'entretien et budgétiser les dépenses y afférentes.

Dans cette perspective, le programme DVDC est composé des thèmes et sous-thèmes suivants :

– Mécanismes de dégradation des chaussées :

  – Retour d'expérience sur les mécanismes de dégradation des chaussées ;

  – Sol support et assainissement ;

  – Interfaces ;

  – Fatigue et vieillissement des matériaux ;

  – Dégradations hivernales.

– Caractérisation de l'état du réseau :

  – Retour d'expérience ;

  – Méthodes de mesure et d'auscultation in situ ;

  – Indices structurels.

- Évaluation de la durée de vie résiduelle :
    - Modèles de dégradation des structures ;
    - Aspects probabilistes ;
    - Cas des couches de surfaces.

Caractéristiques des principaux produits hydrocarbonés utilisés en renouvellement des couches de surface

Les enduits superficiels d'usure (ESU) :

– granularités 2/4, 4/6, 6/10, 10/14 ;

– liants : bitumes fluxés ou émulsions de bitumes (purs ou modifiés) ;

– apportent une imperméabilisation à la chaussée, au travers du film continu répandu à sa surface, et de l'adhérence, grâce à la forte macrotexture générée par ce revêtement ;

– adaptés aux chaussées dont le TMJA est inférieur ou égal à 750 voire 2 000 PL/jour/sens dans des conditions favorables d'environnement et de profils (droits et plats) pour l'entretien préventif, et aux chaussées dont le TMJA est inférieur ou égal à 300 PL/jour/sens pour l'entretien curatif ;

– épaisseur de 0,5 à 1,5 cm : le support ne doit pas présenter de déformations significatives ;

– non adaptés en zones urbaines, zones sinueuses et dans les giratoires ;

– travaux préparatoires : emplois partiels, pontages des fissures et reprofilage (si possible à l'année n – 1), et fraisage de la signalisation horizontale thermoplastique ;

– mise en œuvre de mai à septembre lorsque le liant est une émulsion de bitume et sur un support dont la température est supérieure à 10 °C ;

– performance : bonne à très bonne adhérence / bonne drainabilité / assure l'imperméabilité du support ;

– aucune résistance à l'orniérage ni au cisaillement, sans impact sur l'uni ;

– exploitation : risque d'arrachement pendant les opérations de déneigement / rejet de gravillons après travaux.

Les enrobés coulés à froid (ECF) :

– granularités 0/4, 0/6, 0/8, 0/10 ;

– liants : émulsions de bitumes purs ou modifiés ;

– apportent aux chaussées imperméabilité et adhérence, sans compenser les faiblesses de structure ;

- adaptés aux chaussées dont le TMJA est inférieur ou égal à 750 voire 2 000 PL/jour/sens dans des conditions favorables d'environnement et de profils (droits et plats) pour l'entretien préventif et aux chaussées dont le TMJA est inférieur ou égal à 300 PL/jour/sens pour l'entretien curatif;

- épaisseur de 1 à 1,5 cm, donc le support ne doit pas présenter de déformations significatives;

- non adaptés dans les giratoires;

- travaux préparatoires : reprofilage du support si ornière supérieure à 2 cm et fraisage de la signalisation horizontale thermoplastique;

- possibilité de mise en œuvre sur chaussée structurée à fort trafic en solution d'attente (imperméabilisation des fissures et amélioration des caractéristiques d'adhérence) ;

- mise en œuvre sur un support dont la température est supérieure à 10 °C par temps sec;

- performance : bonne adhérence / drainabilité correcte / réduction du bruit de roulement (ECF de granularités 0/4 et 0/6);

- aucune résistance à l'orniérage ni au cisaillement, sans impact sur l'uni;

- exploitation : risque d'arrachement pendant les opérations de déneigement.

Les bétons bitumineux à l'émulsion (BBE) (ex-bétons bitumineux à froid - BBF) :

- granularités 0/6, 0/10, 0/14;

- liant : émulsion de bitume pur ou modifié;

- destinés à régénérer la couche de roulement et peut servir de couche de liaison;

- adaptés pour un trafic inférieur ou égal à 150 PL/jour/sens (≤ T3) ;

- épaisseurs : 2 à 3 cm (BBE très mince), 3 à 5 cm (BBE mince), 5 à 8 cm (BBE épais);

- travaux préparatoires : reprofilage ou fraisage si déformations transversales supérieures à 1 cm (BBE très mince), 1,5 cm (BBE mince);

- mise en œuvre par température supérieure à 10 °C et de préférence aux saisons les plus chaudes (printemps/été);

- la mise en œuvre d'une couche d'accrochage est facultative;

- performance : adhérence bonne (BBE très mince) à faible (BBE épais) / drainabilité bonne / résistance à l'orniérage faible / résistance au cisaillement très faible / amélioration de l'uni très bonne (BBE épais) / imperméabilisation de la chaussée faible (BBE très mince) à moyenne (BBE épais).

Les bétons bitumineux ultraminces (BBUM) :

- granularités 0/6, 0/10 ;

- bitume : modifié par des polymères ;

- destinés à renouveler la couche de roulement;

- adaptés aux chaussées accueillant tous types de trafics;

- épaisseur de 1,5 à 2 cm, donc le support ne doit pas présenter de déformations dues à l'orniérage supérieures à 1 cm;

- non adaptés à la mise en œuvre dans les giratoires ou sur les chaussées présentant un profil en travers irrégulier;

- travaux préparatoires : remise en profil régulier par apport de matériaux et fraisage de la signalisation horizontale thermoplastique ;
- mise en œuvre par température supérieure à 5 °C et vent inférieur à 30 km/h si la température est inférieure à 10 °C ;
- nécessite la mise en œuvre d'une couche d'accrochage par une émulsion de bitume modifié dosé au minimum à 300 g/m^2 ;
- performance : bonne à très bonne adhérence / drainabilité correcte / bonne réduction du bruit de roulement avec le BBUM 0/6 ;
- aucune résistance à l'orniérage, faible au cisaillement ;
- exploitation : surveillance accrue en période de viabilité hivernale.

Les bétons bitumineux très minces (BBTM) :

- granularités 0/6, 0/10 ;
- bitume : modifié par des polymères ;
- destinés à régénérer la couche de roulement ;
- adaptés aux chaussées accueillant tous types de trafics ;
- épaisseur de 2 à 3 cm, donc le support ne doit pas présenter de déformations dues à l'orniérage supérieures à 1 cm ;
- non adaptés à la mise en œuvre dans les giratoires ;
- travaux préparatoires : remise en profil régulier par apport de matériaux ou fraisage et fraisage de la signalisation horizontale thermoplastique ;
- mise en œuvre par température supérieure à 5 °C et vent inférieur à 30 km/h si la température est inférieure à 10 °C ;
- nécessite la mise en œuvre d'une couche d'accrochage par une émulsion de bitume modifié dosé au minimum à 300 g/m^2 ;
- performance : bonne à très bonne adhérence / drainabilité correcte / très bonne réduction du bruit de roulement avec le BBTM 0/6, moyenne à bonne avec le BBTM 0/10 ;
- aucune résistance à l'orniérage, faible au cisaillement ;
- exploitation : surveillance accrue en période de viabilité hivernale.

Les bétons bitumineux drainants (BBDr) :

- granularités 0/6, 0/10 ;
- bitume : pur ou modifié par des polymères destinés à régénérer la couche de roulement ;
- adaptés aux chaussées dont le TMJA est supérieur à 50 PL/jour/sens ;
- épaisseur de 3 à 5 cm (mini 2 à 3 cm) ;
- non adaptés à la mise en œuvre dans les zones d'arrêts, les zones sinueuses, les giratoires vu sa faible résistance au cisaillement, les supports déformés, les secteurs à climat difficile et les chantiers isolés de faible longueur ;
- travaux préparatoires : reprofilage si déformations supérieures à 1 cm / l'état du support doit permettre l'évacuation des eaux hors de la chaussée (imperméabilisation et pente) / prévoir éventuellement les exutoires latéraux ;
- mise en œuvre par température supérieure à 5 °C et vent inférieur à 30 km/h si la température est inférieure à 10 °C ;

– nécessite la mise en œuvre d'une couche d'accrochage par une émulsion de bitume pur ou modifié dosée au minimum à 350 g/m^2 ;

– performance : bonne à très bonne adhérence / très bonne drainabilité / très bonne réduction du bruit de roulement avec le 0/6 notamment au jeune âge, moyenne à bonne avec le 0/10 / très bonne résistance à l'orniérage / permet une amélioration de l'uni ;

– faible résistance au cisaillement ;

– exploitation : surveillance accrue en période de viabilité hivernale et risque de colmatage dans les zones peu circulées et soumises à risques de pollution.

Les bétons bitumineux minces (BBM) :

– granularités 0/10, 0/14 ;

– bitume : pur ou modifié ;

– destinés à régénérer la couche de roulement et peut servir en couche de liaison ;

– adaptés aux chaussées accueillant tout type de trafic ;

– épaisseur de 3 à 5 cm (mini 2,5 à 3 cm) ;

– pas de contre-indication de mise en œuvre ;

– travaux préparatoires : reprofilage ou fraisage si déformations transversales supérieures à 1,5 cm ;

– mise en œuvre par température supérieure à 5 °C ;

– nécessite la mise en œuvre d'une couche d'accrochage par une émulsion de bitume pur ou modifié dosé au minimum à 250 g/m^2 ;

– performance : bonne adhérence pour le type A / drainabilité moyenne / moyenne réduction du bruit de roulement / bonne résistance à l'orniérage pour la classe 3, moyenne pour les classes 1 et 2 / assez bonne résistance au cisaillement / permet une amélioration de l'uni ;

– exploitation : surveillance accrue en période de viabilité hivernale pour les formules discontinues (types A et B).

Les bétons bitumineux semi-grenus (BBSG) et à module élevé (BBME) :

– granularités 0/10, 0/14 ;

– bitume : pur (routier), spéciaux de grade dur, multigrade, modifiés par des polymères ;

– destinés à régénérer la couche de roulement et peut servir de couche de liaison ;

– adaptés à tout type de trafic ;

– épaisseur de 5 à 9 cm (mini 4 à 5 cm) ;

– travaux préparatoires : reprofilage ou fraisage si déformations transversales supérieures à 2 cm ;

– mise en œuvre par température supérieure à 5 °C ;

– nécessite la mise en œuvre d'une couche d'accrochage par une émulsion de bitume pur ou modifié dosé au minimum à 250 g/m^2 ;

– performance : adhérence moyenne/ faible drainabilité / moyenne réduction du bruit de roulement / très bonne résistance à l'orniérage (notamment les BBME) / bonne résistance au cisaillement / permet une amélioration de l'uni / assure une bonne imperméabilité de la chaussée.

Bibliographie

Aménagement des routes principales (ARP), Guide technique, SÉTRA, 1994

Instruction sur les conditions techniques d'aménagement des autoroutes de liaison (ICTAAL), Guide technique, CEREMA, 2015

L'accotement revêtu, Savoirs de base en sécurité routière, SÉTRA, 2008

Sensibilisation obstacles sécurité, Savoir pour agir, SÉTRA, 1999

Éléments pour la conception des accotements, Guide technique, SÉTRA, 1990

Traitement des obstacles latéraux (TOL), Guide technique, SÉTRA, 2002

Recommandations pour la prise en compte des deux-roues motorisés, Guide technique, CEREMA, 2015

Circulaire n° 99-68 du 1er octobre 1999 relative aux conditions d'emploi des dispositifs de retenue adaptés aux motocyclistes, Direction des Routes

Réalisation des remblais et des couches de forme (GTR), Guide technique, SÉTRA-LCPC, 2000

Traitement des sols à la chaux et/ou aux liants hydrauliques. Application à la réalisation des remblais et des couches de forme (GTS), Guide technique, SÉTRA-LCPC, 2000

Note d'information Chaussées – Plates-formes – Assainissement, *Dimensionnement des épaisseurs de couche de forme pour PF2qs*, CEREMA, 2017

Note d'information Chaussées – Plates-formes – Assainissement, *Méthodologie de mesure de la portance des plates-formes*, CEREMA 2018

Drainage routier, Guide technique, SÉTRA, 2006

Traitement des sols à la chaux et/ou aux liants hydrauliques. Application à la réalisation des assises de chaussées, Guide technique, SÉTRA-CFTR, 2007

Aide au choix des techniques d'entretien des couches de surface des chaussées, Guide technique, SÉTRA, 2003

Enduits superficiels d'usure (ESU). Enrobés coulés à froid (ECF), Note d'information, SÉTRA, 2005

Enduits superficiels d'usure, Guide technique, CEREMA-IDRRIM, 2017

Matériaux bitumineux coulés à froid, Guide technique, CEREMA-IDRRIM, 2017

Les émulsions de bitume, USIRF, 2006

Note technique du 30 septembre 2015 relative à l'uni longitudinal des couches de roulement neuves du domaine routier, Direction des Infrastructures de Transport

Mesure de l'uni longitudinal des chaussées routières et aéronautiques. Méthode d'essai n° 46, LCPC, 2009

Uni longitudinal. État de l'art et recommandations, Guide technique, CEREMA-IDRRIM, 2014

Note technique du 30 septembre 2015 relative à l'adhérence des couches de roulement neuves du domaine routier, Direction des Infrastructures de Transport

Méthode de mesure des principales caractéristiques de surface des revêtements de chaussée, GNCDS, Sous-groupes Uni longitudinal, Adhérence et Bruit, 2009

Mesure de l'adhérence des chaussées routières et aéronautiques, Méthode d'essai n° 50, LCPC, 2006

Mesure de l'adhérence des chaussées routières, CFTR, 2005

L'adhérence des chaussées. État de l'art et recommandations, Guide technique, CEREMA-IDRRIM, 2015

Adhérence des revêtements pour des cheminements piétons confortables et sûrs, Collection Connaissances, CEREMA, 2019

Construction des chaussées neuves sur le réseau routier national. Spécifications des variantes, Guide technique, SÉTRA, 2003

Conception et dimensionnement des structures de chaussée, Guide technique, SÉTRA-LCPC, 1994

Catalogue des structures types de chaussées neuves, SÉTRA-LCPC, 1998

Conception structurelle d'un giratoire en milieu urbain, Guide technique, CERTU, 2000

Dimensionnement des structures des chaussées urbaines, Guide technique, CERTU, 2000

Chaussées en béton, Guide technique, SÉTRA-LCPC, 2000

Carrefours giratoires en béton, Guide technique, IDRRIM, 2015

Essai de gonflement au gel des sols, Projet de méthode d'essai n° 24, LCPC, 1987

Diagnostic et conception des renforcements de chaussées, Guide technique, CEREMA-IDRRIM, 2016

Catalogue des dégradations de surface des chaussées. Méthode d'essai n° 52, complément à la méthode d'essai n° 38-2, LCPC, 1998

Rapport d'activité, ADEME, 2014

L'utilisation des matériaux régionaux d'Île-de-France, Guide technique, IDF, 2003

L'utilisation des matériaux alternatifs de Bourgogne, Guide technique Bourgogne, 2012

Graves de recyclage. Graves recyclées de démolition et de mâchefer, Guide technique Rhône-Alpes, 2005

Acceptabilité environnementale de matériaux alternatifs en technique routière. Les MIDND, Guide technique, SÉTRA, 2012

Aide au choix des granulats pour chaussées basée sur les normes européennes, Note d'information n° 24, IDRRIM, avril 2013

Matériels pour le recyclage en installations de production d'enrobés, Note d'information n° 26, IDRRIM, juin 2013

Fabrication des enrobés à chaud en continu. L'expérience française, Guide technique, CFTR, 2006

Abaissement de température des mélanges bitumineux. État de l'art et recommandations, Guide technique, CEREMA, IDRRIM, 2015

Compactage des enrobés hydrocarbonés à chaud, Guide technique, LCPC, SÉTRA, 2003

Moyens et critères de réception des matériaux mis en œuvre en chaussée, Guide technique, CFTR, 2004

Routes n° 75, CIMBETON, mars 2001

Applicabilité de matériaux alternatifs en technique routière. Évaluation environnementale, Guide technique, SÉTRA, 2011

Retraitement en place à froid des anciennes chaussées, Guide technique, CFTR, 2003

Remblayage des tranchées et réfection des chaussées, Guide technique, SÉTRA-LCPC, 1994

Remblayage des tranchées et réfection des chaussées. Compléments au guide SÉTRA-LCPC de mai 1994, Guide technique, CETE Normandie-Centre, 2007

Scellement des fissures, Note technique, SÉTRA-LCPC, 1981

Techniques de régénération de l'adhérence des revêtements routiers, Note d'information, SÉTRA-LCPC, 1993

L'entretien courant des chaussées, Guide technique, SÉTRA, 1996

Dictionnaire de l'entretien routier, volumes 1-2-3, Observatoire national de la route, 1996

CONCEPTION D'UN PROJET ROUTIER

Guide technique

Comment concevoir une route de A à Z ? Actuel et synthétique, ce guide expose une méthode de conception d'un projet routier hors agglomération.

Le secteur des travaux publics a récemment bénéficié d'**innovations** dans les domaines de la **réglementation**, des **techniques** et des **méthodes** mais, en l'absence d'un manuel de synthèse capable d'en faire bénéficier les étudiants et la communauté routière, on ne pouvait jusqu'ici se référer qu'aux documents spécialisés du Centre d'études et d'expertise sur les risques, l'environnement, la mobilité et l'aménagement (CEREMA).

Bref mais complet, ce tout nouveau **manuel de formation initiale et professionnelle** contient, à l'appui de photos, de schémas et de plans, les bases de la conception d'un projet routier. Il apporte un **socle de connaissances** ainsi qu'une **méthodologie** et structure la réflexion autour de la prise en compte de la **sécurité**, de l'**entretien** et de l'**environnement**.

C'est aussi un **outil de travail** où les questions essentielles à se poser en phase de conception sont répertoriées dans des grilles d'analyse.

Sommaire

I. Terrassements - Assainissement - Chaussées
II. Conception générale et géométrie de la route
III. Les carrefours plans

Ingénieur dans la fonction publique, responsable de service et de bureau d'études grands travaux routiers, **Philippe Carillo** exerce également une activité de formateur au Centre national de la fonction publique territoriale (CNFPT).

Le Directeur des routes du Conseil général de l'Hérault, Dominique Jaumard, souligne dans sa préface « le professionnalisme de l'auteur qui, attentif à la rigueur technique des projets, n'en est pas moins animé d'un souci d'innovation et de partage des connaissances. »

Philippe Carillo travaille actuellement pour le département des routes du Conseil général de l'Hérault qui, depuis 2010, s'est engagé dans une démarche volontariste de *Management durable des activités routières* (MDAR) reconnue au niveau national par l'*Institut des routes, des rues et des infrastructures pour la mobilité* (IDRRIM). Par d'ailleurs, cette collectivité a reçu en 2014 le **Grand prix de la commande publique**, le jury ayant tout particulièrement salué « la stratégie d'achat public durable dans le **secteur routier** » et « les démarches, pour leur caractère opérationnel et transposable » (voir *Le Moniteur* du 21/11/2014).

PUBLICS

Professionnels (projeteurs routiers, chargés d'études ou d'opérations, contrôleurs ou conducteurs de travaux, etc.)

Candidats qui préparent les concours de la fonction publique territoriale dans le domaine des travaux publics

Étudiants des filières génie civil et infrastructures routières (BTS, IUT, licence, master, écoles d'ingénieurs, etc.)

Organismes de formation continue

Collectivités territoriales (Communauté urbaine, d'agglomération, métropole, département, etc.)

Bureaux d'études routiers

Syndicats professionnels

29 €

Code éditeur : G14107
ISBN : 978-2-212-14107-8

www.editions-eyrolles.com
Groupe Eyrolles | Diffusion Geodif

Philippe Carillo

CONCEPTION D'UN PROJET ROUTIER

Guide technique

EYROLLES

Bertrand HUBERT, Bruno PHILIPPONNAT, Olivier PAYANT & Moulay ZERHOUNI

FONDATIONS ET OUVRAGES EN TERRE
Manuel professionnel de géotechnique du BTP

Les ingénieurs trouveront dans ce manuel professionnel comment résoudre les problèmes de **conception**, de **réalisation** et de **maintenance** d'un ouvrage, et ceux que pose l'aménagement d'un **site** dans son **interaction avec le sol**.

Formant une équipe de quatre spécialistes appartenant à trois générations de géotechniciens, les auteurs se sont appuyés sur la plus récente **normalisation** en géotechnique (dont la norme des missions d'ingénierie géotechnique), sur l'**Eurocode 7** (calcul géotechnique) et sur les normes nationales d'application qui en ont résulté, ainsi que la dernière **réglementation parasismique**.

La première partie contient les **bases** nécessaires aux études géotechniques : géologie, mécanique des sols, propriétés géotechniques des formations géologiques, contexte hydrogéologique et caractérisation des paramètres de sol.

La seconde partie présente la **conception** et le **dimensionnement** des ouvrages géotechniques : fondations, améliorations de sols, soutènements, ouvrages en terre et aménagements de terrains, ouvrages hydrauliques.

Un **index de plus de 700 entrées** permet d'aller directement à l'information recherchée. D'abondantes **annexes** donnent accès aux sources et exposent en détail les principaux développements théoriques. Elles comprennent les **tableaux** et les **formulaires** usuels (corrélations, coefficients partiels, échelle stratigraphique, etc.). Les **références normatives** y sont également regroupées, tandis que chacun des quinze chapitres est suivi de la **bibliographie** correspondante.

Géologue et ingénieur en géotechnique, **Bertrand Hubert** est, avec Gérard Philipponnat, le coauteur de la deuxième édition de *Fondations et ouvrages en terre*. Après avoir participé à la création de Solen – bureau d'études spécialisé notamment en géotechnique – il a rejoint le groupe Socotec comme spécialiste en sols et fondations. Membre de diverses sociétés savantes et de commissions techniques spécialisées, il s'est également vu confier des fonctions de représentation au sein d'associations professionnelles. Á l'université de Franche-Comté et à l'université Paris-Sud (faculté des sciences d'Orsay) il a enseigné aux futurs ingénieurs la géotechnique et la géologie appliquée. Pour refondre ce manuel technique de référence, il a réuni une équipe de spécialistes en géotechnique dont le parcours professionnel a été en grande partie associé à Solen.

Ingénieur de Centrale Lille et fils de Gérard Philipponnat, **Bruno Philipponnat** est actuellement président de Sogéo Expert, bureau d'études en géotechnique. Ancien secrétaire de l'USG (Union syndicale géotechnique), il enseigne l'ingénierie des ouvrages géotechniques à l'ENSIP (École nationale supérieure d'ingénieurs de Poitiers).

Ingénieur diplômé de Polytech Lille, **Olivier Payant** est un expert reconnu des problématiques de fondations et de soutènements pour les projets de génie civil et de bâtiment. Il a notamment exercé pendant 13 années au sein de la direction technique Construction de Socotec en tant que spécialiste sols et fondations avant d'intégrer le bureau d'études Terrasol (groupe Setec) en 2019.

Ingénieur TP d'Alger, ingénieur géotechnicien, docteur en mécanique des sols de l'École Centrale de Paris et membre de la direction technique de Fondasol, **Moulay Idriss Zerhouni** préside actuellement la commission de normalisation Reconnaissances et essais géotechniques (CNREG). Il enseigne la géotechnique à l'université Le Havre-Normandie et à l'école d'ingénieurs UniLasalle de Beauvais.

En couverture :
Sondage à la tarière hélicoïdale continue © Kornog
Analyse granulométrique par sédimentométrie © Sogéo Expert
Confection des cages d'armatures des pieux de fondation de gros diamètre pour un ensemble d'IGH à Abu Dhabi © Bertrand Hubert
Chantier d'amélioration de sol par inclusions rigides de sols traités au liant (*Deep Soil Mixing*®) © Olivier Payant
Mise place du ferraillage du radier d'une tour de bureaux à Marseille © Pierre Janeix

Code éditeur : G11890
ISBN : 978-2-212-11890-2

90 €

www.editions-eyrolles.com
Groupe Eyrolles | Diffusion Geodif

Bertrand HUBERT
Bruno PHILIPPONNAT
Olivier PAYANT
Moulay ZERHOUNI

FONDATIONS ET OUVRAGES EN TERRE

Manuel professionnel de géotechnique du BTP

Préface de Gérard Philipponnat

Alexandre Caussarieu & Thomas Gaumart, *Rénovation des façades : pierre, brique, béton. Guide à l'usage des professionnels*, 2ᵉ éd., 192 p., 2013

Gérard Karsenty, *Guide pratique des VRD et des aménagements extérieurs. Des études à la réalisation des travaux*, 2004, 632 p., 7ᵉ tirage 2015

René Bayon, *VRD : voirie, réseaux divers, terrassements, espaces verts. Aide-mémoire du concepteur*, 6ᵉ éd. 1998, 528 p., 9ᵉ tirage 2015

Philippe Carillo, *Conception d'un projet routier. Guide technique*, 112 p., 2015

Jean Barillot, Hervé Cabanes & Philippe Carillo, *La route et ses chaussées. Manuel de travaux publics*, 2ᵉ éd., 264 p., 2020

Les livres de construction bois d'Yves Benoit

Construction

La maison à ossature bois par les schémas. Manuel de construction visuel, 2ᵉ éd., 400 p., 2020

Maison à ossature bois et développement durable : conception, construction et exploitation, 208 p.

Construction bois : l'Eurocode 5 par l'exemple. Le dimensionnement des barres et des assemblages en 30 applications, coédition Eyrolles/Afnor, collection « Eurocode », 296 p.

Résistance au feu des constructions bois : barres en situation d'incendie et assemblages selon l'Eurocode 5, collection « Eurocode », 192 p.

Série « La maison à ossature bois par éléments »

La dalle bois, 136 p., 2017

Murs & planchers, 192 p., 2018

La charpente, 152 p., 2018

Construire une terrasse en bois, 160 p. coédition Eyrolles/Afnor

En collaboration

- avec Thierry Paradis, *Construction de maisons à ossature bois*, coédition Eyrolles/FCBA, 5ᵉ éd., 368 p., 2020
- avec Bernard Legrand & Vincent Tastet, *Dimensionner les barres et les assemblages en bois. Guide d'application de l'Eurocode 5 à l'usage des artisans*, coédition Eyrolles/Afnor, collection « Eurocode », 256 p.
- avec Bernard Legrand et Vincent Tastet, *Calcul des structures en bois. Guide d'application de l'Eurocode 5*, coédition Eyrolles/Afnor, 4ᵉ éd., 540 p., 2019
- avec Danièle Dirol, *Le coffret de reconnaissance des bois de France* (dont un livre de 56 pages), coédition Eyrolles/FCBA.

Quelques manuels et guides de référence consacrés aux techniques traditionnelles de construction

Stéphane Lajugie & Christophe Olivier, *Comment construire soi-même sa maison bioclimatique. Manuel d'autoconstruction*, 160 p., 2019

Sylvia Dorance, *Guide de l'autoconstruction*, 240 p., 2020

Louis Cagin (dir.), *Pierre sèche. Théorie et pratique d'un système traditionnel de construction*, 224 p., 2017

Louis Cagin & Laetitia Nicolas, *Construire en pierre sèche*, 2ᵉ éd., 192 p., 2011

Christian Lassure, *La pierre sèche. Mode d'emploi*, 3ᵉ éd., 72 p., 2014

Michel Dewulf, *Le torchis. Mode d'emploi*, 2ᵉ éd., 80 p., 2015

Jean & Laurent Coignet, *Maçonnerie de pierre. Matériaux et techniques, désordres et interventions*, 116 p., 2007

Jean-Marc Laurent, *Pierre de taille. Restauration de façades, ajout de lucarnes*, 168 p., 2003

Giovanni Peirs, *La brique. Fabrication et traditions constructives*, 112 p., 2004

École d'Avignon, *Technique et pratique de la chaux*, 2ᵉ éd., 224 p., 2016

École-atelier de restauration du Centre historique de Leon, *La chaux et le stuc*, 2e éd., 230 p., 2010

Valérie Le Roy, Philippe Bertone, Sylvie Wheeler, *Les enduits de façade. Chaux, plâtre, terre*, 116 p., 2010

– *Les enduits intérieurs. Chaux, plâtre, terre*, 116 p., 2012

Iris ViaGardini, *Enduits et badigeons de chaux*, 2ᵉ éd., 174 p., 2015

Monique Cerro, *Enduits chaux et leur décor. Mode d'emploi*, 2ᵉ éd., 144 p., 2017

Monique Cerro & Thierry Baruch, *Enduits terre et leur décor. Mode d'emploi*, 144 p., 2011

Monique Cerro, *Sols, chaux et terre cuite. Mode d'emploi*, 2ᵉ éd., 80 p., 2013

Architecture

Isabelle Chesneau (dir.), *Profession Architecte. Identité, responsabilité, contrats, règles, agence, économie, chantier*, 2ᵉ éd., 600 p., 2020

Michel Possompès, *La fabrication du projet. Méthode destinée aux étudiants des écoles d'architecture*, 2ᵉ éd., 384 p., 2016

– *Mes clients et moi : un architecte raconte. Récits*, 320 p., 2018

Xavier Bezançon & Daniel Devillebichot, *Histoire de la construction*

– *de la Gaule romaine à la Révolution française*, 392 p. en couleurs, 2013

– *moderne et contemporaine en France*, 480 p. en couleurs, 2014

Alain Billard, *De la construction à l'architecture*

– *Les structures-poids*, 604 pages, 2015

– *Les structures en portiques*, 252 p., 2016

– *Les structures de hautes performances*, 400 p., 2016

Grégoire Bignier, *Architecture & écologie : comment partager le monde habité*, 2ᵉ éd., 216 p., 2015

– *Architecture & économie : ce que l'architecture fait à l'économie circulaire*, 160 p., 2018

Christophe Olivier & Avril Colleu, *12 solutions bioclimatiques pour l'habitat. Construire ou rénover : climat et besoins énergétiques*, 232 p., 2016

Carol Maillard, *Façades & couvertures. Performances, architecture, acier*, coédition Eyrolles/ConstruirAcier, 2016, 264 p.

Réglementation

Bernard de Polignac, Jean-Pierre Monceau, Xavier de Cussac et Pascal Lesieur, *Expertise immobilière. Guide pratique*, 7ᵉ éd., 512 p., 2019

Patricia Grelier Wyckoff et Frédérique Stéphan, *Pratique du droit de la construction. Marchés publics & marchés privés*, 9ᵉ éd., 660 p., 2020

Vincent Borie, *La médiation à l'usage des professionnels de la construction*, 136 p., 2017

Gérald Pinchera, *Passation et gestion des marchés privés de travaux. Guide pratique*, 104 p., 2017

Jean-Louis Sablon, *Défauts de construction : que faire ? Guide juridique et pratique*, 144 p., 2016

Collection « Eurocode » Eyrolles/Afnor

EC8

Victor Davidovici, *Conception-construction parasismique*, préface de J.-A. Calgaro, introductions de M. Kahan, J. Attias & J. Stubler, 2016, 1 024 p. en couleurs, relié.

Victor Davidovici, Dominique Corvez, Alain Capra, Shahrokh Ghavamian, Véronique Le Corvec et Claude Saintjean, *Pratique du calcul sismique*, 2ᵉ éd., 2015, 244 p.

Claude Saintjean, *Introduction aux règles de construction parasismique. Applications courantes de l'Eurocode 8 à la conception parasismique*, 2014, 352 p.

Wolfgang & Alan Jalil, *Conception et analyse sismiques du bâtiment. Guide d'application de l'Eurocode 8 à partir des règles PS 92/2004*, 2014, 368 p.

Xavier Lauzin, *Le calcul des réservoirs en zone sismique*, 2013, 100 p.

Alain Capra, Aurélien Godreau, *Ouvrages d'art en zone sismique*, 2ᵉ éd., 2015, 128 p.

Victor Davidovici, Serge Lambert, *Fondations et procédés d'amélioration du sol. Guide d'application de l'Eurocode 8*, 2013, 160 p.

Alain Billard, *Risque sismique et patrimoine bâti. Comment réduire la vulnérabilité : savoirs et savoir-faire*, 2014, 376 p.

– *Confortement du patrimoine bâti : treize études sur le risque sismique*, préface de V. Davidovici, 2016, 632 p.

EC2

Jean-Marie Paillé, *Calcul des structures en béton. Guide d'application de l'Eurocode 2*, 3ᵉ éd., 2016, 768 p.

Jean-Louis Granju, *Introduction au béton armé. Théorie et applications courantes selon l'Eurocode 2*, 2ᵉ éd., 2014, 288 p.

Jean Roux, *Pratique de l'Eurocode 2*, 2009, 626 p.

– *Maîtrise de l'Eurocode 2*, 2009, 338 p.

EC3

Collectif APK/Jean-Pierre Muzeau, *La construction métallique avec les Eurocodes. Interprétation, exemples de calcul*, 2014, 476 p.

– *Manuel de construction métallique. Extraits des Eurocodes 0, 1 et 3*, 2ᵉ éd., 2013, 256 p.

EC5

Yves Benoit, *Construction bois : l'Eurocode 5 par l'exemple. Le dimensionnement des barres et des assemblages en 30 applications*, 2014, 296 p.

– *Résistance au feu des constructions bois. Barres en situation d'incendie et assemblages selon l'Eurocode 5*, 2015, 192 p. en couleurs

Yves Benoit, Bernard Legrand et Vincent Tastet, *Dimensionner les barres et les assemblages en bois. Guide d'application de l'EC5 à l'usage des artisans*, 2012, 256 p.

– *Calcul des structures en bois. Guide d'application des Eurocodes 5 et 8*, 3ᵉ éd., 2014, 496 p.

EC6

Marcel Hurez, Nicolas Juraszek, Marc Pelcé, *Dimensionner les ouvrages en maçonnerie. Guide d'application de l'Eurocode 6*, 2ᵉ éd., 2014, 336 p.

Merci d'avoir choisi ce livre Eyrolles. Nous espérons que sa lecture vous a intéressé(e) et inspiré(e).

Nous serions ravis de rester en contact avec vous et de pouvoir vous proposer d'autres idées de livres à découvrir, des nouveautés, des conseils, des événements avec nos auteurs ou des jeux-concours.

Intéressé(e) ? Inscrivez-vous à notre lettre d'information.

Pour cela, rendez-vous à l'adresse go.eyrolles.com/newsletter ou flashez ce QR code (votre adresse électronique sera à l'usage unique des éditions Eyrolles pour vous envoyer les informations demandées) :

Merci pour votre confiance.

L'équipe Eyrolles

Imprimé en Allemagne par BoD
Dépôt légal : mai 2018